U0793875

“十三五”国家重点出版物出版规划项目　现代机械工程系列精品教材
新世纪高校机电工程系列教材

机械工程材料

第3版

主　编　赵　程　杨建民
副主编　许崇海　王吉岱
参　编　吴　欣　李镇江　侯俊英
　　　　李　达　孙清洲　倪献智
　　　　赵海霞　王　东
主　审　魏广升

机械工业出版社

本书是“新世纪高校机电工程规划教材”机械制造与自动化专业系列教材之一。根据教育部的专业设置和“机械工程材料”课程教学大纲的基本要求，全书共分8章，主要内容包括工程材料的力学性能、金属材料的基础知识、金属的塑性变形与再结晶、钢的热处理、金属材料、非金属材料、机械零件的失效与选材、新材料和新工艺等。在编写顺序上，按照由浅入深、循序渐进、便于教学的思路，注重培养学生分析问题和解决问题的能力。每章后附有思考题，以便于学生理解、吸收本章学过的内容。

本教材可以作为普通高等工科院校工程、管理等专业的制造技术基础类教材，亦可以供相关工程技术人员参考。

图书在版编目（CIP）数据

机械工程材料/赵程，杨建民主编. —3版. —北京：机械工业出版社，2015.11（2026.2重印）

新世纪高校机电工程系列教材

ISBN 978-7-111-50211-1

Ⅰ.①机… Ⅱ.①赵…②杨… Ⅲ.①机械制造材料-高等学校-教材 Ⅳ.①TH14

中国版本图书馆CIP数据核字（2015）第098572号

机械工业出版社（北京市百万庄大街22号 邮政编码100037）
策划编辑：丁昕祯 责任编辑：丁昕祯 余 皞
责任校对：张晓蓉 封面设计：张 静
责任印制：郜 敏
河北虎彩印刷有限公司印刷
2026年2月第3版第19次印刷
184mm×260mm · 14印张 · 342千字
标准书号：ISBN 978-7-111-50211-1
定价：39.80元

电话服务	网络服务
客服电话：010-88361066	机 工 官 网：www.cmpbook.com
010-88379833	机 工 官 博：weibo.com/cmp1952
010-68326294	金 书 网：www.golden-book.com
封底无防伪标均为盗版	机工教育服务网：www.cmpedu.com

新世纪高校机电工程规划教材编审委员会

顾　　问：艾　兴（院士）

领导小组：张　慧　高振东　梁景凯　高文龙
赵永瑞　赵玉刚

委　　员：张　慧　张进生　宋世军　沈敏德
赵永瑞　程居山　赵玉刚　齐明侠
高振东　王守城　姜培刚　梅　宁
昃向博　梁景凯　方世杰　高文龙
王世刚　尚书旗　姜军生　刘镇昌

第 3 版前言

机械制造业是国民经济的主体，是立国之本、兴国之路、强国之基。虽然自改革开放以来，我国机械制造业一直保持着持续快速发展，现在已成为世界机械制造大国，但是与先进国家相比，我国机械制造业是大而不强，存在产品档次不高、关键核心技术与高端装备对外依存度高等问题。其中原因之一是我国机械制造业一直存在“重冷轻热”现象，致使我国生产的机械零部件性能偏低，直接影响到机械装备的质量、可靠性和使用寿命。

最近国务院正式发布了中国制造 2025 规划，力争用十年时间，让我国的制造业迈入制造强国行列；再通过三个十年的努力，把我国建设成为引领世界制造业发展的制造强国。为了实现这一伟大的战略目标，必须要解决制约我国机械制造业发展的关键基础材料和基础工艺问题，要把材料性能和质量作为建设制造强国的生命线，走以质取胜的发展道路，不断提升中国制造的整体形象。

在我国制造业的发展过程中要以人为本，培养一支技术全面的高素质设计人才队伍，走人才引领的发展道路，实现制造业由大变强的历史跨越。

本书自出版以来，因其结构合理、内容精炼、重点突出、实用性强等特点，受到了读者的好评。作者利用这次再版的机会对原书出现的错误和不足之处进行了修改，尤其是最近几年为了与国际标准接轨，国家重新修订了一些旧的国家标准，这次也按新的国家标准对书中的内容做了修改。

由于作者水平有限，书中难免还会有一些错误和不足之处，恳请广大读者批评指正，以利于今后的补充、修改和完善。

编　者

第 2 版前言

《机械工程材料》一书自出版以来，因其内容丰富、结构合理、突出重点、实用性强等特点，受到了读者的好评。作者利用这次再版的机会对原书出现的错误和不足之处进行了修订，并委托青岛科技大学的赵海霞老师和青岛大学的王东老师为本教材配备了多媒体课件。

随着材料科学技术的发展和生产的需要，人们对材料的表面性能要求越来越高。利用一些表面工程技术对材料表面进行改性处理，可以对廉价、低性能的材料表面赋以较高的性能，使材料的性能、结构更加合理。利用表面工程技术还可以将已失效的机械零部件进行修复处理，使其恢复原来的形貌和性能。表面工程技术已成为当今材料表面处理的主要手段，所以在本书的第四章中增加了表面工程技术一节。

由于当初作者在编写本书时的责任心不强，书中出现了一些错误和不足之处，许多读者给予了批评指正，并对本书提出了许多有建设性的建议，作者们在此表示衷心的感谢。

编　者

第 1 版前言

随着科学技术的飞速发展，过去以传统金属材料为主导的机械制造技术已发生了根本性的变化。新材料、新工艺及新技术在现代机械制造业中起着越来越重要的作用。在这种形势下，作为培养高水平工程技术人才的高等教育要跟上当前形势的发展，实现科学技术为生产服务的宗旨。

“机械工程材料”是机械制造专业重要的专业基础课程，涉及的知识面广，实用性强。编写本教材时既要考虑到内容丰富，尽可能地拓宽学生的知识面，又不能过于琐碎，削弱或湮没了基本知识和重点内容。所以本教材在编写时本着有所为、有所不为的原则，对基础理论部分要掌握深度和学为所用；对基本内容和重点内容要讲明讲细；对有规律的内容要举一反三，以培养学生总结归纳的能力；对非重点部分将简要叙述，由授课教师在课堂上给予展开或让学生在课后查阅相关资料。

在本书的编写顺序上，编者按照由浅入深、再深入浅出、循序渐进、便于教学的思路，首先从工程材料的宏观性能的学习开始，使学生对工程材料有一个初步的感性认识。随之开始引深到材料的微观组织结构和材料热加工过程中的组织结构转变，让学生了解到材料的本质，并掌握必要的材料基础理论知识、材料组织结构转变的机理和对材料性能的影响。在此基础上，通过对金属材料和非金属材料的学习，使学生对工程材料有了一个比较全面的了解和认识。通过材料的选用的学习，在培养学生分析问题、解决问题的能力的同时，可以系统地总结复习本教材所学过的知识。最后通过对新材料的学习，达到拓宽学生专业知识面，让学生了解当前国内外最新工程材料的发展动向的目的。本书每章最后都附有思考题，以巩固所学的知识和培养学生分析问题的能力。

参加编写本书的编者都是多年从事“机械工程材料”教学工作的教师，他们分别是：青岛科技大学的赵程、李镇江和侯俊英；青岛大学的杨建民和李达；山东轻工学院的许崇海和倪献智；山东科技大学的王吉岱；哈尔滨工业大学威海分校的吴欣和山东建筑工程学院的孙清洲。本书由赵程和杨建民任主编并负责统稿，由青岛大学魏广升教授负责主审。

在本书的编写过程中，山东省教育厅和机械工业出版社给予了热情的帮助和指导。同时，在编写过程中参考并引用了有关教材和文献的资料和插图，编者在此深表谢意。

限于编者的水平，书中必然还存在一些错误和不足之处，恳请读者批评指正。

编　者

目录

绪　论

一、材料发展概要

材料是人类生产和社会发展的重要物质基础，也是日常生活中不可分割的一个组成部分。自从地球上有了人类，材料的利用和发展构成了人类文明发展史的里程碑。从原始时期的石器时代，在经历了青铜时代和铁器时代，人类进入了农业社会。18 世纪钢铁时代的来临，造就了工业文明。尤其是近百年来，随着科学技术的迅猛发展和社会需求的不断增大，新材料更是层出不穷，出现了“高分子材料时代”、“半导体材料时代”、“先进陶瓷材料时代”、“复合材料时代”、“人工合成材料时代”以及即将进入的“纳米材料时代”。目前，能源、信息和新材料已成为现代科学技术和现代文明的三大支柱，而在这三者之中，新材料又是最重要的基础。历史证明，每一次重大新技术的发现往往都依赖于新材料技术的发展。

人们对材料的认识也是在历史的发展中逐步深入了解的。在原始社会末期，中华民族的祖先最早使用了火烧制陶器。东汉时期出现的瓷器对人类文明产生了极大的影响，已成为中国古代文化的象征。4000 多年前，金属材料开始出现在人类的生活中，当时我国的青铜冶炼和铸造技术已发展到了较高的水平。在春秋时期，发明了炼铁技术，比欧洲早了 1800 多年。到了汉代，“先炼铁后炼钢”的技术已居世界领先地位。从西汉到明朝，我国的钢铁生产技术、钢铁热处理技术及钢铁材料的应用都已达到了相当高的水平。明代的科学家宋应星所著《天工开物》一书是世界上最早的有关金属材料加工工艺学的著作之一。到了 18 世纪，以欧洲为中心的世界工业迅速发展，钢铁工业开始迅猛发展，成为产业革命的主要潮流和物质基础。**1863 年第一台光学显微镜问世**，使人们开始步入材料的微观世界。随着 **1912 年 X 射线衍射技术、1932 年电子显微分析技术**以及后来出现的各种先进显微分析技术，把人们带到了材料微观世界更深的层次，人们开始了对晶体微观结构的研究，这又大大地推动了材料科学的研究和发展。同时，一些与材料相关的基础科学，如固体物理、量子力学、化学等的发展，又有力地推动了材料科学向更高层次发展。20 世纪以来，随着现代科学技术和生产的迅速发展，人们对材料的要求也越来越高。在大量发展高性能金属材料的同时，又迅速发展和应用了高性能的非金属材料和复合材料，并进入了人工合成材料的新时代。

正是由于材料科学对人类社会的文明和经济的发展所起的不可估量的巨大作用，世界各国都非常重视材料科学的研究。材料的种类、数量和质量已是衡量一个国家科学技术、国民经济水平以及社会文明的重要标志之一。尤其是新材料技术更是高科技发展的一个关键领域，起着先导和基础的作用，被视为高技术发展的突破口。我国把新材料的研究开发也放在了优先发展的地位。

二、工程材料的分类

工程材料是指在工程上使用的材料，其种类繁多，有许多不同的分类方法。若按材料的化学成分、结合键的特点进行分类，可分为金属材料、非金属材料和复合材料三大类。

1. 金属材料

金属材料是目前使用量最大、用途最广的机械工程材料。它包括两大类型：**黑色金属**和**有色金属。**

（1）黑色金属　黑色金属是指铁和以铁为基的合金材料，即钢铁材料，它占金属材料总量的95%以上。由于钢铁材料具有力学性能优良、可加工性能好、价格低廉等特点，所以在工程材料中一直占据着不可替代的主导地位。

（2）有色金属　除铁基合金之外的所有金属及其合金材料统称为有色金属。它可分为轻金属（如铝、镁、钛）、重金属（如铅、锡）、贵金属（如金、银、镍、铂）和稀有金属等。其中以铝、铜及其合金用途最广。

2. 非金属材料

非金属材料主要包括高分子材料和陶瓷材料。

（1）高分子材料　高分子材料又称聚合物材料，主要成分为碳和氢。按其用途和使用状态，高分子材料又分为橡胶、塑料、合成纤维和胶粘剂等四大类型。

（2）陶瓷材料　陶瓷材料是指硅酸盐、金属与非金属元素的氧化物、氮化物、碳化物等。主要包括普通陶瓷、特种陶瓷和金属陶瓷三大类。

3. 复合材料

复合材料是指把两种或两种以上具有不同性质或不同组织结构的材料以微观或宏观的形式组合在一起而构成的新型材料，它不仅保留了组成材料各自的优点，而且具有单一材料所没有的优良性能。复合材料通常分为三大类：树脂基复合材料、金属基复合材料和陶瓷基复合材料。

三、“机械工程材料”课程性质与任务

机械工业是一个国家的基础产业。目前，机械工业正朝着自动、高速、精密方向迅速发展。在机械产品设计与制造过程中，涉及到材料与材料加工的问题越来越多。在机械产品使用过程中，许多出现的问题也大多是因为材料的问题而引起的。因此，在机械设计过程中，不可避免地要对工程材料的选择、加工与应用等问题，需要进行科学系统的分析并予以全面正确的解决。“机械工程材料”课程正是为实现这一目标而设置的。

“机械工程材料”课程是机械类专业的一门重要的专业基础课，通过本课程的学习使学生在**获得工程材料一般知识的基础上，了解常用材料的成分、组织、性能、加工工艺以**

及用途等之间的关系，从而使学生初步具备合理选择材料和使用材料、正确选择加工方法及安排制定加工工艺路线的能力，也为后继有关课程的学习奠定必要的材料科学基础知识。

“机械工程材料”课程又是一门实践应用性很强的课程，在学习时应注意结合生产应用实际，注重分析、理解与运用，强调前后知识的整体联系与综合应用，以提高学生发现问题、分析问题和解决问题的独立创新工作能力。

第一章

工程材料的力学性能

工程材料制成的机械零部件在使用过程中要受到各种形式的力，材料在这些力的作用下所表现出的特殊性能被称为材料的力学性能。材料的力学性能包括强度、塑性、硬度、韧性、抗疲劳性和耐磨性等。材料的力学性能不仅取决于材料本身的化学成分，而且还和材料的微观组织结构有关。

材料的力学性能是衡量工程材料性能优劣的主要指标，也是机械设计人员在设计过程中选用材料的主要依据。材料的力学性能可以从设计手册中查到，也可以用力学性能试验方法获得。了解材料力学性能的实验方法、测试条件和性能指标等将有助于了解工程材料的本性。

第一节　材料的强度与塑性

材料在外力作用下抵抗变形和断裂的能力称为材料的强度。根据外力的作用方式，材料的强度分为抗拉强度、抗压强度、抗弯强度和抗剪强度等。

材料在外力作用下显现出的塑性变形能力称为材料的塑性。

材料的强度和塑性是材料最重要的力学性能指标之一，它可以通过拉伸试验获得。一次完整的拉伸试验记录还可以获得许多其他有关该材料性能的有用数据，如材料的弹性、屈服极限和材料破坏所需的功等。所以拉伸试验是材料性能试验中最为常用的一种试验方法。

一、拉伸试验及拉伸曲线

拉伸试验可以在拉伸试验机上进行，被测试的材料按国家标准制成如图 1-1 所示的光滑圆柱形标准拉伸试样。试样中间截面均匀的部分作为测量延伸量的基本长度，称为标距 L_0。试样的两端放在拉伸试验机的夹头内夹紧，然后缓慢而均匀地施加轴向拉力。随着拉力的增加，试样被拉长，直至拉断。在拉伸过程中，拉伸试验机上的自动记录系统同时绘制出拉伸过程中试样的应力-应变曲线图，也称为 R-e 曲线。图 1-2 所示是低碳钢的 R-e 曲线图。图的纵坐标为应力 R（单位为 Pa），横坐标为应变 e，R 和 e 的定义可表示如下：

$$R = \frac{F}{S_o}$$

式中，F 为轴向拉力（N）；S_o 为试样的原始横截面积（mm^2）。

$$e = \frac{L_1 - L_o}{L_o}$$

式中，L_o 为试样原始标距（mm）；L_1 为试样变形过程中和 F 对应的总伸长（mm）。

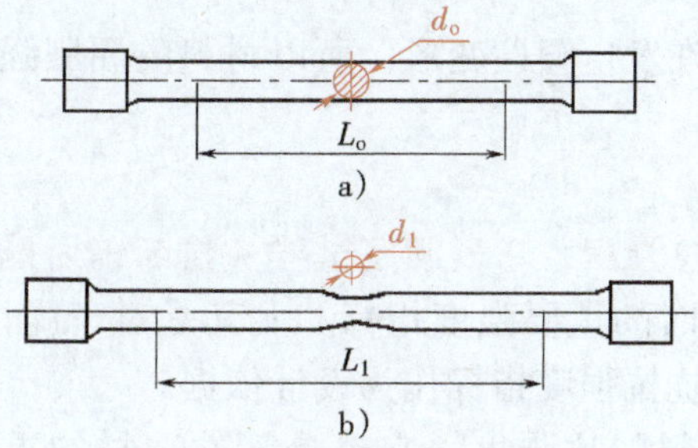

图 1-1　拉伸试样示意图

a）拉伸前　b）拉伸后

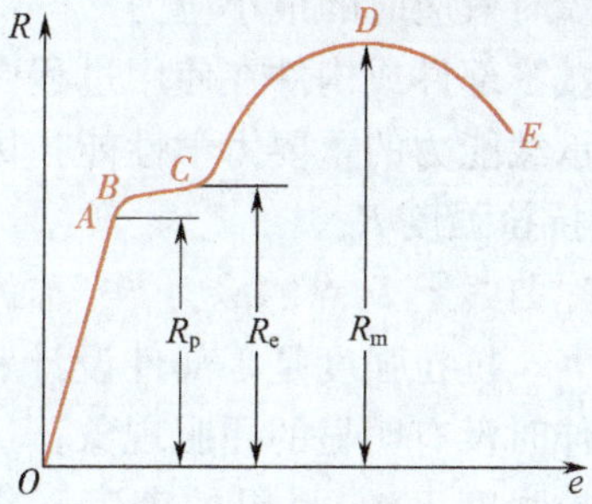

图 1-2　低碳钢拉伸曲线

R-e 图显示了材料在单向拉应力作用下，从开始变形直至断裂整个过程中的各种性质，它一般可以分为三个阶段：

1. 弹性变形阶段（O-A）

在这个阶段，材料内部原子之间的距离只发生弹性伸长，所以应力与应变呈直线关系，遵从胡克定律。此时如果卸掉载荷试样就能恢复到原来的长度。

2. 塑性变形阶段（B-D）

此时 R 与 e 的关系偏离直线关系。在 BC 段，应力几乎不变，但应变却不断增大。超过 C 点之后，因材料发生加工硬化，若要试样继续变形就必须加大载荷。当应力达到最大值后（D 点），试样的某一部分截面急剧缩小，产生“缩颈”现象。在塑性变形阶段即使卸掉载荷，试样也不能恢复到原来的长度。

3. 断裂（E 点）

在 D 点以后，试样的变形主要集中在缩颈部分，最终导致试样在缩颈处发生断裂。

拉伸曲线所显示出的材料本性主要是材料内部微观结构的变化而引起的，所以不同的材料在拉伸过程中会出现不同形式的 R-e 曲线。

二、拉伸曲线所确定的力学性能指标及意义

根据 R-e 曲线可以计算出材料的强度、塑性等力学性能指标。

1. 弹性模量 E

图 1-2 中的**直线段 OA 的斜率即为材料的弹性模量 E：**

$$E = \frac{R}{e}$$

式中，R 为材料的应力；e 为材料的应变。

弹性模量 E 值表征材料产生弹性变形的难易程度。金属的弹性模量是一个对组织不敏感的参数，其大小主要取决于金属的本性，而与显微组织无关。因此，热处理、合金化、冷热变形等对它的影响很小。要想提高金属制品的刚度，只能更换金属材料、改变金属制品的结构形式或增加截面面积。

2. 屈服强度

在拉伸过程中，负荷不增加而应变仍在增大的现象称为屈服。其分为上屈服强度 R_{eH} 和下屈服强度 R_{eL}。R_{eH}是试样发生屈服而应力首次下降的最大应力；R_{eL}是在屈服期间，不

计初始瞬时效应时的最小应力。

机械零部件或构件在使用过程中一般不允许发生塑性变形，所以材料的屈服强度是评价材料承载能力的重要力学性能指标。

3. 抗拉强度 R_m

拉伸曲线上 D 点的应力 R_m 称为材料的抗拉强度，它表明了试样被拉断前所能承载的最大应力。抗拉强度是零部件设计和材料评定时的重要强度指标。尤其是对于脆性材料，由于拉伸时没有明显的屈服现象，这时一般用抗拉强度指标作为设计依据。

抗拉强度 R_m 与材料的密度 ρ 之比称为材料的比强度，它也是零件选材的重要指标之一。

4. 断后伸长率 A

断后伸长率用 A 表示：

$$A = \frac{L_u - L_o}{L_o} \times 100\%$$

式中，L_o 为拉伸试样原始标距（mm）；L_u 为试样断后标距（mm）。

断后伸长率的数值和试样标距长度有关，标准圆形试样有长试样（$L_o = 10d_0$，d_0 为试样直径）和短试样（$L_o = 5d_0$）两种。

5. 断面收缩率 Z

断面收缩率 Z：

$$Z = \frac{S_o - S_u}{S_o} \times 100\%$$

式中，S_o 为试样原始横截面积（mm^2）；S_u 为试样断后最小横截面积（mm^2）。

断面收缩率的数值不受试样尺寸的影响，用断面收缩率表示塑性更能接近材料的真实应变。

A 或 Z 值越大，说明材料的塑性越好。良好的塑性是材料进行压力加工的必要条件。

第二节　材料的硬度

材料抵抗其他硬物压入其表面的能力称为硬度，它是衡量材料软硬程度的力学性能指标。一般情况下，材料的硬度越高，其耐磨性就越好。

硬度是材料最常用的性能指标之一。硬度试验方法比较简单快捷，而且材料的硬度与它的力学性能（如强度和耐磨性）以及工艺性能（如切削加工性和可焊性等）之间存在着一定的对应关系，所以在一些零件图样上，硬度是检验产品质量的重要指标之一。

工程上常用的硬度有**布氏硬度**、**洛氏硬度**和**维氏硬度**。不同测量方法得到的硬度值不能直接比较，必须通过附表 A 进行硬度换算。

一、布氏硬度

布氏硬度试验是用载荷为 F 的力把直径为 D 的**硬质合金球**压入试样的表面，如图1-3所示，保持一定时间后卸掉载荷，此时试样表面出现直径为 d 的压痕。用载荷 F 除以压痕表面积所得的商，作为被测材料的布氏硬度值：

$$HBW = \frac{F}{A} = 0.102\frac{2F}{\pi D(D - \sqrt{D^2 - d^2})}$$

式中，F 为载荷（N）；D 为钢球直径（mm）；d 为压痕直径（mm）。

布氏硬度的单位为 MPa，但习惯上不标出单位。在实际应用中一般不是直接计算 HBW，而是根据测量的 d 值在相关的表中直接查出布氏硬度值。由于现在测量压头全部采用硬质合金压头，取消了用淬火钢球，所以取消了原 HBS 代号，全部采用 HBW 代号。

布氏硬度试验的优点是测量结果准确，缺点是压痕大，不适合成品检验。

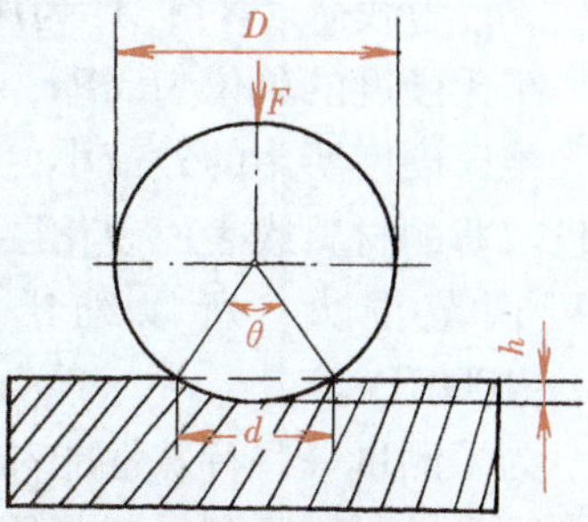

图 1-3 布氏硬度试验示意图

二、洛氏硬度

洛氏硬度测试原理如图 1-4 所示。用一个**顶角为 120° 的金刚石圆锥体**或**直径为 1.588mm 的淬火钢球**作为压头，先施加一个初载荷，然后在规定的主载荷作用下将压头压入被测材料的表面。卸除主载荷后，根据压痕的深度 $h = h_1 - h_0$，确定被测材料的洛氏硬度，该值可以直接从硬度计上的显示器上读出。

用金刚石锥体压头和总载荷为 588.4N 下测得的硬度值以 HRA 表示，适用于测量高硬度的材料，如硬质合金；用淬火钢球压头和总载荷为 980.7N 下测得的硬度值以 HRB 表示，适用于测量较软的材料，如退火钢、正火钢或有色金属等；用金刚石锥体压头和总载荷为 1471N 下测得的硬度值以 HRC 表示，适用于测量淬火钢等硬材料。三种洛氏硬度中，以 HRC 应用最多。

洛氏硬度测量迅速简便，压痕小，可在成品零件上检测，也可测定较薄的工件或表面有较薄硬化层的硬度。但由于压痕比较小，易受材料微区不均匀的影响，因而数据的重复性比较差。

三、维氏硬度

维氏硬度测定原理基本上与布氏硬度相同，也是根据压痕凹陷单位面积上的力作为硬度值，但维氏硬度使用的是**锥面夹角为 136° 的金刚石正四棱锥体**，压痕是四方锥形，如图 1-5 所示。测量压痕两对角线的平均长度 d，计算压痕的面积 A_v，用 HV 表示维氏硬度：

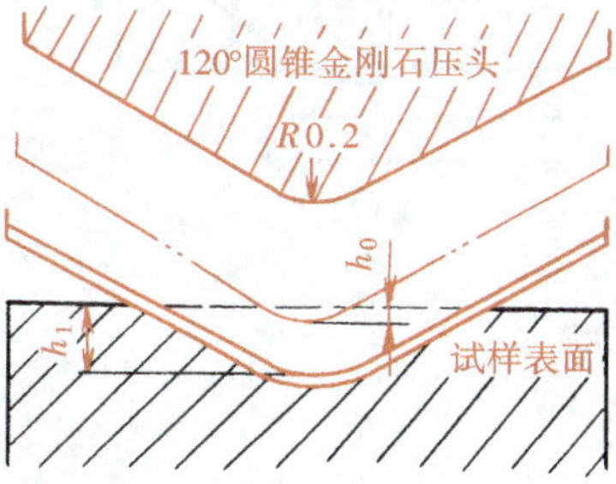

图 1-4 洛氏硬度试验示意图

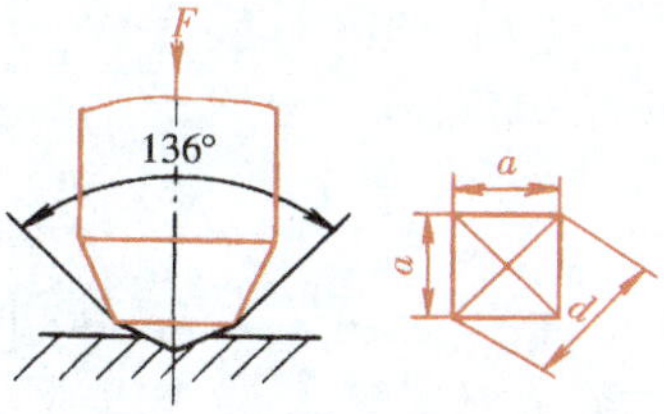

图 1-5 维氏硬度试验示意图

$$HV = \frac{F}{A_v} = 0.1891\frac{F}{d^2}$$

式中，F 为载荷（N）；A_v 为压痕面积（mm^2）。

维氏硬度的单位为 MPa，一般不标。

维氏硬度所用的载荷小，压痕深度浅，测量精确度高于布氏硬度和洛氏硬度，适用于测量较薄的材料或表面硬化层、金属镀层的硬度。由于维氏硬度的压头是金刚石角锥，载荷可调范围大，所以维氏硬度可用于测量从软到硬的各种工程材料，测定范围0～1000HV。

为了测量一些特殊性能和特殊形状材料的硬度，也可以选择其他的硬度试验方法。如**显微硬度法**可用于测量一些薄的镀层、渗层或显微组织中的不同相的硬度。**肖氏硬度**适合在现场对大型试件（如机床床身、大型齿轮等）进行硬度测量。**莫氏硬度**用于测量陶瓷和矿物的硬度。

由于各种硬度的试验条件不同，所以它们之间没有直接的换算关系。标注某种材料的硬度值时必须说明其测试方法。

在工程图样上正确标注材料硬度的方法是硬度值加硬度测试方法代号。如"洛氏硬度60"的书写格式为"60HRC"。

第三节　材料的冲击韧度

材料的韧性是指材料在塑性变形和断裂的全过程中吸收能量的能力，它是材料塑性和强度的综合表现。材料的韧性与脆性是两个意义上完全相反的概念，根据材料的断裂形式可分为韧性断裂和脆性断裂。

冲击韧度是指材料在冲击载荷的作用下，材料抵抗变形和断裂的能力。材料的冲击韧度值常用一次摆锤冲击试验方法测定，其试验原理如图 1-6 所示。

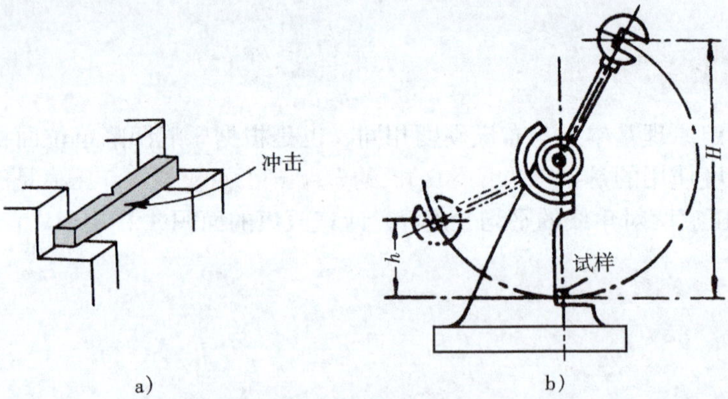

图 1-6　冲击试验示意图

a）试件　b）试验示意图

冲击试验时，把有 U 型或 V 型缺口（脆性材料不开缺口）的标准冲击试样背向摆锤方向放在冲击试验机上，将质量为 m 的摆锤升到规定的高度 H，然后摆锤自由落下将试样击断。在惯性的作用下，击断试样后的摆锤会继续上升到某一高度 h。根据功能原理，摆锤击断试样所消耗的能量 $K=mg\ (H-h)$。K 可以从冲击试验机上直接读出，称为冲击吸收功。K 除以试样缺口处横截面积 S 的值则为该材料的冲击韧度值，用符号 a_K 表示，单位为 J/cm^2：

$$a_K = \frac{K}{S}$$

根据试样的缺口型式，U 型缺口和 V 型缺口试样的冲击韧度值分别以 a_{ku} 和 a_{kv} 表示。不同型式试样的冲击韧度值不能直接进行比较或换算。

材料的冲击韧度的大小除了与材料本身特性，如化学成分、显微组织和冶金质量等有关外，还受试样尺寸、缺口形状、加工粗糙度和试验环境等影响。

由于材料的冲击韧度值 a_K 是在一次冲断的条件下获得的，对判断材料抵抗大能量冲击能力有一定的意义。实际上在冲击负荷下工作的机械零件，很少受到大能量的一次冲击而破坏，大多都是受到小能量的多次冲击后才失效破坏。一般来说，材料抵抗大能量一次冲击的能力取决于材料的塑性；而抵抗小能量多次冲击的能力则取决于材料的强度。所以在设计机械零件时，不能片面地追求高的 a_K 值，a_K 值过高必然要降低强度，从而导致零件在使用过程中因强度不足而早期失效。

材料的韧性均有随温度下降而降低的趋势，但不同的材料韧性下降的程度不一样。一些中低强度的钢在低于某一温度时具有明显的冷脆性，材料从韧性状态转变为脆性状态的临界转变温度称为材料的冷脆转化温度 T_K，如图 1-7 所示。用于低温工作环境中的材料要进行低温冲击试验。

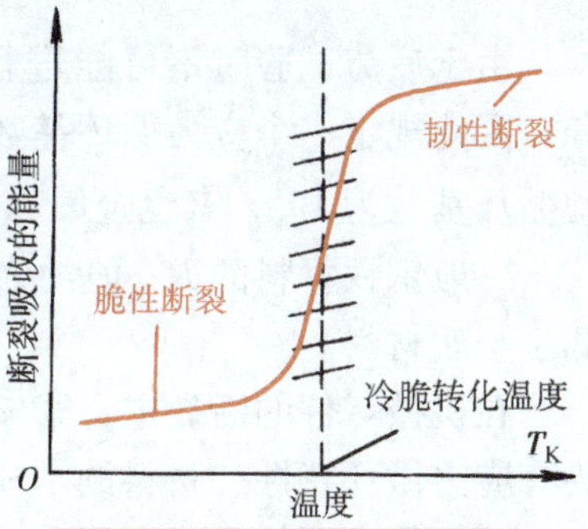

图 1-7　钢的脆性转化温度

对于脆性材料，如陶瓷，一般不采用冲击韧度作为韧性的量度，因为当材料的韧性很低时，采用一次摆锤冲击试验法获得的冲击韧度值的精度不能满足测量的要求。

第四节　材料的疲劳强度

力的大小和方向都随时间呈周期性的循环变化的应力称为交变应力。材料在交变应力作用下发生的断裂称为疲劳断裂。疲劳断裂可以在低于材料屈服强度的应力下发生，断裂前也无明显的塑性变形，而且经常是在没有任何先兆的情况下突然断裂，因此疲劳断裂的后果是十分严重的。

材料的疲劳强度可以通过疲劳试验机进行测定。图 1-8 是材料的疲劳特性试验示意图。将光滑的标准试样的一端固定并旋转，在另一端施加载荷。在试样旋转的过程中，试样工作部分的应力将承受周期性的变化，从拉应力到压应力，循环往复，直至试样断裂。

材料所受的交变应力与断裂循环次数之间的关系可以用图 1-9 的疲劳曲线（也称 R-N

曲线）描述。纵坐标为交变应力 R，横坐标为循环周数 N。从 R-N 曲线可以看出，R 越小，N 越大。当应力低于某数值时，经无数次应力循环也不会发生疲劳断裂，此应力称为材料的疲劳极限，通常用 R_r 表示（r 是应力循环对称次数），单位为 MPa。如果采用对称的循环应力，材料的疲劳强度用 R_{-1} 表示。

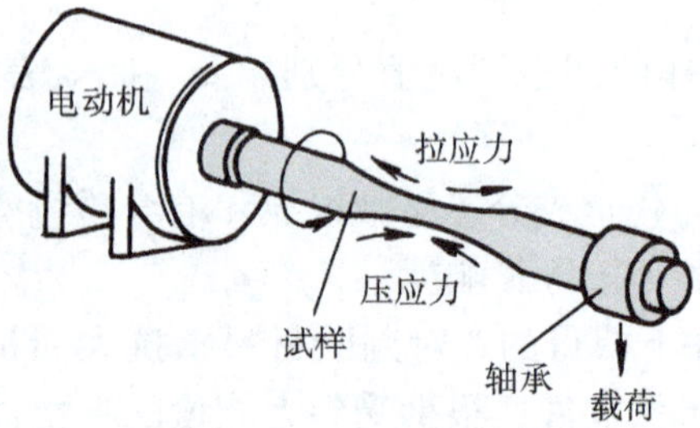

图 1-8 疲劳特性试验示意图

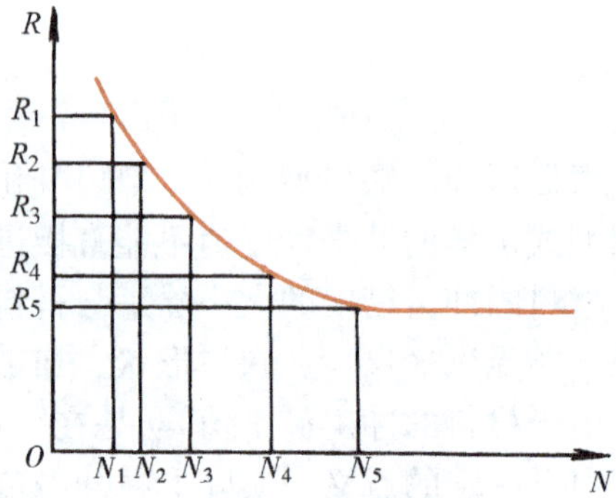

图 1-9 材料的疲劳曲线

由于疲劳试验时不可能进行无限循环周次，而且有些材料的疲劳曲线上没有水平部分，因此规定一个应力循环基数 N_0，N_0 所对应的应力作为该材料的疲劳极限。一般钢铁的循环基数为 10^7，有色金属和某些超高强度钢的循环基数为 10^8。

一般钢铁材料的 R_{-1} 值约为其抗拉强度 R_m 的一半，而非金属材料的疲劳极限一般远低于金属材料。

在机械零件的断裂中，80% 以上都属于疲劳断裂。影响疲劳强度的因素很多，其中主要有应力循环特性、材料的本质、残余应力和表面质量等。在生产中常采用各种材料表面强化处理技术，使金属表层获得利于提高材料疲劳强度的残余压应力分布。这些表面强化技术包括喷丸、滚压、渗碳、渗氮和表面淬火等。此外，降低零件表面的粗糙度值也可以显著地提高材料的疲劳极限。

第五节 材料的断裂韧度

断裂韧度是以断裂力学为基础的材料韧性指标。断裂力学是把材料的断裂过程与裂纹扩展时所需的功联系起来，它对评估材料的使用寿命和设计可靠运转的机件具有重要的指导意义。

在工程构件和机械零件设计中，通常都是用材料的屈服强度作为材料的许用应力 $[R]$ （$[R]=\frac{R_{eL}}{n}, n>1$）。一般认为，只要零件的工作应力小于或等于许用应力就不会发生塑性变形，更不会发生断裂。但是，一些用高强度钢制造的零件或大型焊接构件，如桥梁、船舶等，有时会在工作应力远低于材料屈服强度，甚至低于许用应力的条件下，突然发生脆性断裂，这样的断裂称为低应力脆断。

在传统的材料力学中都是假定材料内部是完整、连续的，所以从材料力学的角度无法解释材料的低应力脆断现象。实际上，材料或构件本身不可避免地会存在各种冶金或加工缺陷，这些缺陷相当于裂纹，或者它们在使用过程中扩展成为裂纹。近代断裂力学认为，低应力脆断正是由于这些微裂纹在外力作用下的扩展造成的。一旦裂纹长度达到某一临界尺寸时，裂纹的扩展速度就会剧增，从而导致断裂。**材料抵抗裂纹失稳扩展断裂的能力称为断裂韧度。**

比较常见而且又比较危险的裂纹是张开型裂纹，又称为Ⅰ型裂纹，如图1-10所示。假设平板上的裂纹长度为$2a$，在垂直裂纹面的外力拉伸作用下，受裂纹的影响，材料各部位的应力分布不均匀，在裂纹尖端的前沿因应力集中产生的应力最大。根据断裂力学的观点，只要裂纹两端很尖锐，顶端附近各点应力R_r的大小取决于比例系数K_I。由于K_I反映了裂纹尖端附近各应力点的强弱，故称为应力强度因子K_I（单位为$MPa\cdot m^{\frac{1}{2}}$）。其表达式为：

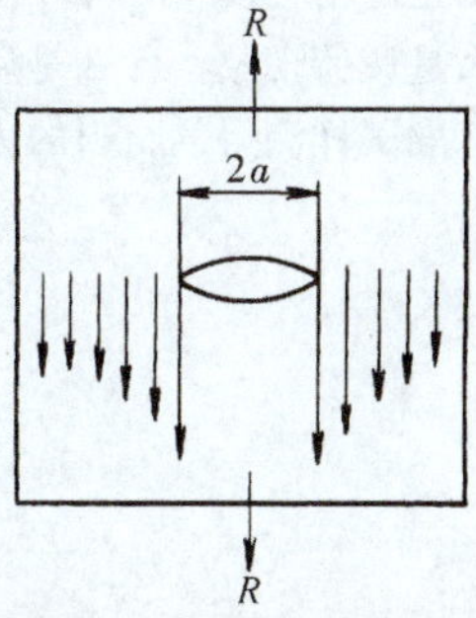

图 1-10　张开型裂纹的平板试样

$$K_I = R\sqrt{\pi a}$$

式中，R为外加应力（MPa）；a为裂纹的半长（m）。

K_I值与裂纹尺寸、形状和外加应力的大小有关。随着外应力R的增大或裂纹增长时，K_I也相应增大，当K_I增大到某一临界值时，**裂纹前端的内应力将大到足以使裂纹失稳扩展，从而发生脆断。这个应力强度因子的临界值称为材料的断裂韧度，用K_{IC}表示。**

K_{IC}是量度材料抵抗裂纹失稳扩展阻力的物理量，是材料抵抗低应力脆性断裂的韧性参数。它由材料的成分、热处理以及加工工艺有关，与裂纹的形状、尺寸以及外加应力的大小无关。K_{IC}可通过试验测定，表1-1是常见工程材料的断裂韧度K_{IC}值。

表 1-1　常见工程材料的断裂韧度K_{IC}值　　（单位：$MPa\cdot m^{\frac{1}{2}}$）

材料		K_{IC}	材料		K_{IC}
金属材料	塑性纯金属（Cu、Ni）	100～350	高分子材料	聚苯乙烯	2
	低碳钢	140		尼龙	3
	高强度钢	50～150		聚碳酸酯	1.0～2.6
	铝合金	23～45		聚丙烯	3
	铸铁	6～20		环氧树脂	0.3～0.5
复合材料	玻璃纤维（环氧树脂基体）	42～60	陶瓷材料	Co/WC 金属陶瓷	14～16
	碳纤维增强聚合物	32～45		SiC	3
	普通木材（横向）	11～13		苏打玻璃	0.7～0.8

带有裂纹的零件在外力作用下，不发生脆断的条件是$K_I < K_{IC}$。如材料的K_{IC}已知，则可以根据工作应力，估算出材料中允许存在而又不会失稳扩展的最大裂纹长度；反过来，可以根据材料中已存在的裂纹长度（可由无损探伤测出），估算出材料不致造成脆断的最大应力。

思 考 题

1-1　什么是材料的力学性能？力学性能主要包括哪些指标？

1-2　什么是强度？什么是塑性？衡量这两种性能的指标有哪些？各用什么符号表示？

1-3　什么是硬度？HBW、HRA、HRB、HRC、HV 各代表用什么方法测出的硬度？

1-4　什么是冲击韧度？a_{kU} 和 a_{kV} 各代表什么？

1-5　什么是疲劳现象？什么是疲劳强度？

1-6　用标准试样测得的材料的力学性能能否直接代表材料制成零件的力学性能？为什么？

第二章 金属材料的基础知识

实践和研究表明，决定工程材料性能的基本因素是它们内部的微观结构和组织状态。本章以金属材料为例，介绍与工程材料有关的微观组织结构方面的基础知识。

第一节 金属的晶体结构

一、晶体与非晶体

固态物质按其原子（或分子）的聚集状态进行分类，可分为晶体和非晶体两大类，**晶体与非晶体的根本区别在于原子（或分子）在三维空间的排列是否有规则**。在晶体中，原子（或分子）按一定的几何规律作周期性排列；而在非晶体中，原子（或分子）无规则地堆积在一起。由于非晶体的原子（或分子）聚集结构与液态结构类似，所以，固态的非晶体实际上是一种过冷状态的液体，只是其物理性质不同于通常的液体。

晶体与非晶体的区别还表现在许多性能方面，如晶体由固态变为液态或由液态变为固态时，总是在固定的温度下转变的，即具有固定的熔点或凝固点；而非晶体则没有固定的熔点。随着加热温度的升高，固态非晶体物质将逐渐变软，最终变为液体；而冷却时，液体逐渐变稠，最终变为固体。此外，由于晶体原子排列的方式不同，沿着晶体的不同方向所测得的性能并不相同（如导电性、导热性、弹性等），即晶体表现出各向异性；而对于非晶体物质，沿任何方向测得的性能则不因方向而异，所得到的结果是一致的，称为各向同性。

晶体在一定的条件下可以转变成非晶体，近年来，采用特殊的制备方法已能获得非晶态的金属和合金。

原子从一个核心（称为晶核）按同一方向进行排列生长而成的晶体称为单晶体，一些天然晶体，如金刚石、水晶等，都是单晶体。而金属材料通常是由许多不同方位的小晶体组成，称为多晶体。虽然多晶体中的每个晶体都呈各向异性，但是整个金属的性能则是多晶体性能的平均值。所以，多晶体材料一般不显示各向异性，这种情况称为假等向性。

二、金属的晶体结构

1. 金属晶体结构的基本概念

金属的性能不仅决定于其组成原子的本性和原子间结合的类型，同时也取决于原子规则排列的方式。

按照金属键的概念，金属中的金属离子“沉浸”在自由运动的电子气中，成为均匀对称的离子，没有方向性，也不存在键的饱和性。所以，可以把金属离子设想为圆球，呈高度对称、紧密和简单的排列，如图 2-1a 所示。金属离子的这种排列决定了金属具有密度大、强度高、塑性和韧性好等优良的性能特征，从而成为最重要的工程材料。

通常把原子（正离子）在晶体中呈有规则、重复排列的“队形”称为空间点阵，点阵中的结点称为阵点。用一些假想的几何线条将阵点的中心连接起来构成的空间格子称为晶体点阵，如图 2-1b 所示。晶格阵点为原子（离子）振动平衡中心的位置。

在晶体中通过原子中心的平面称为“晶面”。通过原子中心的直线称为原子列，其所代表的方向称为“晶向”。由于阵点周围的环境相同，晶体点阵具有周期重复性，因此可以从**晶格中选取一个能够完全反映晶格特征、具有代表性的最小的空间几何单元作为点阵的组成单元，这个基本单元称为晶胞**，如图2-1c所示。晶胞在三维空间的重复排列构成晶体，研究晶体结构就是研究晶胞的基本特征。

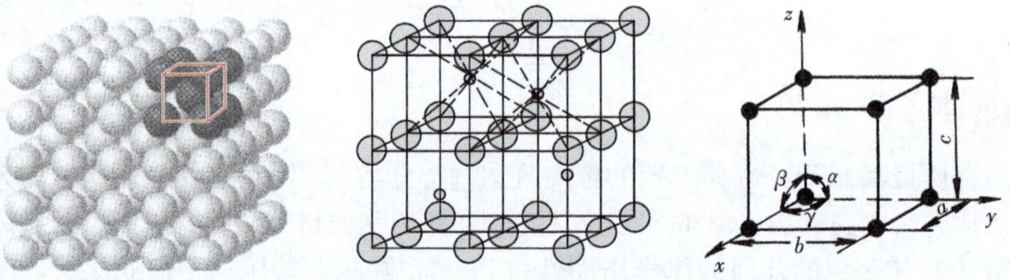

a)　　　　b)　　　　c)

图 2-1　晶体结构示意图

a）简单立方晶格　b）晶体点阵　c）晶胞

在三维空间中，晶胞的几何特征可以用晶胞的三条棱边的边长 a、b、c 和三条棱边之间的夹角 α、β、γ 六个参数来描写。a、b、c 称为晶格常数。

关于金属的晶体结构特征，还有以下几个重要的基本概念：

（1）晶格尺寸　虽然许多金属都具有一定的晶体结构，但它们的晶胞大小各不相同，每种金属在一定温度下都有其特有的晶格尺寸。晶格尺寸可用晶格常数表达，金属的晶格常数大都为 $(1\sim7)\times10^{-10}$m。

（2）晶胞原子数　晶胞原子数是指一个晶胞内包含的原子数目。晶胞原子数可通过计算每个原子在晶胞中所占的分数，然后进行加和获得。

（3）原子半径　原子半径通常是指晶胞中原子密度最大方向上相邻的两个原子之间平衡距离的一半，它与晶格常数有一定的关系，是金属原子行为一个非常重要的参量。同一种金属原子处于不同类型的晶格中时，原子半径是不一样的。

（4）配位数　配位数是晶格中与任一原子处于相等距离并相距最近的原子数目。配位数越大，原子排列的致密度就越高。

（5）致密度　晶胞中原子本身所占有的体积与该晶胞体积之比的百分数称为晶格的致密度，即：

$$K = \frac{nV_{原}}{V_{晶}}$$

式中，K 为晶格的致密度；$V_{原}$ 为原子的体积，其值为$\frac{4}{3}\pi r^3$（r 为该原子半径）；n 为晶胞实际包含的原子数；$V_{晶}$ 为晶胞的体积。

2. 典型的金属晶体结构

由于金属的原子之间是通过较强的金属键结合，因而金属原子趋于紧密排列，构成少数几种具有高对称性的简单晶体结构。在金属元素中，约有90%以上的金属晶体结构都属于下面三种密排的晶格形式。

（1）体心立方晶格　体心立方晶胞模型如图2-2所示，除了晶胞8个角上各有一个原子外，晶胞的中心还有一个原子，立方体对角线方向上的原子彼此接触。具有体心立方结构的金属有α-Fe、Cr、V、Nb、Mo、W等共约30种，约占金属元素的一半。

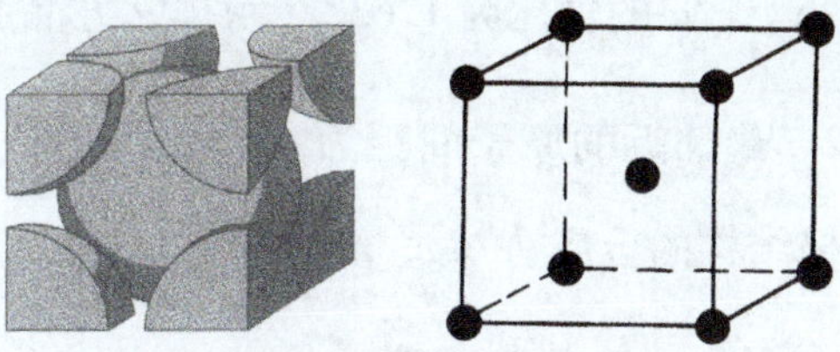

a）　　b）

图2-2　体心立方结构
a）晶胞原子数　b）质点模型

由于体心立方结构的晶格常数 $a = b = c$，所以体心立方结构的晶格尺寸用一个晶格常数 a 即可表达。在体心立方结构中，每个角上的原子在空间同时属于八个相邻的晶胞，而立方体中心的原子则只属于一个晶胞所有。所以，体心立方结构的晶胞原子数为 $8 \times 1/8 + 1 = 2$；配位数是8。因为体心立方晶胞中原子相邻最近的方向是体对角线，所以原子半径为 $r = \frac{\sqrt{3}}{4}a$。对于体心立方晶格的致密度为：

$$K = \frac{nV_{原}}{V_{晶}} = \frac{2 \times \frac{1}{6}\pi d^3}{a^3} \times 100\% = 68\%$$

即**在体心立方晶胞中，原子占据了68%的晶胞体积。**

（2）面心立方晶格　面心立方晶格如图2-3所示。因其也是一个立方体，所以也可以只用一个晶格常数 a 表示。在面心立方晶胞的每一个角上和晶胞的六个面上都排列一个原子，每个角上的原子为相邻的八个晶胞所共有，而每个面中心的原子却只为两个晶胞共有。所以，面心立方晶胞中的原子个数为 $8 \times \frac{1}{8} + 6 \times \frac{1}{2} = 4$；配位数为12。面心立方晶胞的原子半径 $r = \frac{\sqrt{2}}{4}a$，**致密度为74%**。具有面心立方晶格结构的金属有γ-Fe、Al、Cu、Ag、Au、Pb、Ni、β-Co等金属。

（3）密排六方晶格　密排六方晶格的晶胞如图2-4所示。密排六方结构也是原子排列

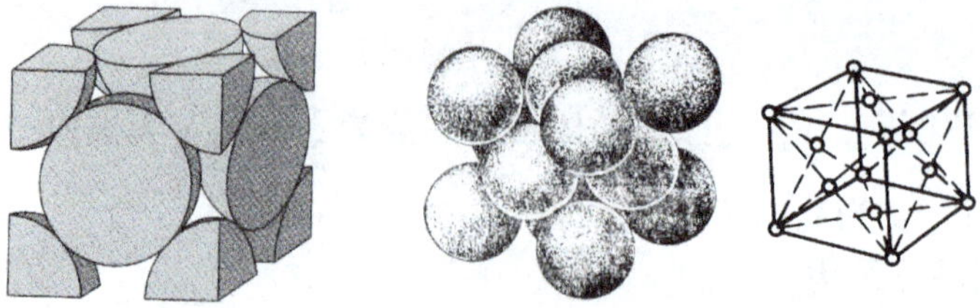

a)　　b)　　c)

图 2-3　面心立方晶格

a) 晶胞原子数　b) 刚球模型　c) 质点模型

最密集的晶体结构之一，是一个正六棱柱，也可以看成是由两个简单六方晶胞穿插而成。密排六方晶格的点阵常数有两个：一个是柱体的高度 c，另一个是底面六边形的边长 a，c/a称为轴比。在理想情况下，c/a 的轴比为 1.633。密排六方晶胞中的原子数为$\frac{1}{6}\times 12+\frac{1}{2}\times 2+3=6$，配位数为 12。最邻近的原子间距为 a，故可计算出**密排六方晶胞的致密度为 74%**。具有密排六方晶格结构的金属有 Mg、Zn、Be、Cd 等金属。

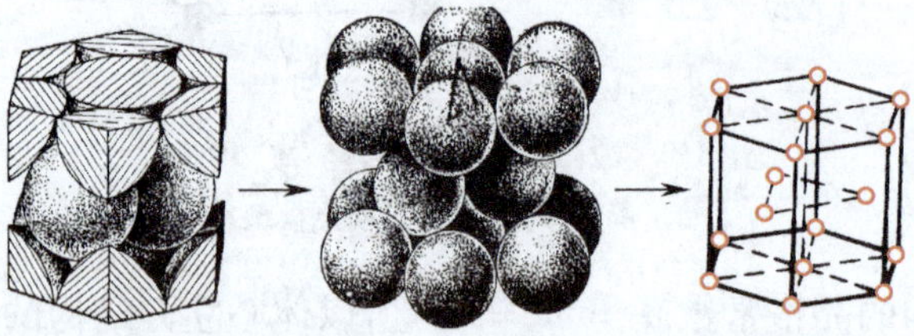

a)　　b)　　c)

图 2-4　密排六方晶格

a) 晶胞原子数　b) 刚球模型　c) 质点模型

3. 金属晶体中的晶面指数、晶向指数

在金属晶体中，**晶面和晶向上的原子分布状态具有特殊的重要性。**

(1) 晶面指数　在晶体学中，晶面采用晶面指数（或称米勒指数）的方式表达。确定晶面指数的步骤，如图 2-5 所示。

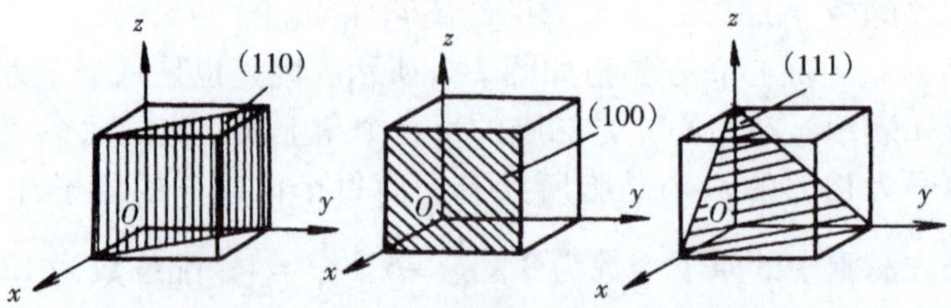

a)　　b)　　c)

图 2-5　立方晶格中晶面指数的确定

第一步：在晶格中，沿晶胞相互垂直的三条棱边为空间坐标轴 x、y、z，坐标的原点

O 位于该待定晶面的外面，以免出现零截距。

第二步：分别以晶格常数 a、b、c 为 X、Y、Z 轴上的长度度量单位，求出待定晶面在三个坐标轴上的截距。

第三步：取待定晶面在这三个轴上截距的倒数。

第四步：将这三个截距的倒数化为三个最小整数。

第五步：把三整数写在圆括号内，即得到晶面指数（hkl）。

按照上述步骤，图 2-5a 中的影线面 X、Y、Z 三轴上的截距相应为 1、1、∞；其截距的倒数为 1、1、0，所以该晶面指数为（110）。图 2-5b、c 中的影线面的晶面指数分别为（100）和（111）。

晶面的截距可以为负数，表达方式是在负的晶面指数的上方加一负号，如 $(\bar{h}\bar{k}\bar{l})$。

在晶体中，特别是在立方晶系中，由于原子的排列具有高度的对称性，往往存在有许多原子排列完全相同但不平行的对称晶面，如面心立方晶体的（111）和 $(\bar{1}\bar{1}\bar{1})$ 面。在晶体学上，这些原子排列等同而彼此不平行的晶面称为晶面族，用大括号表示，即 $\{hkl\}$。例如，在上述面心立方晶体中，体对角面｛111｝晶面族包括（111）、$(1\bar{1}1)$、$(\bar{1}11)$、$(\bar{1}\bar{1}1)$、$(1\bar{1}\bar{1})$、$(11\bar{1})$、$(\bar{1}1\bar{1})$ 和 $(\bar{1}\bar{1}\bar{1})$ 共八个晶面。

（2）晶向指数　确定晶向指数的步骤如下：

第一步：选定坐标系（与求晶面指数的方法相同）。

第二步：过坐标原点作一平行于待求晶向的直线。

第三步：求出该直线上任一结点的空间坐标值。

第四步：将此空间坐标的三个值按比例化为最小整数。

第五步：将整数记在方括号内，即得晶向指数 $[uvw]$。

若指数为负值，则在相应指数上方加一负号，如 $[\bar{u}\bar{v}\bar{w}]$。两组晶向的全部指数数字相同而符号相反时，例如 [110] 与 $[\bar{1}\bar{1}0]$，则它们相互平行，但方向相反。

晶向指数表示一组相互平行的晶向。图 2-6 中给出了立方晶格的几个主要晶向。

在晶体学上等同的晶向统称为晶向族，用尖括号表示，即 $\langle uvw\rangle$。在立方晶系中，同一晶向族中的各晶向的指数数值相同而符号和顺序不同。例如，面心立方晶格的面对角线〈110〉的晶向族包括 [110]，[101]，[011]，$[\bar{1}10]$，$[\bar{1}01]$，$[0\bar{1}1]$，$[1\bar{1}0]$，$[10\bar{1}]$，$[01\bar{1}]$，$[\bar{1}\bar{1}0]$，$[\bar{1}0\bar{1}]$，$[0\bar{1}\bar{1}]$，共十二个晶向。

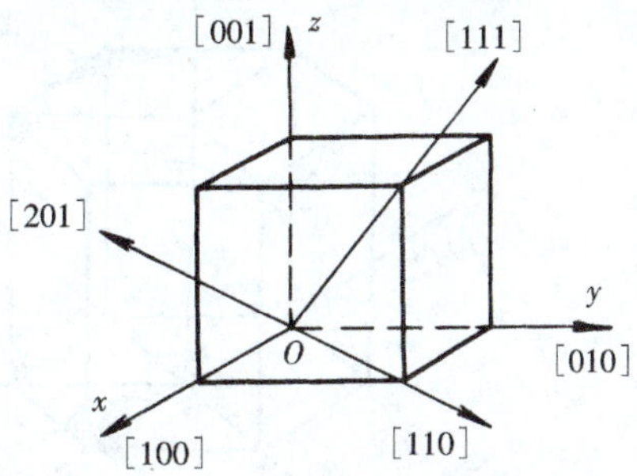

图 2-6　立方晶格中的几个主要晶向

在立方晶系中，晶面指数与晶向指数相同时，则晶面与晶向相互垂直，例如（111）⊥ [111]，如图 2-6所示。

（3）六方晶系的晶面指数和晶向指数　对于六方晶系，一般都采用四指数（即米勒—布拉维指数）方法表示晶面和晶向。四指数表示方法是：水平坐标轴是互成 120°夹角的三坐标轴 a_1，a_2 和 a_3，垂直轴为 c 轴，如图 2-7 所示。这样，六方晶系的晶面表示为 $(hkil)$，晶面族为 $\{hkil\}$，晶向表示为 $[uvtw]$。为了使等同晶面与等同晶向各具有同一

组指数，四指数中的前三个之间应保持

$$i=-(h+k),\ t=-(u+v)$$

的关系。h，k，l 以及 u，v，w 等指数的求法与立方晶系的确定方法相同，且前三指数可改变次序和符号，第四个指数位置不变但符号可变，而 i 和 t 按上述关系式确定。图 2-7 是六方晶系的几个主要晶面和晶向。

4. 金属晶体的各向异性

金属晶体沿不同方向表现出性能不相同的现象叫做晶体的各向异性。由于在相同的晶格中，不同晶面和晶向上原子排列的疏密程度不同，它们之间的原子结合力也就不同，从而在不同的晶面和晶向上显示出不同的性能，这就是晶体具有各向异性的本质原因。例如，具有体心立方晶格铁的单晶体，在 [111] 方向上的弹性模量 E 为 290MPa，而在 [100] 方向上的 E 则是 135MPa。晶体的各向异性在其化学性能、物理性能和力学性能等方面都同样会表现出来。

在工业金属材料中，通常见不到它们具有这种各向异性的特征。这是因为上面所讨论的金属晶体都是理想的晶体结构，与实际的金属晶体结构相差很大，只有在特定条件下，如定向凝固等，使各晶粒的位相趋于一致，才能显示出其各向异性。

三、实际金属的晶体结构

理想状态的金属晶体结构认为金属的整个晶体都是晶胞规则重复地排列，但实际上由于受许多因素的影响，晶体内部某些区域的原子规则排列往往会受到外界干扰而被破坏，金属晶体结构中存在的这种不完整的区域称为晶体缺陷。按照几何特性，晶体缺陷主要分为点缺陷、线缺陷和面缺陷。

1. 点缺陷

点缺陷是指在三维尺度上都很小，尺寸范围不超过几个原子直径的缺陷。主要的点缺陷有空位和间隙原子，如图 2-8 所示。

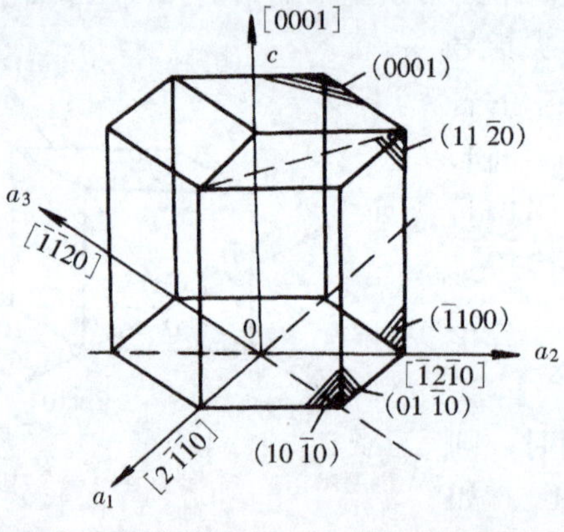

图 2-7　六方晶系的几个主要晶面和晶向

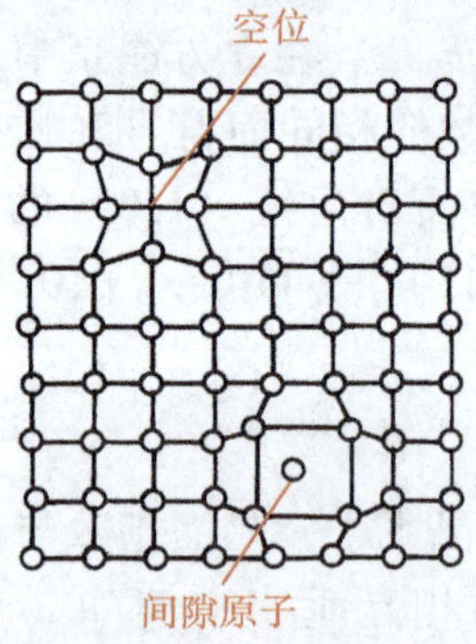

图 2-8　晶体中的点缺陷

(1) 空位　在晶格中没有原子的结点称为空位。这是由于晶格中的原子在其平衡位置上作高频率的热振动，振动能量按统计规律随机分布，因此总有一些原子的动能大大超过给定温度下的平均动能，脱离原来的结点位置，于是在晶体内部形成了空位。晶体中的空位总是处在不断地产生和消失的过程中，而且随着温度的升高，原子的动能增大，空位的浓度也增大。

（2）间隙原子　位于晶格间隙中的原子叫做间隙原子，它有自间隙原子和杂质间隙原子两种。自间隙原子是指从晶格结点转移到晶格间隙中的原子，因此，如果形成一个自间隙原子，必然同时会产生一个空位。由于多数金属的晶体都属于密排结构，所以形成自间隙原子是比较困难的。

金属中存在的间隙原子主要是杂质间隙原子。当杂质的原子半径比较小时（例如硼、碳、氢、氮、氧等），间隙原子的浓度甚至可以超过10%（原子分数）。

如果杂质原子比较大时，则形成置换原子。它是指异类原子占据正常结点的位置，置换晶格结点上的金属原子，从而形成的点缺陷。

在空位和间隙原子的附近，由于原子间作用力的平衡被破坏，使其周围的原子离开了原来的平衡位置，发生了靠拢或被撑开的不规则排列，这种现象称为晶格畸变。

空位和自间隙原子的运动是金属中原子扩散的主要方式之一，这对热处理和化学热处理过程都是极为重要的。

2. 线缺陷

线缺陷是指在三维空间中二维尺度很小而另一维尺度很长的缺陷。这类缺陷主要是指在晶体中某处有一列或若干列原子发生有规律的错排现象，这类现象称为位错。晶体中的位错主要有刃形位错和螺型位错两种。

（1）刃型位错　刃形位错是指在晶体的某一水平面（*ABCD*）以上，多出了一个垂直方向的原子面（*EFGH*），它中断于 *ABCD* 面上的 *EF* 处，使 *ABCD* 面以上与以下的两部分晶体之间产生了原子错排，*EF* 线称为刃型位错线。半原子面在晶体的上半部时，形成的位错称正刃型位错，用“⊥”表示；半原子面在下半部时，形成负刃型位错，用“⊤”表示，如图2-9所示。

刃型位错线是晶格畸变的中心线，在 *ABCD* 晶面的上方位错线附近的区域，晶体受到压应力；而在 *ABCD* 晶面的下方位错线附近的区域，晶体则受到拉应力。离位错线越远，晶格畸变越小，应力也就越小。

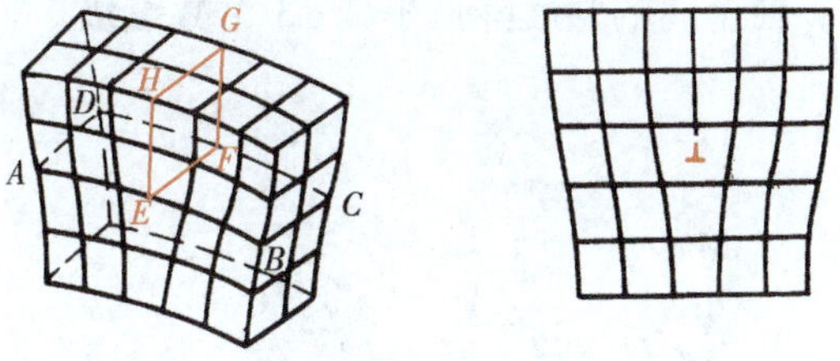

a）　　b）

图2-9　晶体结构中的刃型位错

a）立体模型　b）平面图

（2）螺型位错　将晶体沿 *ABCD* 面局部切开，使上下两部分晶体相对地移动（即“撕开”）一个原子距离，而在 *BC* 和 *aa'* 之间形成了一个上下原子不相吻合的过渡区域，这个区域里的原子平面被扭成了螺旋面，所以称为螺型位错，如图2-10所示。*BC* 线为螺型位错线。螺型位错有左、右之分，原子沿右螺纹旋转方向前进的位错为右螺型位错；沿左螺纹方向前进的为左螺型位错。

位错最重要的性质之一是它可以在晶体中运动。刃型位错的运动有两种方式：一种是位错线沿着滑移面移动，称为位错的滑移；另一种是位错线垂直于滑移面的移动，称为位错的攀移。对螺型位错来说，它只作滑移而不存在攀移。用透射电子显微镜可以观察到位错线（图2-11）和位错的运动。

位错能够在金属的结晶、相变和塑性变形等过程中形成。晶体中的位错密度对金属的

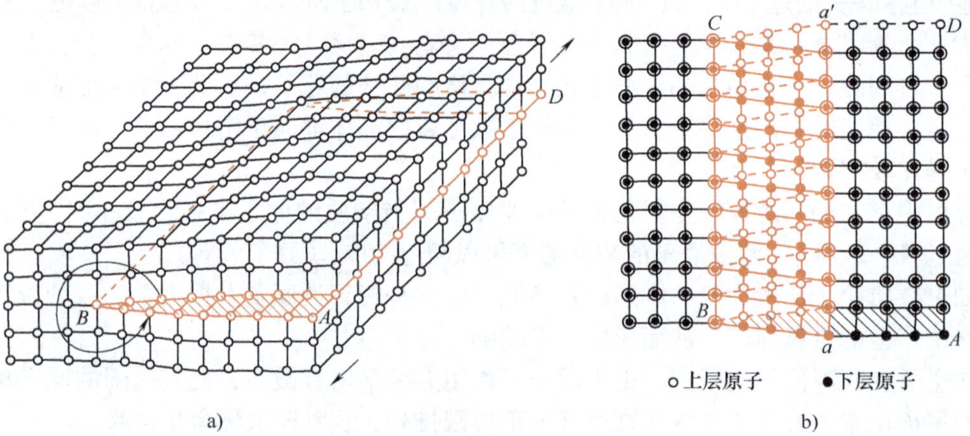

图 2-10　螺型位错示意图

a）立体模型　b）平面图

性能、塑性变形及其组织转变等都有着极其重要的影响。**位错的密度是指单位体积中位错线的总长度**，即：

$$\rho = S/V$$

式中，ρ 为位错密度（cm/cm^3 或 $1/cm^2$）；S 为晶体中位错线的总长度（cm）；V 为晶体的体积（cm^3）。

在充分退火的金属晶体中，位错密度一般为（$10^5 \sim 10^8$）$/cm^2$，而经过剧烈冷变形的金属，位错密度可增至（$10^{10} \sim 10^{12}$）$/cm^2$。图 2-12 所示为金属的强度与位错的关系曲线。由图可见，位错是影响金属力学性能最重要的晶体缺陷，由于金属晶体中位错的存在，使金属的强度降低了 2～3 个数量级。

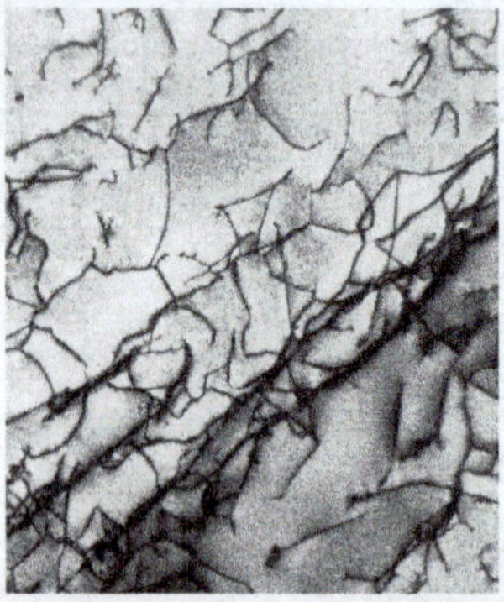

图 2-11　钛合金中的位错线

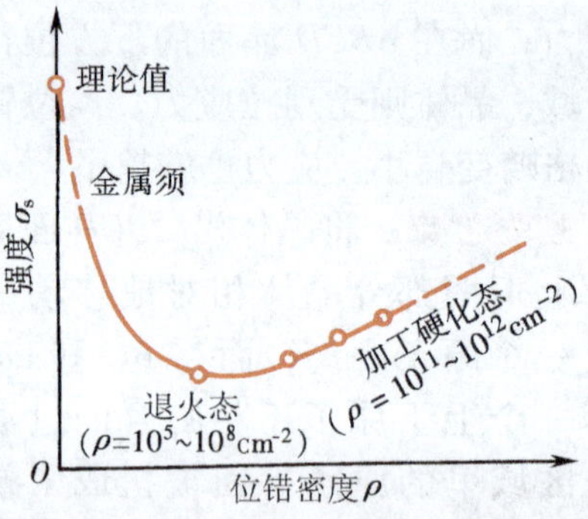

图 2-12　金属强度与位错密度的关系

3. 面缺陷

面缺陷是指二维尺度很大而三维尺度很小的缺陷。金属晶体中的面缺陷主要有晶界和亚晶界两种。

（1）晶界　实际的金属是由大量外形不规则的小晶粒组成的。**晶粒与晶粒之间的接触面叫做晶界**。随着相邻晶粒位向差的不同，其晶界宽度为 5～10 个原子间距。晶界上的原子呈不规则排列，晶格畸变比较大，其原子排列的总特点是采取相邻晶粒的折中位置，即从一个晶粒的位向，通过晶界的协调，逐步过渡为相邻晶粒的位向，如图 2-13 所示。

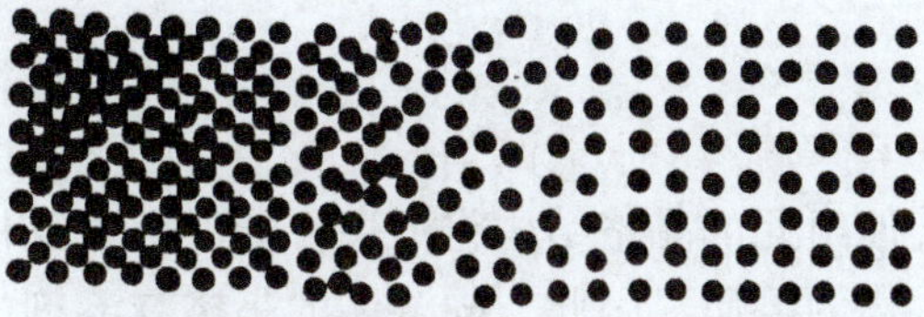

图 2-13 晶界原子排列示意图

晶界处也是杂质原子聚集的地方。杂质原子的存在加剧了晶界结构的不规则性及结构复杂化。

（2）亚晶界　一般晶粒的内部也不是完全理想的晶体，而是由很多位向相差很小的亚晶粒组成，亚晶粒的尺寸比晶粒小 2~3 个数量级，常为 $10^{-6} \sim 10^{-4}$cm。亚晶粒之间的位向差小于1°。**亚晶粒之间的边界叫亚晶界**，亚晶界实际上是由一系列刃型位错所形成的小角度晶界。亚晶界是晶粒内部的一种面缺陷，对金属性能也有一定的影响。例如，在晶粒大小一定时，亚晶界越细，金属的屈服强度就越高。

在实际金属的晶体结构中，上述晶体缺陷并不是静止不变的，而是随着一定的温度和加工过程等各种条件的改变而不断变化的。它们可以产生、发展、运动和交互作用，而且也能合并或消失。晶体缺陷对金属的许多性能有很大的影响，特别对金属的塑性变形、固态相变以及扩散等过程都起着重要的作用。

第二节　合金的相结构

一、合金的基本概念

由于纯金属性能的局限性，不能满足各种使用场合的要求，所以，目前使用的金属材料大多数都是合金。

由两种或两种以上的金属、或金属与非金属，经熔炼、烧结或其他方法组合而成并具有金属特性的物质称为合金。例如，应用最普遍的碳钢和铸铁就是由铁和碳所组成的铁碳合金。

组成合金的最基本的、独立的物质叫做组元。组元通常是纯元素，也可以是稳定的化合物。根据组成合金组元数目的多少，合金可分成二元合金、三元合金或多元合金等。

合金中具有同一化学成分且结构相同的均匀部分称为相。合金在固态下可以形成均匀的单相合金，也可以是由几种不同的相组成的多相合金。合金中相与相之间有明显的界面。

虽然在各种合金中的组成相是多种多样的，但它们可以归纳为固溶体和化合物这两种基本类型。这两种合金按成分和结构特点又可进一步分为若干具体类型，如固溶体可分为置换固溶体和间隙固溶体；化合物可分为金属化合物和非金属化合物，金属化合物又包括：正常价化合物、电子化合物、间隙相与间隙化合物和超结构（有序固溶体）等。

二、合金的相结构

1. 固溶体

固溶体是指溶质原子溶入溶剂中形成的均一结晶相。固溶体的晶格类型与其中某一组元的晶格类型相同，而其他组元的晶格结构将消失。能保留住晶格结构的组元元素称为溶剂；晶格结构消失的组元称为溶质。因此，固溶体的晶格与溶剂的晶格相同，而溶质以原子状态分布在溶剂的晶格中。按照溶质原子在溶剂中分布情况的不同，固溶体可分为以下两种类型：

（1）间隙固溶体　**溶质原子处于溶剂晶格空隙中的固溶体称为间隙固溶体**，如图2-14a所示。实验证明，当溶质元素与溶剂元素的原子直径比 $D_{质}/D_{剂}<0.59$ 时才能形成间隙固溶体。因此形成固溶体的溶质元素都是一些原子半径小于0.1nm的非金属元素，如H、C、O、N等。在金属材料的相结构中，形成间隙固溶体的例子很多，如碳钢中碳原子溶入α-Fe晶格的间隙中形成间隙固溶体，称为铁素体。碳原子溶入γ-Fe晶格间隙中形成的间隙固溶体，称为奥氏体。

溶质原子溶入溶剂的数量越多，溶剂的晶格畸变就越大。当溶质的溶入超过一定数量时，溶剂的晶格就会变的不稳定，于是溶质原子就不能继续溶解，所以间隙固溶体永远是有限固溶体。

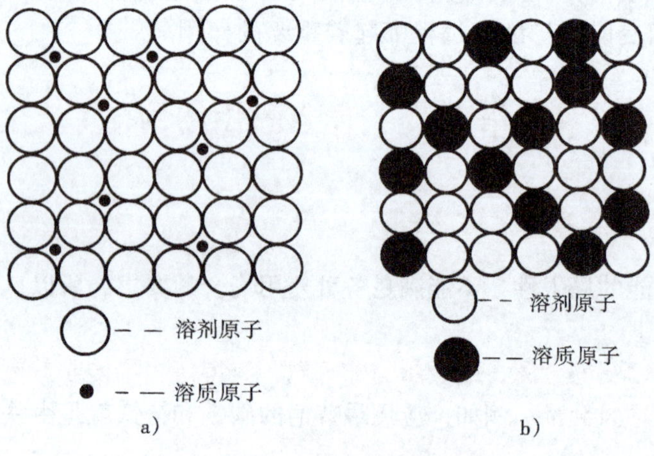

图2-14　固溶体的两种类型
a）间隙固溶体　b）置换固溶体

（2）置换固溶体　**溶剂晶格中的某些结点位置被溶质原子取代的固溶体称为置换固溶体**，如图2-14b所示。在合金中，如锰、铬、硅、镍、钼等金属元素都能与铁形成置换固溶体。形成置换固溶体时，溶质原子在溶剂中的溶解度主要取决于两者在周期表中的相互位置、晶格类型和原子半径的差。一般来说，在周期表中位置靠近、晶格类型相同的元素，原子半径的差越小，溶解度就越大，甚至可以在任何比例下均能互溶形成无限固溶体。例如，铜和镍都是面心立方晶格，铜的原子直径为 2.55×10^{-10}m，镍的原子直径为 2.49×10^{-10}m，是处于同一周期并且相邻的两个元素，所以铜和镍可以形成无限固溶体。

而铜和锌、铜和锡只能形成有限固溶体。

由于溶质原子与溶剂原子的直径不可能完全相同，因此，置换固溶体也会造成固溶体中的晶格常数的变化和晶格畸变，如图 2-15 所示。

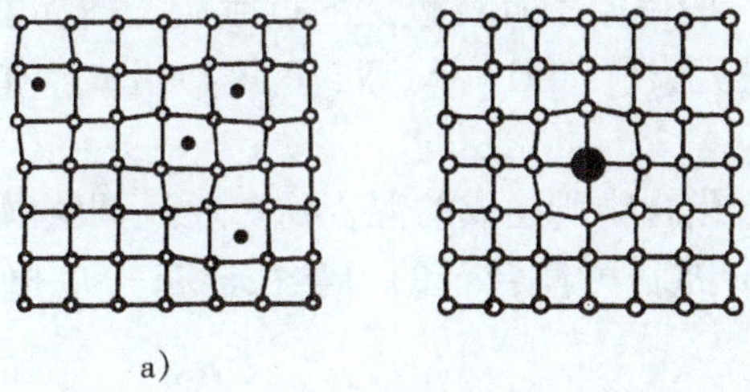

图 2-15 形成固溶体时的晶格畸变
a）间隙固溶体 b）置换固溶体

（3）固溶体的性能 由于溶质原子的溶入，固溶体的晶格发生畸变，位错的移动受到阻力，结果使金属材料的强度、硬度升高。这种**通过溶入溶质元素形成固溶体，使金属材料的变形抗力增大，强度、硬度升高的现象称为固溶强化**，它是金属材料强化的重要途径之一。实践证明，适当掌握固溶体中的溶质含量，可以在显著提高金属材料强度、硬度的同时，仍能保持良好的塑性和韧性。例如，往铜中加入质量分数为 19% 的镍，可使合金的强度极限 R_m 由 220MPa 提高到 380~400MPa，硬度由 44HBW 提高到 70HBW。而断后伸长率仍然保持在 50% 左右。所以对力学性能要求较高的结构材料，几乎都是以固溶体作为最基本的组成相。

2. 金属化合物

合金中溶质含量超过其在溶剂中的溶解度时将出现新相，这个新相可能是一种晶格类型和性能完全不同于任意合金组元的化合物，例如碳钢中的 Fe_3C（渗碳体）和黄铜中的 β 相（CuZn）。这种化合物可以用分子式表示，它的结合力除离子键和共价键外，金属键也起不同的作用，使这种化合物具有一定程度的金属性质（如导电性），所以把这种化合物称为金属化合物。没有金属键结合，也没有金属特性的化合物，称为非金属化合物。例如，碳钢中依靠离子键结合的 FeS 和 MnS 都是非金属化合物。

金属化合物一般具有复杂的晶体结构，Fe_3C 的晶体结构如图 2-16 所示。金属化合物的特点是熔点高、硬而脆。因此，当合金中出现金属化合物时，通常能提高合金的强度、硬度和耐磨性，但也会降低塑性和韧性，金属化合物是各类合金钢、硬质合金及许多有色金属合金的重要组成部分。

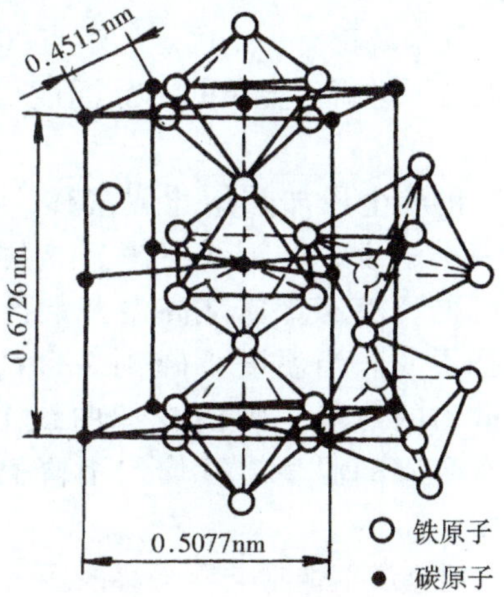

图 2-16 Fe_3C 的晶体结构

金属化合物的种类很多，常见的有以下三种类型。

（1）正常价化合物 组成正常价化合物的元素是严格按照原子价规律结合的，因而其成分固定不变，可用化学式表示。通常金属性强的元素与非金属或类金属能形成这种类型的化合物。如 Mg_2Si、Mg_2Sn 等。

(2) 电子化合物 电子化合物不遵循原子价规律，而是按照一定的电子浓度比组成一定晶格结构的化合物。如铜锌合金中的 CuZn 等。

(3) 间隙化合物 间隙化合物一般由原子直径较大的过渡族金属元素（Fe、Cr、Mo、W、V 等）和原子直径较小的非金属元素（如 H、C、N、B 等）组成。如合金钢中各种类型的碳化物都是间隙化合物。

多数工业合金均为固溶体和少量化合物所构成的混合物。通过调整固溶体的溶解度和其中化合物的形态、数量、大小及分布，可使合金的力学性能在一个相当大的范围内变动，从而满足不同性能的要求。

第三节 纯金属的结晶

一、金属结晶的基本概念

金属自液态冷却转变为固态的过程是原子从不规则排列向规则排列的晶态转变的过程，此过程称为金属的结晶。研究金属结晶过程的基本规律，对改善金属材料的组织和性能都具有重要的意义。

研究表明，液态下的金属内部，原子可以在小范围内呈近似于固态结构的规则排列，即存在一些短程有序的原子集团。这种原子集团是不稳定的，而且是随机分布的，瞬时出现又瞬时消失。金属由液态转变为固态的结晶过程，实质上就是原子由不稳定的近程有序状态过渡为稳定的长程有序状态的过程。广义地讲，金属从一种原子排列状态过渡为另一种原子排列状态的转变都属于结晶过程。金属从液态过渡为固体晶态的转变称为一次结晶；而金属从一种固体晶态过渡为另一种固体晶态的转变称为二次结晶。

二、金属的冷却曲线和过冷现象

纯金属都有一个固定的熔点（或结晶温度），因此纯金属的结晶过程总是在一个恒定的温度下进行。金属的结晶温度可用热分析等试验方法来测定。图2-17是热分析装置示意图。

将纯金属加热熔化成液体，然后使其缓慢冷却，在冷却过程中每隔一段时间测量一次温度，并记录下来，这样就可获得图 2-18 所示的纯金属冷却曲线。由此曲线可见，液态金属从高温开始冷却时，由于周围环境的吸热，温度均匀下降，状态保持不变。当温度下降到 T_n 后，金属开始结晶，释放结晶潜热，抵消了金属向四周散出的热量，因而冷却曲线上出现了“平台”。持续一段时间之后，结晶完毕，固态金属的温度继续均匀下降直至室温。曲线上平台所对应的温度 T_n 为实际结晶温度。

纯金属液体在无限缓慢的冷却条件下结晶（即理想的平衡条件下）所得到的结晶温度称为理论结晶温度，用 T_0 表示，如图 2-18a 所示。但在实际生产中，金属自液态向固态结晶时都有较快的冷却速度，液态金属的结晶过程将在低于理论结晶温度的某一温度 T_n 下进行，如图 2-18b 所示。金属的实际结晶温度低于理论结晶温度称为过冷，理论结晶温度与实际结晶温度的差 ΔT 叫做过冷度，过冷度 $\Delta T = T_0 - T_n$。

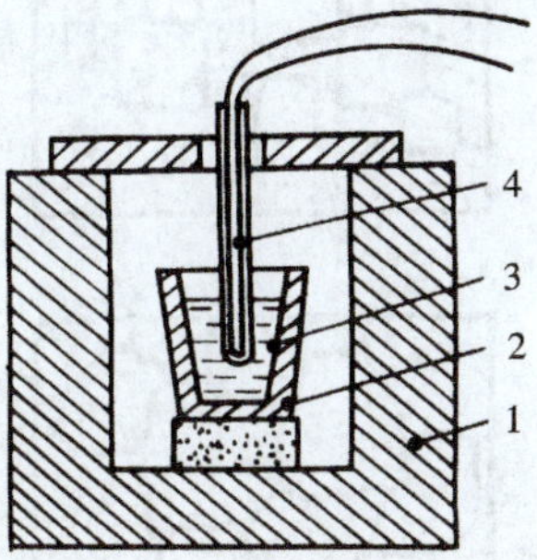

图 2-17　热分析装置示意图

1—电炉　2—坩埚　3—金属液　4—热电偶

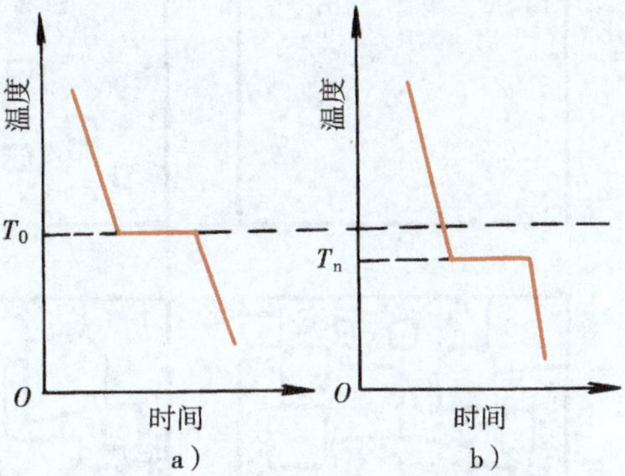

图 2-18　纯金属结晶时的冷却曲线

a）平衡条件下结晶　b）非平衡条件下结晶

金属的结晶之所以必须要在一定的过冷度下才开始进行，是因为金属的液态和固态之间存在一个自由能差 ΔG，如图 2-19 所示。在自然界，一切自发转变的过程总是从一种能量较高的状态趋向能量较低的状态。所以，只有当结晶温度小于 T_0 后，固态金属的自由能才能小于液态金属的自由能，即 $\Delta G = G_{固} - G_{液} < 0$，这时结晶过程才能自发进行。而且 ΔT 越大，液态与固态之间能量状态的差就越大，促使液体结晶的驱动力就越大，结晶越容易进行。

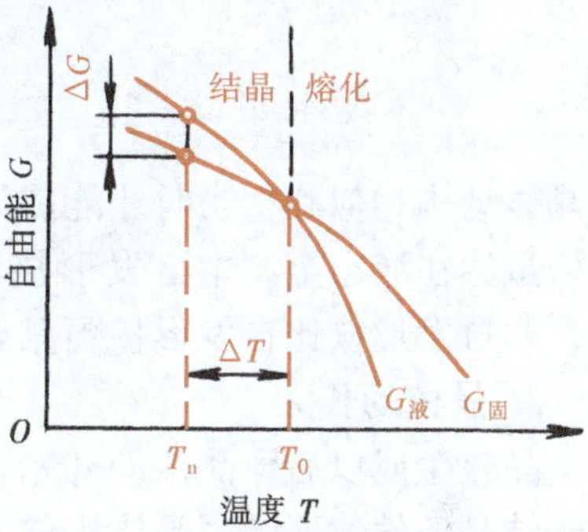

图 2-19　金属在不同状态下自由能与温度的关系曲线

实际上金属总是在过冷的情况下进行结晶的，但同一种金属结晶时的过冷度不是一个恒定值，它与冷却速度有关。结晶时的冷却速度越大，过冷度就越大，金属的实际结晶温度也就越低。

三、纯金属的结晶过程

金属的结晶都要经历晶核的形成和晶核的长大两个过程，如图 2-20 所示。

1．晶核的生成

研究表明，在液态金属中存在两种晶核，**自发形核**和**非自发形核**。

（1）自发形核　在液态金属中，存在着大量尺寸不同短程有序的原子集团。在结晶温度以上它们是不稳定的，但是当温度降低到结晶温度以下，液体中一些超过一定尺寸的短程有序原子集团开始变得比较稳定，不再消失，成为结晶核心。**这种从液体内部自发生成的结晶核心叫做自发晶核。能够自发长大的最小自发晶核称为临界晶核。**

（2）非自发形核　**液态金属依附在一些未熔微粒表面所形成的晶核称为非自发晶核**，这些未熔微粒可能是液态金属中原来就存在的杂质，也可能是人为加入的物质。

按照形核时能量有利的条件分析，只有当这些未熔微粒的晶体结构和晶格参数与金属

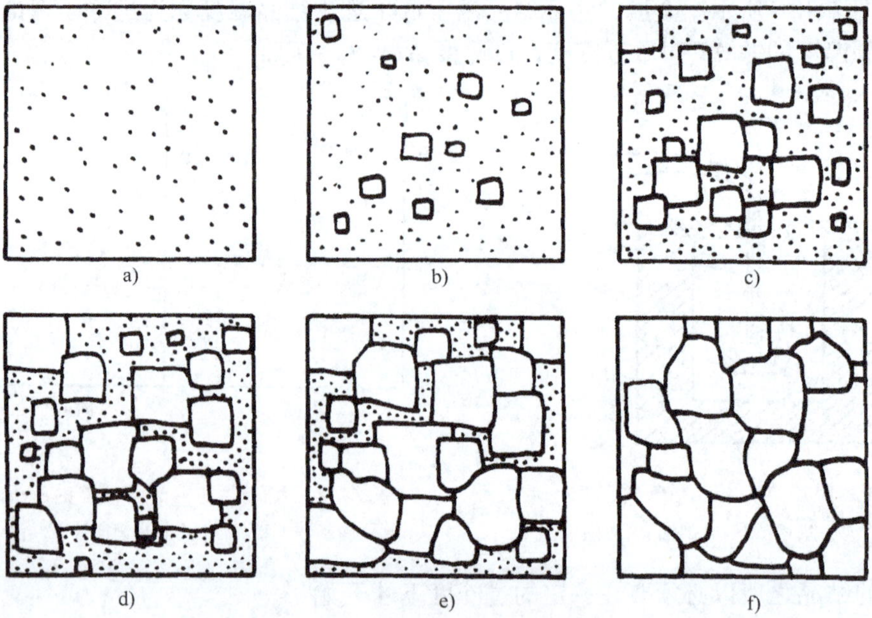

图 2-20 金属结晶过程示意图

的晶体结构相似和相当时才能成为非自发形核的基底，液态金属容易在其上结晶长大。

虽然在液态金属中自发形核和非自发形核是同时存在的，但在实际金属的结晶过程中，非自发形核比自发形核更重要，往往起优先和主导的作用。

2. 晶核的长大

晶核生成以后，晶核即开始长大。晶核长大的实质是原子由液体向固体的表面转移。由于结晶条件的不同，晶体主要是按以下两种方式生长。

（1）平面生长方式 在平衡条件下或在过冷度较小的情况下，纯金属晶体主要以其结晶表面向前平移的方式长大，即进行所谓平面式的长大。在结晶表面的前沿，晶体沿不同方向的长大速度是不同的，以沿原子最密排面的垂直方向的长大速度最慢，而非密排面的长大速度较快。所以，平面式长大的结果，晶体获得表面为原子最密面的规则形状。在这种方式长大的过程中，晶体一直保持规则的形状，只是在许多晶体彼此接触之后，规则外形才遭到破坏。晶体的平面长大方式在实际金属的结晶中是比较少见的。

（2）树枝状生长方式 当过冷度较大，特别是液态金属内存在非自发晶核时，金属晶体往往按树枝状的形式长大。在晶核生长初期，晶粒可以保持晶体规则的几何外形。但在晶体继续生长的过程中，由于晶体的棱边和顶角处的散热条件优于其他部位，能使结晶时放出的结晶潜热迅速逸出，此处晶体优先长大并沿一定方向生长出空间骨架。这种骨架如同树干，称为一次晶轴。在一次晶轴伸长和变粗的同时，在一次晶轴的棱边又生成二次晶轴、三次晶轴，四次晶轴，……，从而形成一个树枝状晶体，称为树枝状晶，简称枝晶，如图2-21所示。

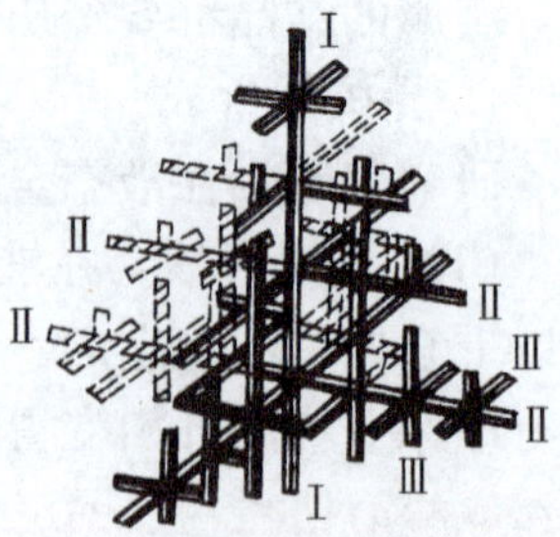

图 2-21 树枝晶示意图

在金属结晶过程中，由于晶核是按树枝状骨架方式长大的，当其发展到与相邻的树枝状骨架相遇时，就停止扩展。但是此时的骨架仍处于液体中，故骨架内将不断长出更高次的晶轴。同时，早先生长的晶轴也在逐渐加粗，使剩余的液体越来越少，直至晶轴之间的液体结晶完毕，各次晶轴互相接触形成一个充实的晶粒。

实际金属的结晶多为树枝晶结构。在结晶过程中，如果液体供应不充分，金属最后凝固的树枝晶之间的间隙不会被填满，晶体的树枝状就很容易显露出来。例如，在许多金属的铸锭表面常能见到树枝状浮雕。

四、金属晶粒的大小与控制

结晶后的金属是由许多晶粒组成的多晶体，晶粒的大小可以用晶粒度来表示。通常在放大100倍的金相显微镜下观测金属试样，并同标准晶粒度图进行对比。标准晶粒度一般分为八级，级数越高晶粒越细。实验证明，在一般的情况下，晶粒越细，金属的强度、塑性和韧性就越好。因此，细化晶粒是提高金属力学性能最重要途径之一。

金属结晶后单位体积中的晶粒数目 Z 与结晶时的形核率 N（单位时间、单位体积中形成的晶核数目）和晶核的长大速度 v 存在着以下关系：

$$Z \propto \sqrt{\frac{N}{v}}$$

由上式可看出，若要控制金属结晶后晶粒的大小，必须控制结晶过程中的形核率和晶体生长速度这两个因素，主要途径有：

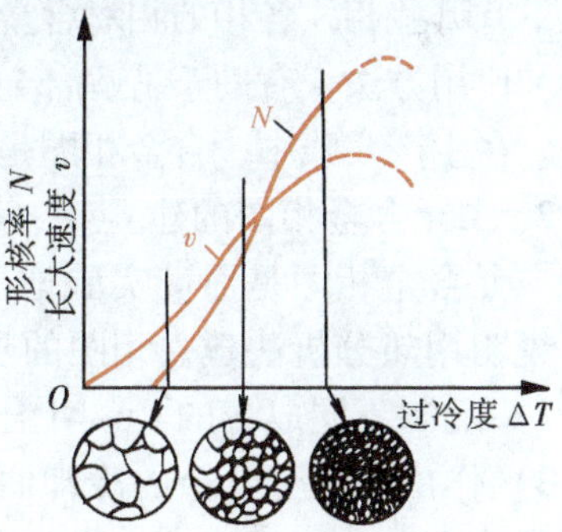

图 2-22　形核率 N 和晶粒长大速度 v 与过冷度 ΔT 的关系

1. 增加过冷度

图2-22是形核率 N 和晶粒长大速度 v 与过冷度 ΔT 的关系。由图可见，随过冷度的增大，N 和 v 值增大，但 N 的增长速率大于 v 的增长速率。因此提高过冷度可以增加单位体积内晶粒的数目，使晶粒细化。但过冷度过大或温度过低时，原子的扩散能力降低，形核速率反而降低。

增大过冷度的主要办法是提高液体金属的冷却速度。在铸造生产中，为了提高铸件的冷却速度，可以用导热系数大的金属铸型代替砂型。

2. 变质处理

当金属的体积比较大时，难以获得较大的过冷度，而且对于形状复杂的铸件，冷却速度也不能过快。在实际生产中为了得到细晶粒的铸件，多采用变质处理。变质处理是在液体金属中加入能非自发形核的物质，这种物质称为变质剂。变质剂的作用在于增加晶核的数量或者阻碍晶核长大。例如，在冶金过程中，用钛、锆、铝等元素做脱氧剂的同时，也能起到细化晶粒的作用。在铸造铝硅合金时，加入钠盐，使钠附着在硅的表面，阻碍粗大片状硅晶体的形成，也可以使合金的晶粒细化。

3. 振动或搅拌

金属结晶时，如对液态金属采取机械振动、超声波振动、电磁振动或机械搅拌等措施，可以造成枝晶破碎细化，而且破碎的枝晶还起到新生晶核的作用，增加了形核率 N，使晶粒得到细化。

第四节　合金的结晶

一、二元合金相图的基本知识

1. 相图的基本概念

由两种或两种以上的组元按不同的比例配制成一系列不同成分的所有合金称为合金系，如 Al-Si 系合金、Fe-C-Si 系合金等。为了研究合金的组织与性能之间的关系，就必须了解合金中各种组织的形成以及变化规律。**合金相图就是用图解的方法表示合金系中合金的状态、组织、温度和成分之间的关系。**

相图又称为平衡相图或状态图，它是表明合金系中不同成分合金在不同温度下，是由哪些相组成以及这些相之间平衡关系的图形。利用合金相图可以知道各种成分的合金在不同的温度下有哪些相，各相的相对含量、成分以及温度变化时可能发生的变化。掌握合金相图的分析和使用方法，有助于了解合金的组织状态和预测合金的性能，也可按要求研究配制新的合金。在生产实践中，合金相图是制订合金熔炼、锻造和热处理工艺的重要依据。

2. 二元合金相图的建立

二元合金相图是通过实验建立的，常用的实验方法是热分析法，现以 Cu-Ni 合金为例，说明用热分析法建立相图的步骤。

1）配制不同成分的 Cu-Ni 合金。

2）作出各成分合金的冷却曲线。并找出各冷却曲线上的临界点（即转折点和平台）的温度值。

3）画出温度－成分坐标系，在相应成分垂直线上标出临界点温度。

4）将物理意义相同的点连成曲线，并根据已知条件和实际分析结果写上数字、字母和各区域内的组织或相的名称，即可得到完整的 Cu-Ni 二元合金平衡相图（或状态图）。图 2-23 是按上述步骤建立的 Cu-Ni 二元合金状态图的示意图。

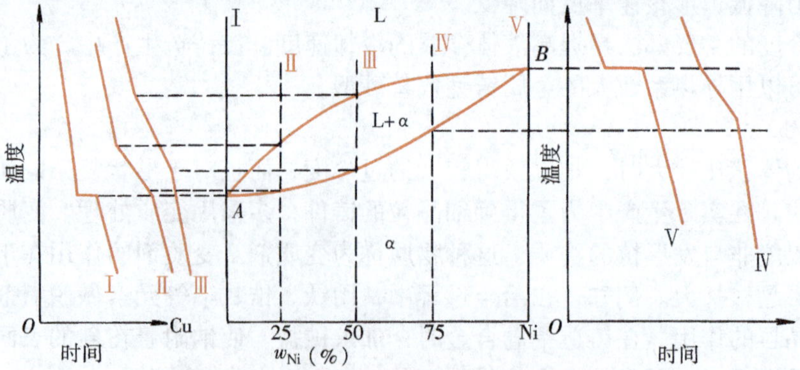

图 2-23　建立 Cu-Ni 平衡相图的示意图

相图上的每个点、线、区均有一定的物理意义。例如 A、B 点分别为 Cu 和 Ni 的熔点。图中有两条曲线，上面的曲线为液相线，代表各种成分的铜－镍合金在冷却过程中开始结晶的温度；下面的曲线为固相线，代表各种成分的铜－镍合金在冷却过程中结晶终了的温度。液相线和固相线将整个相图分为三个区域，液相线以上为液相区（L），固相线以下为固相区（α）；在液相线与固相线之间为液相与固相共存的两相区（L+α）。

3. 杠杆定律

在两相区结晶过程中，两相的成分和相对量都在不断的变化，杠杆定律就是确定状态图中两相区内平衡相的成分和相对质量的重要工具。现仍以 Cu-Ni 合金为例，如图 2-24 所示。设成分为 K 的合金质量为 1，在某温度下，液相的质量百分数为 Q_L，固相的质量百分数为 Q_a，已知液相中含 Ni 量为 X'，固相中含 Ni 量为 X''，可得方程：

$$Q_L = \frac{X''-K}{X''-X'} = \frac{X''K}{X''X'}$$

$$Q_a = \frac{K-X'}{X''-X'} = \frac{KX'}{X''X'}$$

$$\frac{Q_a}{Q_L} = \frac{KX'}{X''K}$$

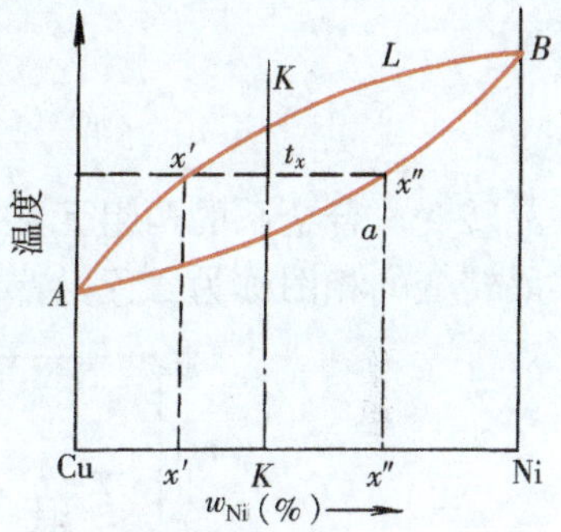

图 2-24　由杠杆定律确定两相的相对质量比

可以看出，以上所得两相质量间的关系和力学中的杠杆原理十分相似，因此称为杠杆定律。杠杆定律不仅适用于液、固两相区，也适用于其他类型的二元合金的两相区。但是，杠杆定律仅适用于两相区。

4. 枝晶偏析

在实际生产中，一般合金的冷却速度都很大。由于合金中固相内部的原子来不及充分扩散，使先结晶的树枝状晶含 Ni 量高于后结晶的含 Ni 量，造成晶粒中心部位与表层的成分不均匀。这种晶粒内部化学成分不均匀的现象称为晶内偏析或枝晶偏析。

合金的冷却速度越大，实际结晶温度就越低，枝晶偏析也越严重。枝晶偏析的存在会使晶粒内部性能不一致，严重影响合金的力学性能和耐蚀性能。枝晶偏析一般可以用扩散退火的热处理方法来消除。

二、二元相图的基本类型

1. 二元匀晶相图

二元合金系中两组元在液态和固态下均能无限互溶，并由液相结晶出单相固溶体的相图称为二元匀晶相图。

现以 w_{Ni} 为 40% 的 Cu-Ni 合金为例，说明匀晶合金的结晶过程，如图 2-25 所示。当合金由液态缓冷至与液相线相交于 t_1 时，开始从液相中结晶出固溶体 α 相。在继续冷却过程中，α 相的量不断增多，液相的量不断减少，最后冷至固相线 t_4 时，液相消失，全部成为单相 α 固溶体。在整个结晶过程中，液相和固相的成分也通过原子的扩散不断改变，液相的成分沿液相线变化，固相的成分沿固相线变化。但是只有在极其缓慢冷却的条件下，使原子有足够的时间扩散才能得到成分均匀的固溶体，否则将会产生化学成分的偏析。

2. 二元共晶相图

通常把在一定温度下，由一定成分的液相同时结晶出成分一定的两个固相的过程称为

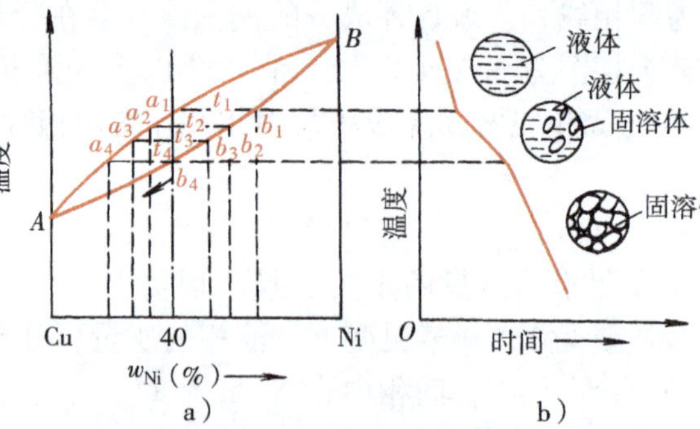

图 2-25　Cu-Ni 合金的结晶过程

a）Cu-Ni 合金相图　b）冷却曲线及组织变化示意图

共晶转变。合金系的两组元在液态下无限互溶，在固态下有限互溶，并在凝固过程中发生共晶转变的相图称为二元共晶相图，如图 2-26 所示。

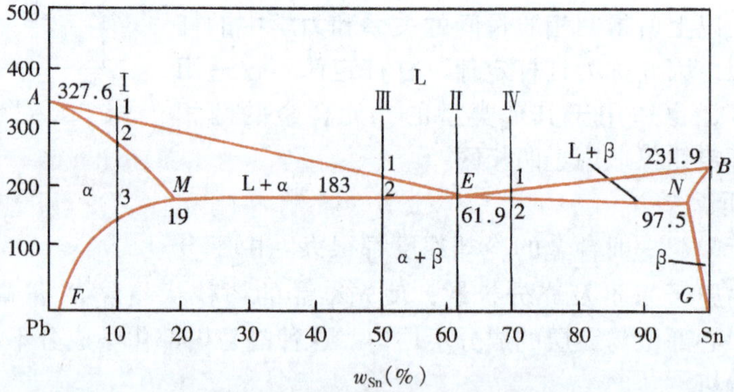

图 2-26　Pb-Sn 共晶合金相图

图 2-26 所示的 Pb-Sn 合金相图为典型的二元合金共晶相图。图中 *A* 点为 Pb 的熔点，*B* 点为 Sn 的熔点。*AEB* 线为液相线，*AMENB* 线为固相线。*MF* 线表示 Sn 溶于 Pb 中形成的 α 固溶体的溶解度曲线；*NG* 线表示 Pb 溶于 Sn 中形成的 β 固溶体的溶解度曲线。

L、α、β 相是该合金系的三个基本相。α 相是以 Pb 组元为溶剂、Sn 组元为溶质所形成的有限固溶体，β 相是以 Sn 组元为溶剂、Pb 组元为溶质所形成的有限固溶体。相图中有三个单相区 L、α、β；三个两相区 L+α、L+β 及 α+β；还有一个三相共存区（即 *MEN* 线，L+α+β）。

MEN 线为三相平衡线。在该恒定温度下，*E* 点成分的液相发生共晶反应，同时结晶出两种成分和结构不同的 α、β 固相。其反应式为：

$$L_E \xrightleftharpoons{t_E} \alpha_M + \beta_N$$

共晶转变的产物是两个固相的机械混合物，称为共晶体或共晶组织。*E* 点称为共晶点，成分对应于共晶点的合金称为共晶合金，*E* 点对应的温度称为共晶温度。水平线称为共晶线。成分位于 *E* 点左边的合金称为亚共晶合金；位于 *E* 点右边的合金称为过共晶合金。

3. 二元包晶相图

通常把在一定温度下，已结晶的一定成分的固相与剩余的一定成分的液相发生转变生成另一固相的过程称为包晶转变。两组元在液态下无限互溶，固态下有限互溶，并发生包晶转变构成的相图，称为二元包晶相图，如图 2-27 所示。

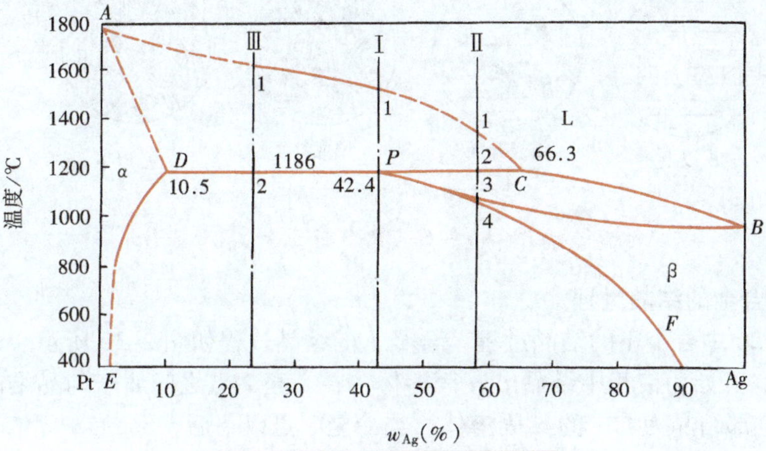

图 2-27　Pt-Ag 二元包晶相图

在图 2-27 中，*ACB* 为液相线，*DE* 和 *PF* 线分别为 Ag 在 Pt 中的 α 固溶体和 Pt 在 Ag 中的 β 固溶体的溶解度曲线。水平线 *DPC* 就是包晶转变线，*P* 点是包晶点，所有的成分在 *DC* 范围内的合金在此温度下都会发生三相平衡的包晶转变：$L_C + \alpha_D \leftrightarrow \beta_P$。

4. 共析转变相图

在恒定的温度下，一个有特定成分的固相分解成另外两个与母相成分不相同的固相的转变称为共析转变，发生共析转变的相图称为共析相图，如图 2-28 所示。相图中 *c* 点为共析点，*dce* 线为共析线。当具有 *c* 点成分的母相冷至共析线温度时，则发生如下反应：

$$\gamma_c \xleftrightarrow{\text{共析温度}} \alpha_d + \beta_e$$

与共晶反应相比，由于母相是固相而不是液相，所以共析反应具有以下特点：

1）由于固态中的原子扩散比液态困难得多，故共析反应比共晶反应需要更大的过冷倾向，因而使得成核率较高，得到的两相机械混合物（共析体）也比共晶体更为弥散和细小。

2）共析反应常因母相与子相的体积不同而产生容积的变化，从而引起较大的内应力。

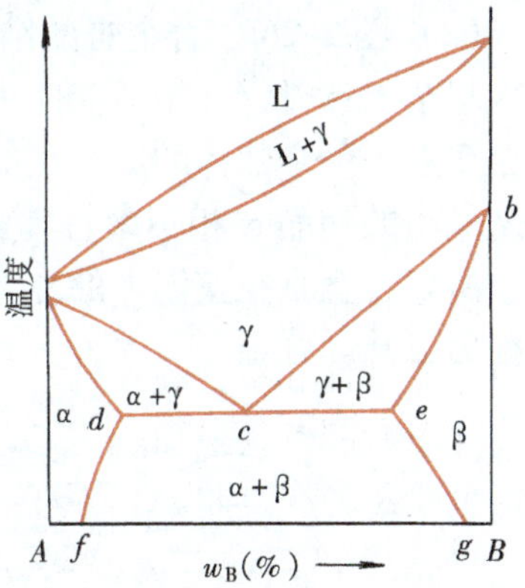

图 2-28　共析相图

三、典型合金的结晶过程

1. 共晶合金的结晶过程

图 2-26 中的合金Ⅱ称为共晶合金，图 2-29 为其结晶过程示意图。合金在 *MEN* 线以上为液态，冷至 *E* 点共晶温度时发生共晶转变，这一过程是在恒温下进行，直到凝固结束。生成的共晶体由 α 和 β 两个固溶体组成，它们的相对量

可以用杠杆定律计算得出。当共晶合金继续冷却时，合金将从 α 相和 β 相中分别析出 β_{II} 相和 α_{II} 相。共晶组织中析出的次生相常与共晶组织中的同类相混在一起，在金相显微镜下很难分辨，一般不予考虑。因此，共晶合金的室温组织为α + β。

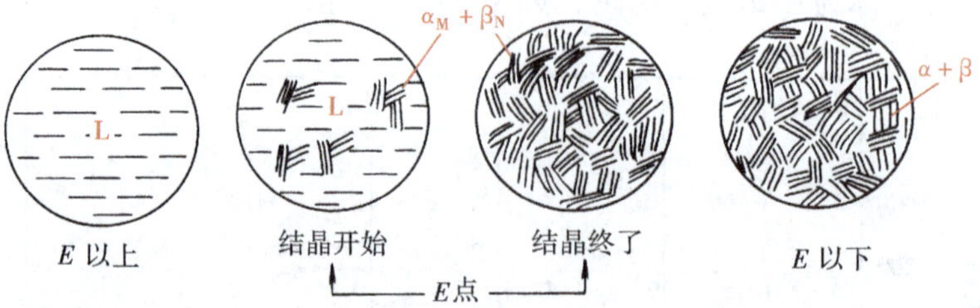

图 2-29　Pb-Sn 共晶合金平衡凝固过程示意图

2. 亚共晶合金的结晶过程

（1）图 2-26 中合金Ⅰ的结晶过程　合金Ⅰ的结晶过程如图 2-30 所示。该合金从液态缓冷至 1 点时，开始由液相中结晶出 α 固溶体，在 1 至 2 点之间属于匀晶结晶过程，冷至 2 点后，液体全部结晶为均一的 α 固溶体。当冷至 3 点以下后，Sn 在 α 固溶体中的溶解度逐渐减小，Sn 开始以 β 固溶体的形式从 α 相中析出。这种由 α 相中析出 β 固溶体的过程称为二次结晶。结晶出的相称为二次相或次生相，用 β_{II} 表示。此时 α 相的成分将随温度的降低沿 *MF* 线变化，冷至室温时，该合金的组织为 $\alpha+\beta_{II}$，它们的相对量可以用杠杆定律算出。

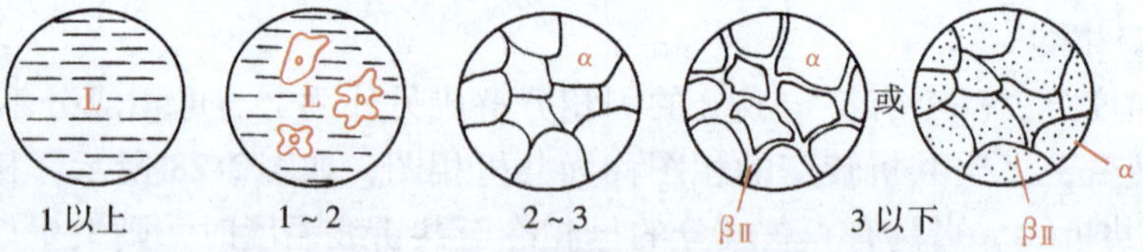

图 2-30　Pb-Sn 亚共晶合金Ⅰ平衡凝固示意图

（2）图 2-26 中合金Ⅲ的结晶过程　合金Ⅲ的结晶过程如图 2-31 所示。当该合金从液态冷却至 1 点时，开始从液体中析出 α 固溶体。随着温度的下降，α 相逐渐增多，当温度降至 2 点，剩余液体的成分正好为 *E* 点的成分，于是发生共晶转变生成 α + β 共晶组织。先结晶出的初晶 α 相不参与转变，保留下来。在 2 点以下继续冷却时，初晶 α 相析出 β_{II} 相。所以合金Ⅲ在室温下的金相组织为（α + β）+ α + β_{II}。凡位于 *M* 点与 *E* 点之间的合金均称为亚共晶合金。

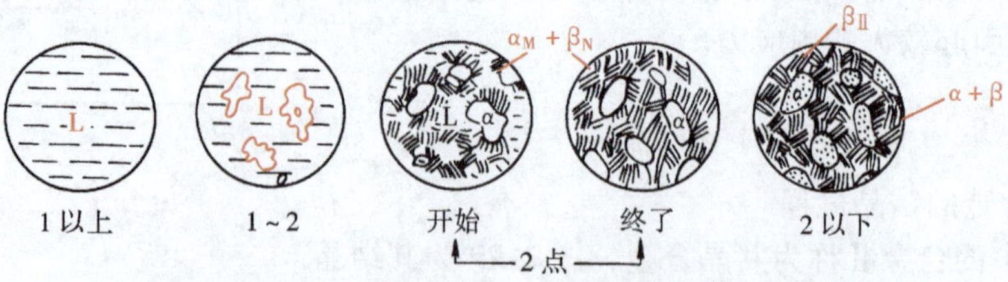

图 2-31　Pb-Sn 亚共晶合金Ⅲ平衡凝固示意图

3. 过共晶合金的结晶过程

图2-26中合金Ⅳ为过共晶合金。该合金从液态冷至1点温度后，开始从液相中析出β相。在1至2点之间，随着温度的降低，结晶出的β相增多，液相成分沿*BE*线向*E*点靠近，β相的成分沿*BN*线变化。当温度降至2点时，发生共晶转变生成（α+β）相，而β相不参与反应，被保留下来。在2点以下继续冷却时，在初晶β相中析出α_{II}相。所以，合金Ⅳ的室温组织为（α+β）+β+α_{II}。凡位于*E*点与*N*点之间的合金均称为过共晶合金。

4. 包晶合金的结晶过程

现以图2-27中包晶点成分的合金Ⅰ为例，分析其结晶过程。当合金从液态冷至1点时，合金Ⅰ开始从液相中析出α固溶体。随着温度的降低，α相成分沿*AD*线变化，液相成分沿*AC*线变化，α相数量不断增加。液相数量不断减少，此阶段为匀晶结晶过程。

当合金冷至包晶反应温度时（1186℃），先析出的初晶α相（成分达到*D*点）与剩下的液相（成分达到*C*点）发生包晶反应，即$L_c+\alpha_D \leftrightarrow \beta_P$，全部生成β固溶体。在继续冷却时，由于Pt在β相中的溶解度随着温度的下降而减少，将不断地从β相中析出α_{II}相。因此，该合金的室温组织为α_{II}+β，如图2-32所示。

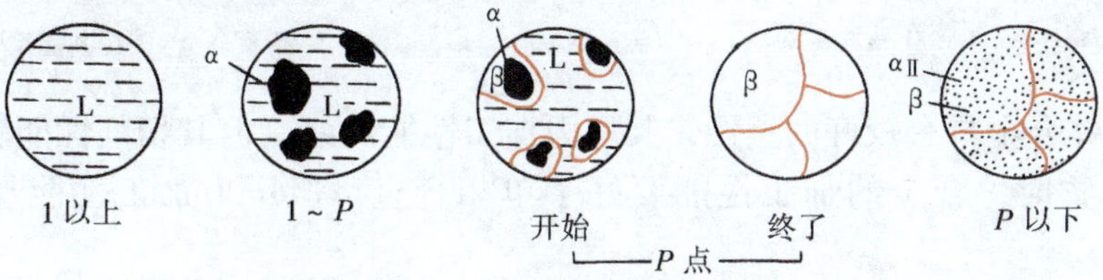

图2-32　Pt-Ag合金包晶转变结晶过程示意图

四、相图与合金性能的关系

合金的使用性能取决于它们的成分和组织，而合金的某些工艺性能取决于其结晶特点，因此通过相图可以判断合金的性能和工艺性，为正确地配制合金，选材和制定相应的工艺提供依据。

1. 合金的使用性能与相图的关系

二元合金的室温平衡组织主要有两种类型，即固溶体和两相混合物。图2-33所示为具有匀晶相图和共晶相图合金的力学性能和物理性能随成分变化的一般规律。由图可见，固溶体合金与作为溶剂的纯金属相比，其强度、硬度升高，导电率降低，并在某一成分存在极值。因固溶强化对强度与硬度的提高有限，不能满足工程结构对材料性能的要求，所以工程上经常将固溶体作为合金的基体。

在共晶相图中，成分在两相区内的合金结晶后，形成两相混合物。两相组织的力学性能和物理性能将随合金的成分变化而呈直线变化，由于共晶合金形成的是致密的组织，其强度、硬度明显提高。组织越致密，合金的性能提高越多。

2. 合金的工艺性能与相图的关系

从相图上也可以判断出合金的工艺性能，图2-34所示为合金的铸造性能与相图的关系。由图可见，相图中的液相线与固相线之间的水平距离和垂直距离越大，合金的流动性就越差，合金成分偏析也越严重，使铸造性能变差。共晶合金的铸造性能最好，故在其他条件许可的情况下，铸造合金尽量选用共晶成分的合金。

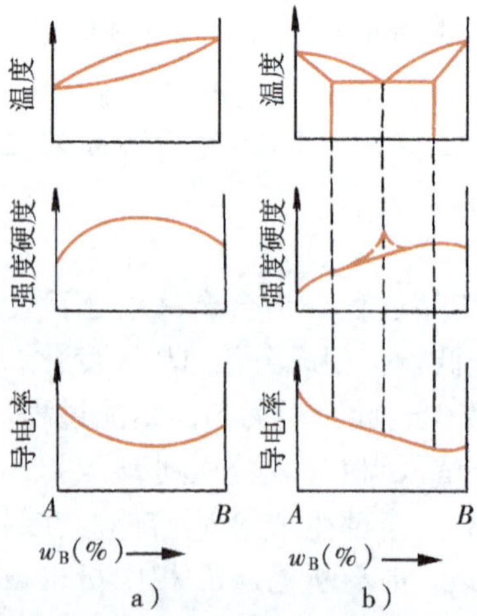

图 2-33 合金使用性能与相图的关系
a) 匀晶系合金 b) 共晶系合金

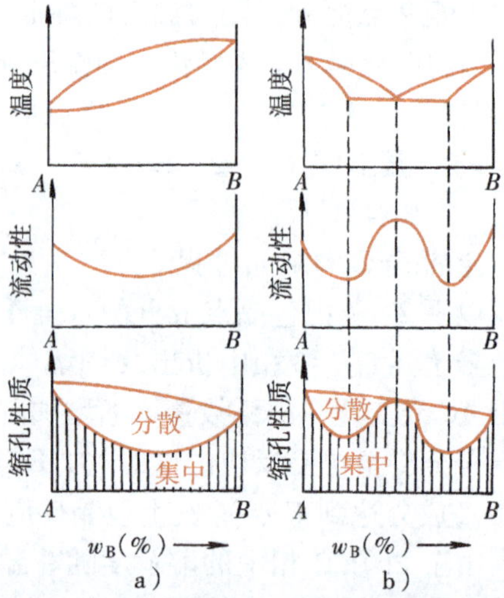

图 2-34 合金的铸造性能与相图的关系
a) 匀晶系合金 b) 共晶系合金

单相固溶体合金具有较好的塑性，其压力加工性能良好，但其切削性能较差。当合金形成两相混合物时，合金的加工性能要好于单相合金，但压力加工性能却不如单相固溶体。

机械工程材料 第3版

第五节 铁-碳合金相图

铁和碳是钢铁中两个最基本的元素，故称为铁碳合金。在铁碳合金中，铁与碳可以形成 Fe_3C、Fe_2C、FeC 等一系列化合物，而稳定的化合物可以作为一个独立的组元。因此，一般所说的铁碳合金相图，实际上是指铁-渗碳体（Fe-Fe_3C）相图，如图 2-35 所示。

一、铁碳合金的基本相

Fe 和 Fe_3C 是组成 Fe-Fe_3C 相图的两个基本组元。由于铁与碳之间的相互作用不同，使铁碳合金固态下的相结构也有固溶体和金属化合物两类。属于固溶体相的有铁素体与奥氏体，属于金属化合物相的有渗碳体。

1. 铁素体

纯铁在 912℃以下为具有体心立方晶格的 α-Fe。碳溶于 α-Fe 中形成的间隙固溶体称为铁素体，以符号 F 表示。由于 α-Fe 是体心立方晶格结构，它的晶格间隙很小，因而溶碳能力极低，在 727℃时溶碳量最大，其质量分数可达 0.0218%。随着温度的下降，铁素体的溶碳量逐渐减小，在室温时溶碳量几乎等于零。因此其性能几乎和纯铁相同，即铁素体的强度、硬度不高，但具有良好的塑性与韧性。表 2-1 是铁素体的力学性能指标。

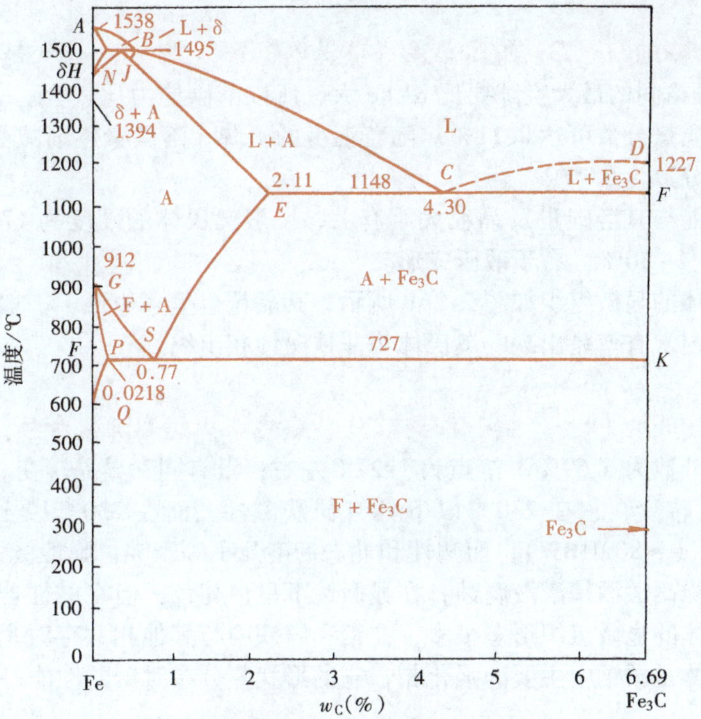

图 2-35　铁碳合金相图

表 2-1　铁素体的力学性能指标

性能指标	指　标	性能指标	指　标
抗拉强度 R_m	180～280MPa	断面收缩率 Z	70%～80%
屈服强度 R_{eL}	100～170MPa	冲击韧度 a_K	160～200J/cm^2
断后伸长率 A	30%～50%	硬度 HBW	50～80

铁素体的显微组织与纯铁相同，呈明亮的多边形晶粒组织，如图 2-36a 所示。有时因各晶粒位向不同，受腐蚀程度略有差异，因而明暗稍显不同。

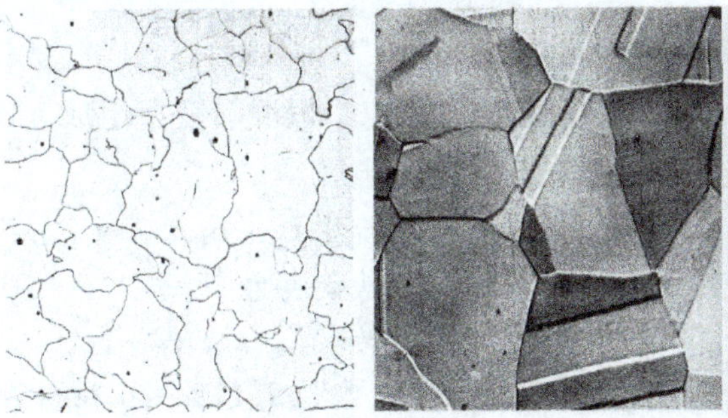

a)　　b)

图 2-36　铁素体与奥氏体显微组织

a）铁素体　b）奥氏体

铁素体在 770℃以下具有铁磁性，而在 770℃以上则失去铁磁性。

2. 奥氏体

碳溶于 γ-Fe 中的间隙固溶体称为奥氏体，以符号 A 表示。γ-Fe 是面心立方晶格结构，由于 γ-Fe 晶格间的最大空隙要比 α-Fe 大，所以溶碳能力比较大。γ-Fe 在 1148℃时的溶碳量最大，质量分数可达 2.11%。随着温度的下降，溶碳量逐渐减少，在 727℃时溶碳量最低，质量分数为 0.77%。

奥氏体的性能与其溶碳量及晶粒大小有关，一般奥氏体的硬度为 170～220HBW，断后伸长率 A 为 40%～50%，易于锻压成形。

高温下奥氏体的显微组织如图 2-36b 所示，其晶粒也呈多边形。一般情况下，其晶界较平直，且晶粒内常有孪晶出现。奥氏体为非铁磁性相组织。

3. 渗碳体

渗碳体的分子式为 Fe_3C，是一种具有复杂晶格结构的间隙化合物，如图2-16所示。渗碳体的碳质量分数为 6.69%；溶点为 1227℃左右；没有同素异晶转变。

Fe_3C 有磁性转变，它在 230℃ 以下具有弱铁磁性，而在 230℃ 以上则失去铁磁性。Fe_3C 的硬度很高（≈800HBW），而塑性和冲击韧度几乎等于零，脆性极大。

渗碳体不易受硝酸酒精溶液腐蚀，在显微镜下呈白亮色，但在碱性苦味酸钠溶液下腐蚀呈黑色。渗碳体的显微组织形态很多，在钢和铸铁中与其他相共存时呈片状、粒状、网状或板状。渗碳体是碳钢中主要的强化相，它的形状与分布对钢的性能有很大的影响。

4. 珠光体

珠光体是铁素体和渗碳体组成的两相机械混合物，常用符号 P 表示。珠光体的力学性能介于铁素体和渗碳体之间，具有良好的力学性能（R_m ≈750MPa，硬度为 180HBW，A≈20%）。

5. 莱氏体

莱氏体是奥氏体和渗碳体组成的两相机械混合物，常用符号 Ld 表示。它存在于高温区（727～1148℃），在 727℃以下时变成渗碳体和珠光体的混合物，称为低温莱氏体，用符号 L′d 表示。由于莱氏体中含有大量的渗碳体，所以塑性、韧性很差，是硬而脆的组织。

二、铁-碳合金相图分析

Fe-Fe_3C 相图主要由**包晶**、**共晶**和**共析**三个恒温转变所组成（图 2-35）。

1）*ABCD* 线为液相线，*AHJECF* 线为固相线。

2）在 *HJB* 水平线（1495℃）发生包晶转变 $L_B + \delta_H \longleftrightarrow \gamma_J$，转变产物为奥氏体。此转变仅发生在碳质量分数为 0.09%～0.53% 的铁碳合金中。

3）在 *ECF* 水平线（1148℃）发生共晶转变 $L_C \longleftrightarrow \gamma_E + Fe_3C$，其转变产物是奥氏体和渗碳体的机械混合物，即莱氏体。碳质量分数为 2.11%～6.69% 的铁碳合金都发生这种转变。

4）在 *PSK* 水平线（727℃）发生共析转变 $\gamma_S \longleftrightarrow \alpha_P + Fe_3C$，其转变产物是铁素体和渗碳体的机械混合物，即珠光体。所有碳质量分数超过 0.02% 的铁碳合金都发生该转变。*PSK* 线称为共析线或共析温度，常用符号 A_1 表示。

此外，Fe-Fe_3C 相图中还有三条重要的固态转变线：

1）**GS 线**——奥氏体中开始析出铁素体或铁素体全部溶入奥氏体的转变线，**GS 线又称为 A_3 线。**

2）**ES 线**——碳在奥氏体中的溶解度曲线，也叫 A_{cm} 线。温度低于此曲线时，奥氏体中将析出渗碳体，称为二次渗碳体 Fe_3C_{II}，以区别于从液体中经 *CD* 线析出的一次渗碳体 Fe_3C。

3）**PQ 线**——碳在铁素体中的溶解度线。在 727℃时，碳在铁素体中的最大溶解度为 0.0218%。因此，铁素体从 727℃冷却下来时，也将析出渗碳体，称为三次渗碳体 Fe_3C_{III}。

综合上述分析结果，将铁碳合金相图中的主要特性点的温度、碳质量分数及其含义归纳于表 2-2 中。

表 2-2　铁碳合金相图中的特性点

特　性　点	温度/℃	碳质量分数（%）	含　　义
A	1538	0	纯铁的熔点
C	1148	4.30	共晶点
D	1227	6.69	渗碳体的熔点
E	1148	2.11	碳在奥氏体中的最大溶解度
F	1148	6.69	渗碳体的成分
G	912	0	α-Fe 与 γ-Fe 同素异晶转变点
J	1495	0.17	包晶点
K	727	6.69	渗碳体的成分
P	727	0.0218	碳在铁素体中最大溶解度
S	727	0.77	共析点
Q	室温	0.0008	碳在铁素体中的溶解度

三、典型铁碳合金结晶过程及其组织

现以几种典型的铁碳合金为例，分析其结晶过程和在室温下的显微组织。图 2-37 所示为典型铁碳合金冷却时的冷却曲线与结晶过程中组织转变示意图。

1. 共析钢的结晶过程

图 2-37 中的合金②是碳质量分数为 0.77% 的共析钢。当液态合金冷至与液相线 *AC* 相交于 1 点温度时，从液相中开始结晶出奥氏体。随着温度的下降，奥氏体量不断增加，其成分沿固相线 *AE* 变化；而液相逐渐减少，其成分沿液相线 *AC* 变化。冷至 2 点温度时，液相全部转变为奥氏体。从 2 点到 3 点温度范围内，合金的组织不变，直到冷至 3 点（727℃）时，发生共析转变，即 $A_S \rightarrow (F_P + Fe_3C)$，形成珠光体。当温度继续下降时，铁素体的成分沿溶解度曲线 *PQ* 变化，析出三次渗碳体（Fe_3C_{III}）。三次渗碳体常与共析渗碳体连在一起，不易分辨，而且数量极少，故可忽略不计。

共析钢的室温组织为珠光体，它由层状铁素体与渗碳体组成，其组织特征如图 2-38 所示。珠光体中铁素体与渗碳体的相对量可用杠杆定律求出：

$$F_P=\frac{SK}{PK}=\frac{6.69\%-0.77\%}{6.69\%-0.0218\%}\times100\%=88.7\%$$

$$Fe_3C=\frac{PS}{PK}=\frac{0.77\%-0.0218\%}{6.69\%-0.0218\%}\times100\%=11.3\%$$

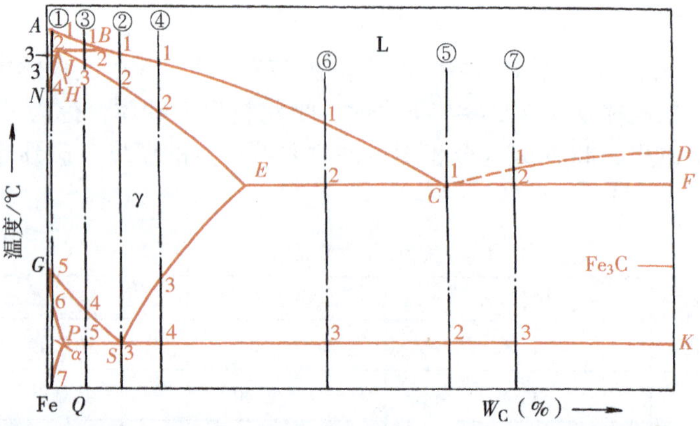

图 2-37　典型铁碳合金冷却时的组织转变示意图

由于珠光体中渗碳体的数量少于铁素体，因此片状珠光体中渗碳体的层片比铁素体的层片薄。在低倍金相显微镜下观察时，由于渗碳体的边缘线无法分辨，结果只能看到白色基底的铁素体和呈黑色线条的渗碳体。当显微镜的放大倍数足够高，分辨能力又强，就可以看到渗碳体是有黑色边缘围着的白色窄条。

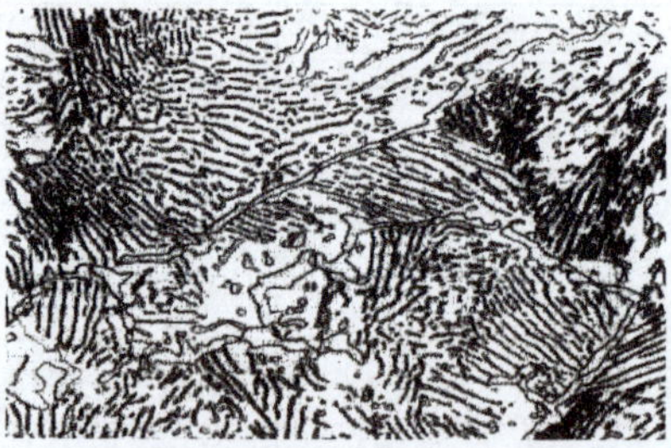

图 2-38　共析钢的显微组织

2. 亚共析钢的结晶过程

图 2-37 中的合金③为碳质量分数为 0.4% 的亚共析钢。亚共析钢在 1 到 2 点温度区间，合金按匀晶转变结晶出 δ 固溶体。当冷至 2 点时，液相和 δ 固溶体在 1495℃ 温度下发生包晶转变形成奥氏体。但由于钢的碳质量分数为 0.4%，大于包晶点的碳质量分数 0.17%，所以包晶转变终了后仍有液相存在。这些剩余液相在 2、3 点之间继续结晶，冷至 3 点时，合金全部转变成奥氏体。当合金冷至与 *GS* 线相交于 4 点温度时，奥氏体开始转变成铁素体，称为先共析铁素体。随着温度的下降，铁素体量不断增加，其成分沿 *GP* 线改变，而奥氏体量就逐渐减少，其成分沿 *GS* 线改变。待冷却到与共析线 *PSK* 相交的 5 点的温度时，铁素体的碳质量分数为 0.0218%，而剩余奥氏体的碳质量分数正好为共析成分（w_C = 0.77%）。此时，剩余的奥氏体发生共析转变形成珠光体。当温度继续下降时，铁素体中析出的三次渗碳体同样可以忽略不计，故亚共析钢的室温组织为铁素体 + 珠光体。

图 2-39 是亚共析钢的显微组织。图中黑色部分为珠光体，白色部分为铁素体。根据杠杆定律可得，凡碳质量分数距共析成分越近的亚共析钢，组织中珠光体的数量就越多。

通常可以根据显微组织中珠光体所占的面积估算出亚共析钢中碳质量分数

$$W_C = P\% \times 0.77\%$$

式中，W_C 为钢的碳质量分数；P% 为珠光体所占的面积百分比。

同理，根据亚共析钢中碳的质量分数，也可以估计出亚共析钢组织中珠光体所占的面积。显然，碳质量分数越高，组织中珠光体所占面积便越大。

3. 过共析钢的结晶过程

图2-37 中的合金④为碳质量分数为0.77%~2.11%的过共析钢。过共析钢在1到3点温度区间的结晶过程也与共析钢相同。待合金冷至与 *ES* 线相交于3点温度时，奥氏体中的碳达到饱和，开始从奥氏体中析出二次渗碳体。二次渗碳体是沿奥氏体晶界析出的，呈网状分布，这种二次渗碳体称为先共析渗碳体。随着温度的下降，二次渗碳体析出量不断增加，剩余奥氏体中的碳质量分数沿 *ES* 线逐渐减少。待冷至与共析线 *PSK* 相交于4点的温度时，剩余奥氏体中的碳质量分数正好为共析成分（w_C = 0.77%），因此，剩余奥氏体就发生共析转变形成珠光体。再继续降低温度，合金组织基本不变。所以过共析钢的室温组织为珠光体和网状二次渗碳体，如图2-40所示。

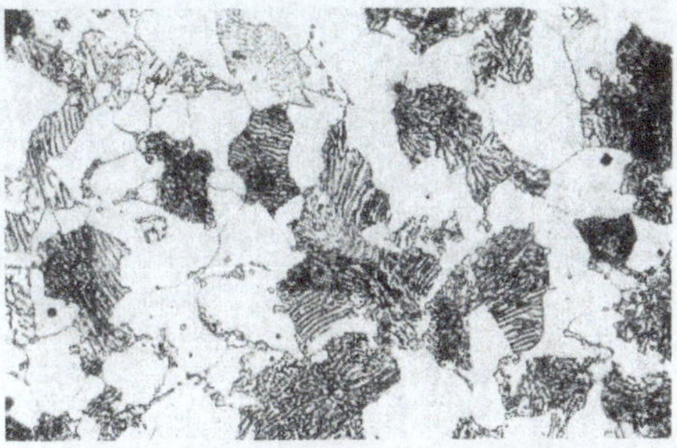

图2-39　亚共析钢的显微组织
（图中黑色部分为珠光体，白色部分为铁素体）

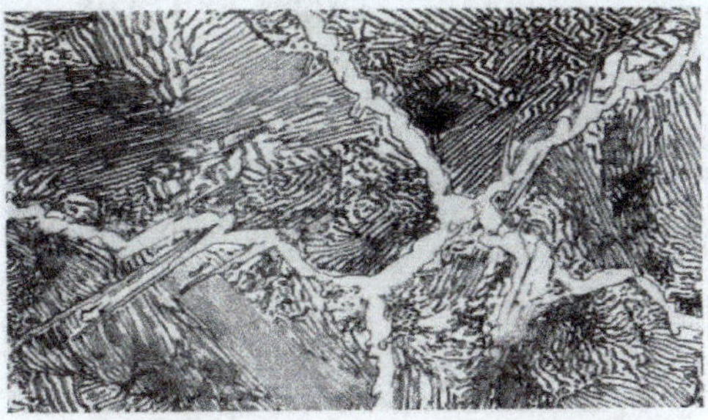

图2-40　过共析钢的显微组织
（图中白色为渗碳体，片状为珠光体）

4. 共晶白口铸铁的结晶过程

图2-37 中的合金⑤是碳质量分数为4.3%的共晶白口铸铁。共晶白口铸铁冷至1点（共晶点）时将发生共晶转变，形成高温莱氏体（Ld）。随着温度的下降，碳在奥氏体中的溶解度沿 *ES* 线降低，并不断从奥氏体中析出二次渗碳体。当温度冷至与共析线 *PSK* 相交于2点的温度时，奥氏体中碳质量分数正好是0.77%，奥氏体发生共析转变，形成珠光体。因此，共晶白口铸铁的显微组织是由珠光体、二次渗碳体和共晶渗碳体（$P + Fe_3C_{II} + Fe_3C$）组成的，这种组织称为低温莱氏体 Ld′。其中二次渗碳体与共晶渗碳体连在一起，难以分辨。图2-41 为共晶白口铸铁的显微组织，图中黑色部分为珠光体，白色基体为渗碳体。

5. 亚共晶白口铸铁的结晶过程

图2-37 中的合金⑥是碳质量分数为2.11%~4.3%的亚共晶白口铸铁。当亚共晶白口铸铁冷至1点温度时，开始从液相中结晶出奥氏体。随着温度的下降，奥氏体量不断增加，其成分沿固相线 *AE* 变化，而剩余液相量逐渐减少，其成分沿液相线 *AC* 变化。

当冷至与共晶线 *ECF* 相交于2点温度时，已结晶的奥氏体碳质量分数为2.11%，液相的碳质量分数正好为共晶成分（w_C = 4.3%），此时剩余的液相就发生共晶转变形成莱氏体。在2、3点之间冷却时，与共晶白口铸铁相同，奥氏体中不断析出二次渗碳体。到3点温度，奥氏体的碳质量分数正好是0.77%，故发生共析转变形成珠光体。所以亚共晶白口铸铁的室温组织为珠光体、二次渗碳体和低温莱氏体。

6. 过共晶白口铸铁的结晶过程分析

图2-37中的合金⑦是碳质量分数为4.3%～6.69%的过共晶白口铸铁。当过共晶白口铸铁冷至1点温度时，液相中开始结晶出一次渗碳体。随着温度的下降，结晶出的渗碳体量不断增加，剩余的液相量逐渐减少，其成分沿液相线*DC*变化。当冷至与共晶线*ECF*相交于2点的温度时，液相的碳质量分数正好为共晶成分，此时剩余的液相就发生共晶转变形成莱氏体。

在2、3点间冷却时，奥氏体中同样要析出二次渗碳体，在3点温度，奥氏体发生共析转变形成珠光体。故过共晶白口铸铁的室温组织为一次渗碳体和低温莱氏体，如图2-42所示。图中亮白色板条状的为一次渗碳体，基体为低温莱氏体。

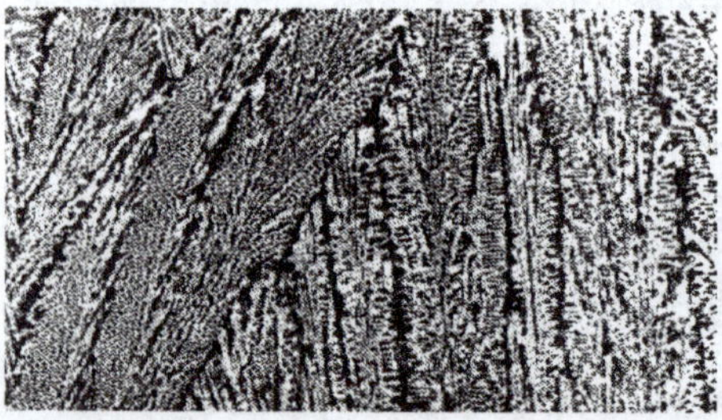

图2-41　共晶白口铸铁的显微组织

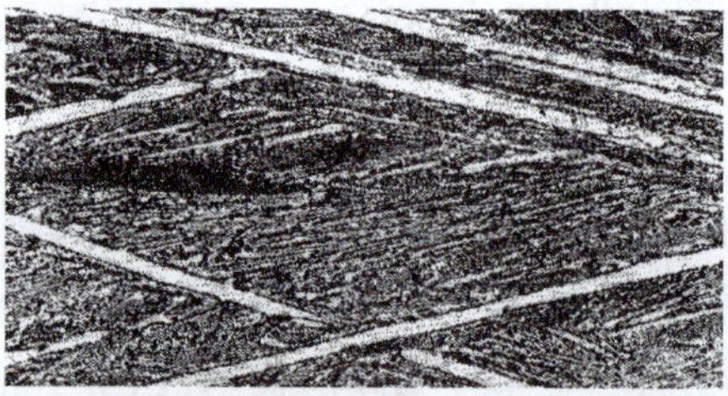

图2-42　过共晶铸铁的显微组织

四、碳质量分数与铁碳合金组织、性能之间的关系

1. 碳质量分数与平衡组织之间的关系

从以上分析的结果可以看出，不同碳质量分数的铁碳合金的室温组织是不同的。运用杠杆定律进行计算，可以求得在平衡条件下，碳质量分数与铁碳合金的组织组成及相组成物之间的定量关系，其关系可归纳总结于图2-43中。

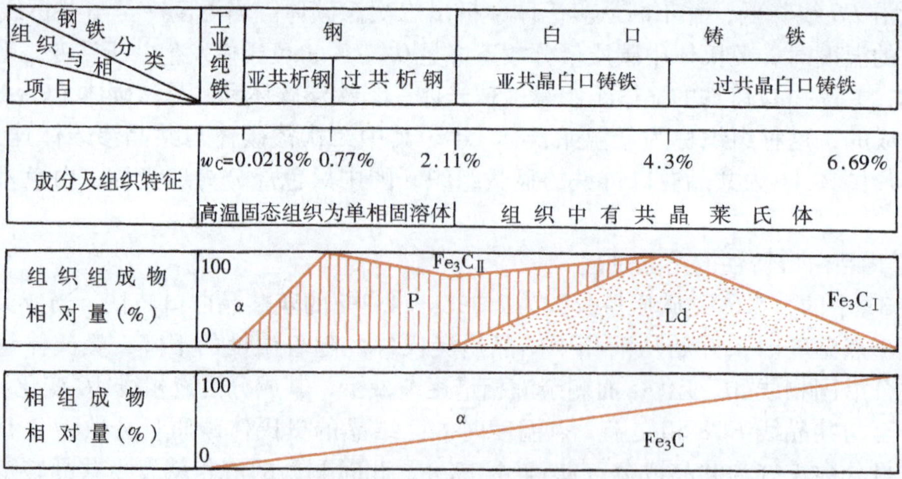

图2-43　铁碳合金的成分与组织的关系

应当指出，提高铁碳合金中的碳质量分数不仅增加组织中渗碳体的相对量，而且渗碳体的形态和分布情况也有所变化。因此，铁碳合金中的碳质量分数对铁碳合金的性能影响很大。

2. 碳质量分数与力学性能之间的关系

图2-44为碳质量分数对碳钢的力学性能的影响。由图可见，当钢的 $w_C<0.9\%$ 时，随着钢中碳质量分数的增加，钢的强度、硬度直线上升，而塑性、韧性不断降低；当钢中 $w_C>0.9\%$ 时，因网状渗碳体的存在，不仅使钢的塑性、韧性进一步降低，而且强度也明显下降。为了保证工业上使用的钢具有足够的强度，并具有一定的塑性和韧性，钢中的碳质量分数一般都不超过1.3%~1.4%。

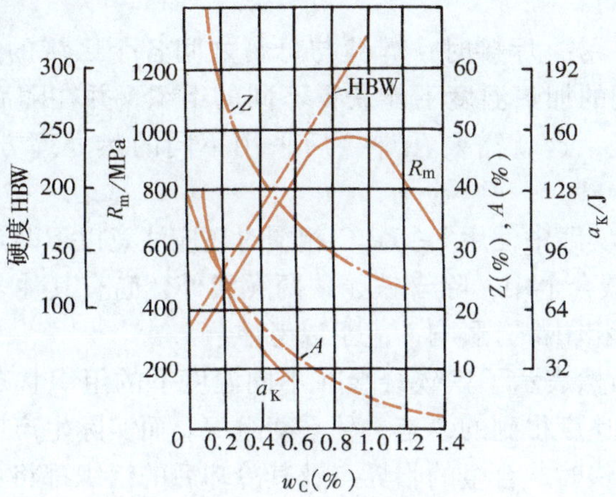

图2-44　碳质量分数对钢力学性能的影响

由于 $w_C>2.11\%$ 的白口铸铁中存在较多的渗碳体，在性能上显得特别硬而脆，难以切削加工，因此在机械制造业中很少应用。

五、铁-渗碳体相图的应用

1. 在选材方面的应用

$Fe\text{-}Fe_3C$ 相图反映了铁碳合金的组织、性能随成分变化的规律，因此在选择材料时 $Fe\text{-}Fe_3C$ 相图就成为很重要的工具。例如，一般机械零件和建筑结构主要选用低碳钢和中碳钢制造，如果需要塑性、韧性好的材料，就应选用 $w_C<0.25\%$ 的低碳钢；若需要强度、塑性及韧性都好的材料，应选用 w_C 为0.3%~0.55%的中碳钢；而一般弹簧应选用 w_C 为0.6%~0.85%的钢。对于各种工具，主要选用高碳钢来制造，其中需要具有足够的硬度和一定的韧性的冲压工具，可选用 w_C 为0.7%~0.9%的钢制造；需要具有很高硬度和耐磨性的切削工具和测量工具，一般可选用 w_C 为1.0%~1.3%的钢制造。

白口铸铁中都存在莱氏体组织，具有很高的硬度和脆性，既难以切削加工，也不能锻造，因此白口铸铁的应用受到一定的限制。但白口铸铁具有很高的抗磨损能力，可用于制作需要耐磨而不受冲击载荷的工件，如拔丝模、球磨机的铁球等。此外，白口铸铁还用作生产可锻铸铁的毛坯。

2. 在制定热加工工艺方面的应用

Fe-Fe_3C 相图除可作为选材的重要工具外，还可作为制定铸、锻、焊、热处理等热加工工艺的依据。

(1) 铸造方面的应用 从 Fe-Fe_3C 相图中液相线 *ABC* 可以看出，随着合金中碳质量分数的增加，合金的熔点越来越低，所以铸钢的熔化温度与浇注温度都要比铸铁高得多。其次，由相图可见，共晶成分的铁碳合金，不仅其结晶温度最低，其结晶温度范围亦最小(为零)。因此，共晶合金有良好的铸造性能，在铸造生产中获得广泛应用。

(2) 锻造方面应用 由 Fe-Fe_3C 相图可知，钢在高温时为奥氏体组织，而奥氏体的强度低，塑性好，利于塑性变形。因此，钢材的轧制或锻压，一般都是选择在奥氏体区的适当温度范围内进行。

(3) 焊接方面的应用 焊接时，焊缝与母材之间各个区域的加热温度不同。由 Fe-Fe_3C 相图可知，在不同的加热温度下能获得不同的组织，并在随后的冷却过程中也可能出现不同的组织与性能，这就需要在焊接后采用不同的热处理方法来调整和改善焊缝组织。

必须指出，在生产实践中使用 Fe-Fe_3C 相图时还应注意以下两点：

1）通常使用的铁碳合金中，除含铁、碳两元素外，尚有其他多种合金元素或少量的杂质元素，这些元素对相图都有影响，应予以考虑。

2）Fe-Fe_3C 相图虽然表示了铁碳合金在不同温度下的组织状态，但这种组织都是从高温以极其缓慢的冷却速度得到的，是一种平衡组织。而实际生产中的冷却速度不可能如此缓慢。当冷却速度较快时，合金的临界点及其冷却后的组织都将可能与 Fe-Fe_3C 相图中不同。

思 考 题

2-1 计算体心立方晶格、面心立方的晶格的致密度和原子半径。

2-2 画出立方晶系中（110）晶面和［110］晶向，（101）晶面和［101］晶向，并说明它们之间存在的关系。

2-3 纯金属结晶过程有何特点？

2-4 什么是共晶转变？以铁碳合金为例说明共晶转变与共析转变的区别。

2-5 实际金属的晶体结构有哪些缺陷？举例说明位错对金属性能的影响。

2-6 简述亚共析钢的结晶过程，说明冷却后的最终室温组织。

2-7 简述固溶体、金属化合物的特点。

2-8 根据下表，比较填写铁素体、珠光体、奥氏体、渗碳体、莱氏体的特点。

名　称	晶格结构	表示方法	碳质量分数（%）	显微组织	力学性能	其　他
铁素体						
奥氏体						
珠光体						
渗碳体						
莱氏体						

第三章
金属的塑性变形与再结晶

各种金属的板材、棒材、线材和型材都是通过轧制、锻造、挤压、冷拔、冲压等压力加工方法制造而成的。这些加工方法的特点是，金属材料在外力的作用下按一定的形状和尺寸发生永久性的塑性变形。在塑性变形的过程中，金属的组织和性能也发生了相应的变化，而且伴随塑性变形所产生的硬化过程还使材料的强度得到提高。因此，研究金属塑性变形以及变形金属在加热过程中所发生的变化，对充分发挥金属材料的力学性能具有重要的意义。

第一节　金属的塑性变形

实际使用的金属大多都是多晶体，多晶体的塑性变形过程比较复杂。在研究金属多晶体的塑性变形之前，可先研究金属单晶体的塑性变形。

一、金属单晶体的塑性变形

金属单晶体塑性变形的基本形式有滑移和孪生，在大多数情况下滑移是金属塑性变形的一种主要方式。

1. 滑移与滑移带

晶体在剪切应力的作用下，其中一部分沿着一定晶面上的晶向相对于另一部分发生滑动，如图 3-1 所示，这种现象称为滑移。产生滑移的晶面和晶向分别称为滑移面和滑移方向。

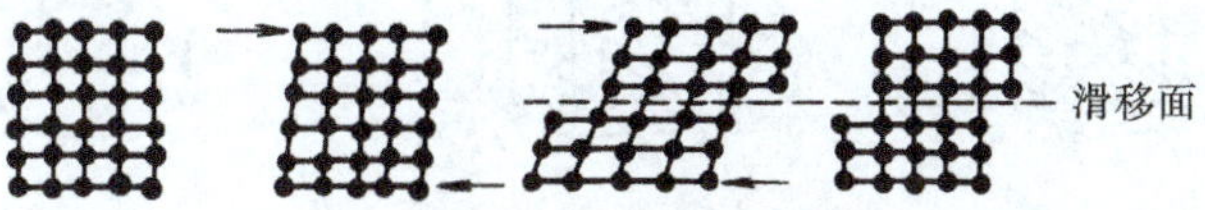

图 3-1　单晶体变形过程

用外力 F 拉伸金属单晶体试样时，假设 F 与滑移面法线的夹角为 ψ，外力 F 对该滑移面的作用力可分解为垂直于此面的分力 F_1 和平行于此面的分力 F_2，如图 3-2 所示，该晶面对应的应力为正应力 R 和剪切应力 τ。正应力 R 只能使试样弹性伸长，当 R 足够大时，试样将发生断裂。剪切应力 τ 则使试样沿该晶面滑移。

实验证明，在外力一定的条件下，滑移面法线与外力 F 的夹角 ψ 呈 45°角时滑移最容易进行，这种位向称为软位向。当滑移面与外力平行（ψ = 0°）或垂直（ψ = 90°）时，晶体不可能滑移，这种位向称为硬位向。使晶体开始滑移的最小剪切应力称为临界剪切应力，用τ_K表示。影响晶体临界剪切应力的因素主要有金属的类型、成分、温度和变形速度等。

用金相显微镜观察被拉伸的金属单晶体试样表面时，可以见到试样表面有许多呈一定角度阶梯状的互相平行的线条，这些平行的线条称为滑移带，如图3-3所示。一个滑移带实际上是由一束平行滑移线组成的。晶体的塑性变形就是众多大小不同的滑移带综合效果的宏观体现。

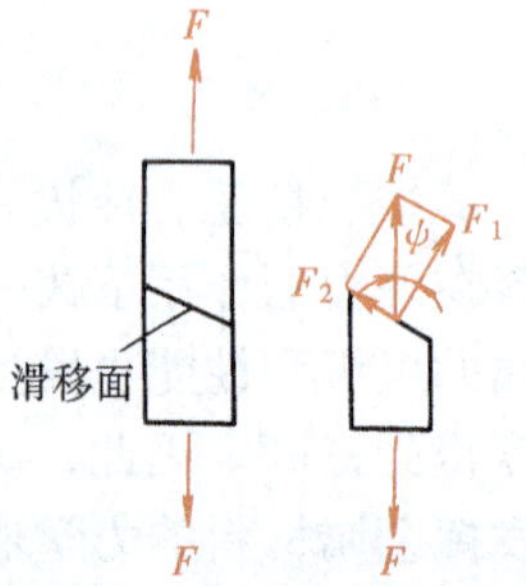

图3-2　外力在晶面上的分解

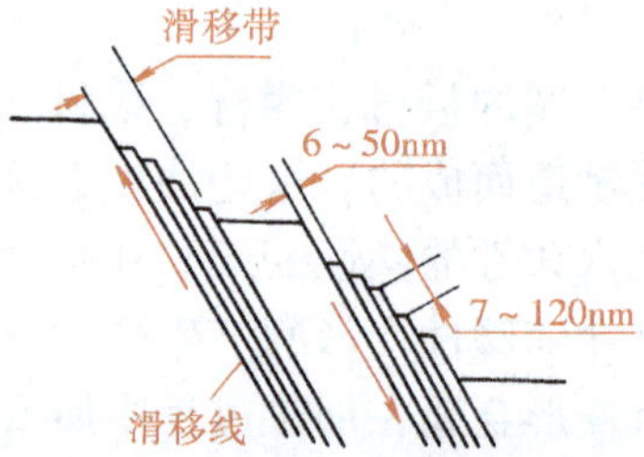

图3-3　滑移线和滑移带

对变形后的晶体作X射线衍射结构分析后发现，金属的晶体结构类型并没有发生变化，滑移带两侧的晶体取向也未改变。因此，晶体在滑移过程中并未改变晶体的结构和晶格的取向，仅是晶体在剪切应力的作用下，一部分沿着某一滑移面上的某一晶向相对于另一部分发生滑动而已。

2. 滑移系

一个滑移面和该面上的一个滑移方向构成一个滑移系。每一个滑移系表示金属晶体在产生滑移时，滑移动作可能采取的一个空间位向。晶体中的滑移系数目等于滑移面和滑移面上滑移方向数目的乘积。在其他条件相同的，金属晶体中的滑移系越多，该金属的塑性就越好。

三种常见金属晶体结构的滑移系如图3-4所示。

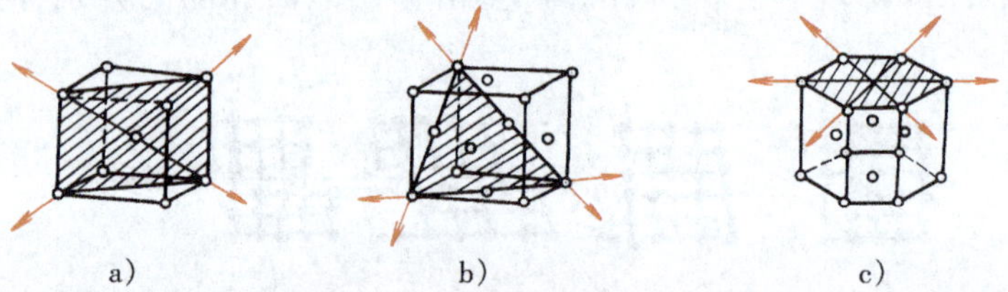

图3-4　三种常见金属结构的滑移系

a）体心立方晶格（滑移系数目为6×2＝12）　b）面心立方晶格（滑移系数目为4×3＝12）

c）密排六方晶格（滑移系数目为1×3＝3）

由图3-4可以看出，滑移面总是原子排列最密的晶面，滑移方向也总是原子排列最密的方向。这是因为晶体中原子密度最大的晶面上，原子的结合力最强，而面与面之间的距离却最大，所以其面与面之间的结合力最弱，最容易滑移。同理，沿原子密度最大的方向滑移时，阻力也最小。

3. 滑移时晶面的转动

在单晶体试样拉伸过程中，由于发生滑移后的晶体使试样两端拉力不再处于同一直线上，如图3-5所示，因此产生一个力矩迫使滑移面产生趋向与外力平行的方向转动，使试样两端拉力重新作用于一条直线。因此金属单晶体在拉伸过程中除了发生滑移外，也同时发生转动。

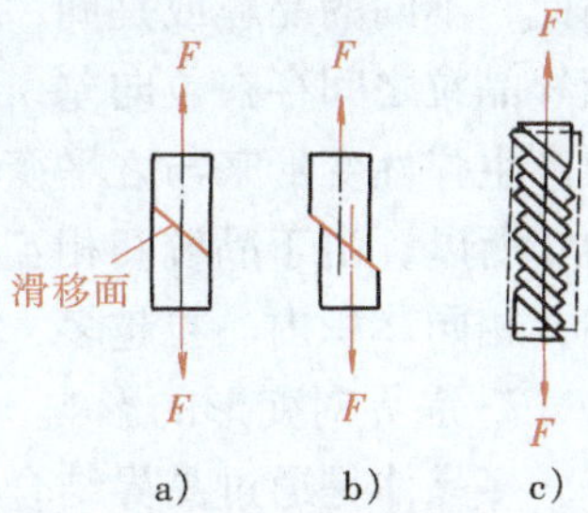

图3-5　晶体在拉伸作用下变形示意图

4. 滑移机理

最早曾设想滑移的过程是晶体的一部分相对于另一部分做整体刚性滑移。但是由此计算出的滑移所需最小剪切应力与实际测量的结果相差很大。经多年研究证明，由于**晶体中存在着位错，滑移实质上是位错在滑移面上运动的结果**，如图3-6所示。在剪切应力的作用下，晶体中形成一个正刃位错，这个多出的半原子面会由左向右逐步移动；当这个位错移到晶体的右边缘时，移出晶体的上半部分就相对于下半部分移动了一个原子的间距，形成一个原子间距的滑移量。同一滑移面上若有大量的位错移出，则会在晶体表面形成一条滑移线。

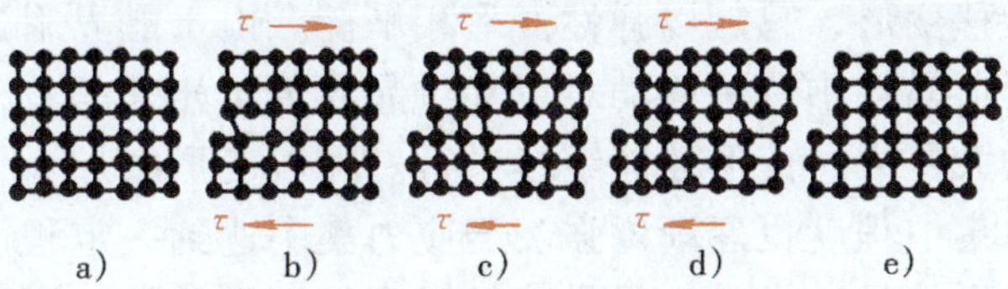

图3-6　位错移动造成滑移的示意图

位错在晶体中移动时所需的剪切应力很小，因为当位错中心前进一个原子间距时，一齐移动的只是位错中心的少数原子，而且其位移量都不大，形成逐步滑移，比一齐移动所需要的临界剪切应力要小得多，这称为“位错的易动性”。

滑移所需要的临界剪切应力τ_K实际上是滑移面内一定数量的位错移动时所需要的剪切应力。τ_K的大小取决于位错滑动时所要克服的阻力。这些阻力对单晶体来说，主要由晶体内位错的密度及其分布特征所决定。如果晶体内存在少量的位错，滑移易于进行，金属晶体的强度也就比较低。但是，当位错数目超过一定范围时，随着位错密度的增大，由于位错之间以及位错与其他缺陷之间存在着相互牵制的作用而使位错的运动受阻，结果金属的强度和硬度又逐渐增大。金属材料的冷加工硬化现象就是在加工过程中，金属内部位错密度的增大而引起的金属材料硬化。

综上所述，金属单晶体塑性变形的实质是在剪切应力作用下位错连续运动，使金属沿一定的滑移面和滑移方向发生位移。这对正确认识和深入理解金属的塑性变形，以及变形对金属性能的影响都具有非常重要的意义。

二、实际金属的塑性变形

大多数金属材料是由多晶体组成的。多晶体塑性变形除了要考虑单晶体塑性变形的因素外，还要考虑晶粒彼此之间在变形过程中的约束作用，以及晶界对塑性变形的影响。

1. 晶粒位向对变形的影响

由于多晶体中各晶粒的位向不同，滑移系与外力的取向也各不相同。在外力的作用下，不同位向的晶粒与同一晶粒内不同的滑移系获得的应力状态和应力大小也各不相同。因此，不同的晶粒或是同一晶粒内的不同部位变形的先后顺序和变形量都是不同的。由于相邻晶粒之间存在位向差，当一个晶粒发生变形时，周围的晶粒若不发生塑性变形，则必须产生弹性变形来与之平衡。这样，周围晶粒的弹性变形就成为该晶粒继续塑性变形的阻力。所以，由于晶粒间相互约束，多晶体金属抗塑性变形的能力得到大幅度提升。晶粒越细，相同体积内晶粒越多，晶粒位向对金属塑性变形的影响就越显著。

2. 晶界对变形的影响

多晶体是通过晶界结合而成的一个整体，晶界原子排列比较紊乱，又是杂质聚集的地方，必然会阻碍位错的运动，使滑移变形难以进行。如果将图3-7所示的双晶粒试样进行拉伸变形，会发现变形后的试样在晶界处呈竹节状，这说明晶界附近变形抗力较大。因而多晶体的塑性变形抗力比同种金属的单晶体要大得多。

3. 多晶体金属的变形过程

在多晶体中，各晶粒是在相互制约下发生着不同程度的变形。图3-8所示的多晶体在外力的作用下，处于软位向的 a、b 晶粒优先产生滑移变形，而相邻的晶粒 c 则处于硬位向，不能产生滑移变形，只能以弹性变形相平衡。由于晶界附近点阵畸变和相邻晶粒位向的差异，使变形晶粒中位错移动难以穿过晶界传至相邻晶粒，致使位错在晶界处聚集。只有进一步增大外力，变形才能继续进行。随着变形度加大，晶界处聚集的位错数目不断增多，应力集中程度也逐渐增强。当应力集中达到一定程度后，相邻晶粒中的位错源开始移动，变形就是这样从一批晶粒扩展到另一批晶粒。同时，一批晶粒在变形过程中逐步由软位向转动到硬位向，其变形越来越困难；另一批晶粒又从硬位向转到软位向，参加滑移变形。

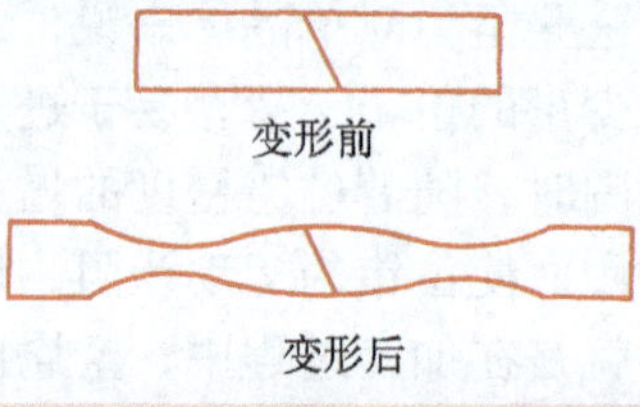

图3-7 双晶粒试样拉伸变形示意图

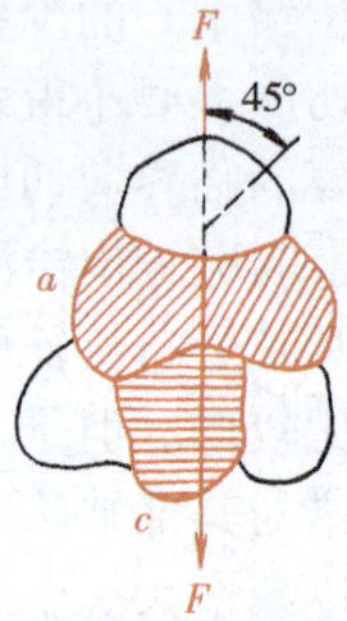

图3-8 多晶体变形过程示意图

由上述可知，多晶体的塑性变形是在各晶粒互相影响、互相制约的条件下，从少量晶粒开始分批进行，逐步扩大到其他晶粒，从不均匀的变形逐步发展到均匀的变形。

第二节 冷塑性变形对金属组织结构和性能的影响

金属材料经冷塑性变形后，不仅形状和尺寸发生了改变，而且其内部组织结构和性能也随之发生了一系列的变化。

一、冷塑性变形对金属组织结构的影响

1. 晶粒变形

金属在外力作用下发生塑性变形时，随着变形量的增加，其内部晶粒的形状也发生变化，各个晶粒将沿着变形的方向被拉长或压扁，如图3-9所示。变形量越大，晶粒变形也越显著。当变形量很大时，各晶粒将沿着变形方向被拉长成纤维状，甚至金属中的夹杂物也沿着变形的方向被拉长，这种组织被称为“纤维组织”。形成纤维组织后，金属的性能会出现明显的各向异性，如其纵向（沿纤维的方向）的强度和塑性远大于其横向（垂直纤维的方向）的强度和塑性。

2. 亚结构的形成

金属在塑性变形时，除了产生滑移之外，晶粒内部还破碎成许多位向差小于1°的小晶块，这种小晶块称为亚晶粒，这种结构称为亚结构，如图3-10所示。亚晶粒的边界是晶格畸变区，堆积有大量的位错，而亚晶粒内部的晶格则相对比较完整。塑性变形程度越大，形成的亚晶粒越多，亚晶界也就越多，位错密度随之增大。研究表明，亚晶界的存在使晶体的变形抗力增加，是引起加工硬化的重要因素之一。

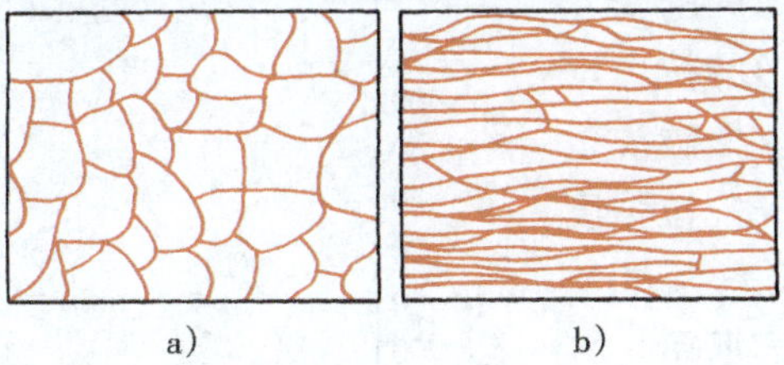

图3-9 变形前后晶粒形状变化示意图
a）变形前 b）变形后

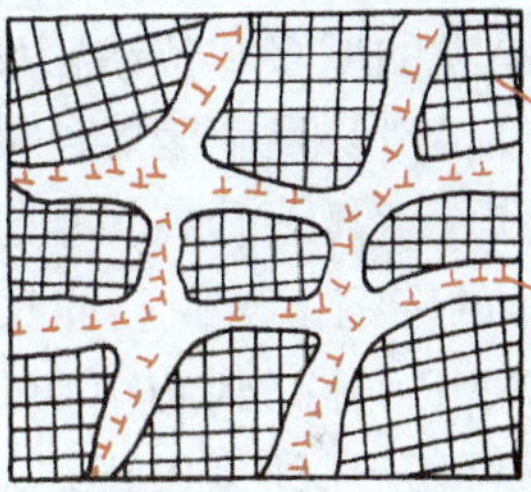

图3-10 金属变形后的亚结构示意图

3. 变形织构

在多晶体构成的金属材料中，晶粒的排列是无规则的。当金属按一定的方向变形量很大时（变形量大于70%以上），多晶体中原来任意位向的各晶粒的取向会大致趋于一致，这种有序化结构叫作“变形织构”，又称为“择优取向”，如图3-11所示。

金属材料的加工方式不同，可以形成不同类型的织构。拉拔时形成的织构称为丝织构，如图3-11a所示，其特征是各个晶粒的某一晶向平行于拉拔方向；轧制时形成的织构称为板织构，如图3-11b所示，其特征是不仅某一晶面平行于轧制平面，而且某一晶向也平行于轧制方向。

金属中出现变形织构后具有明显的各向异性，用退火方法也难以消除，所以织构的形式在多数情况下是不利的。例如用有织构的板材去冲制杯形零件时，由于板材各个方向变形能力的不同，深冲后零件的边缘不齐，会产生“制耳”现象，如图3-12所示。但是，在某些情况下织构也是有用的，如变压器铁心用的硅钢片，沿<100>晶向最易磁化。如果用这种织构的硅钢片制作变压器和电动机时则可提高铁心的磁导率，降低其磁滞损失，提高设备效率。

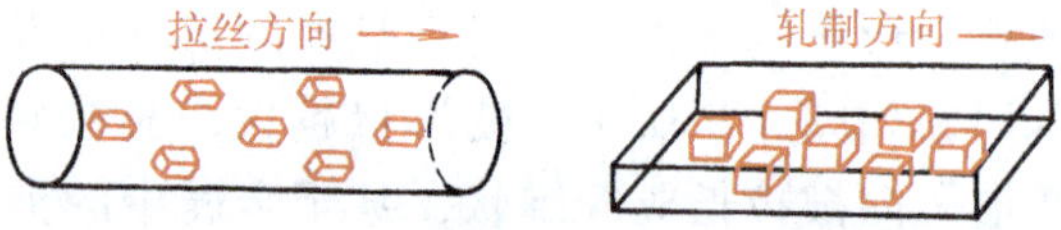

a)　　b)

图 3-11　变形织构示意图

a）丝织构　b）板织构

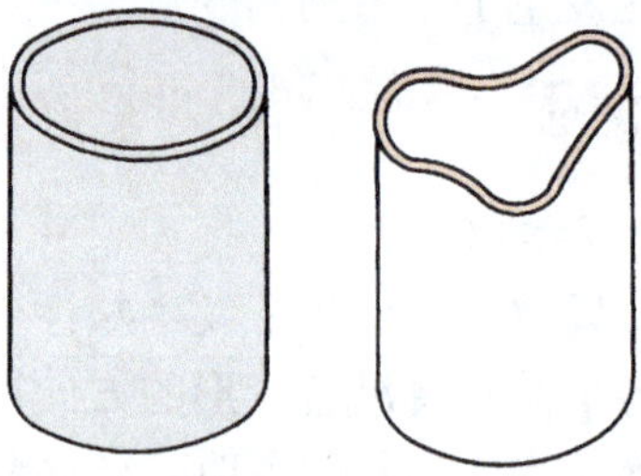

a)　　b)

图 3-12　因变形织构造成的“制耳”

a）无织构　b）有织构

二、冷塑性变形对金属性能的影响

在金属冷塑性变形过程中，金属的性能将发生一系列的变化。

1. 加工硬化

金属在塑性变形过程中，钢的组织和性能都会发生变化，其中最重要的是加工硬化。加工硬化也称形变强化或冷作硬化。金属在塑性变形过程中，随着亚晶粒的增多和位错密度的增大，位错间的交互作用增强，位错滑移发生困难，使金属塑性变形的抗力增大，其强度和硬度显著升高，塑性和韧性下降。如碳质量分数为 0.3% 的碳钢，当变形伸长率为 20% 时，抗拉强度由原来的 500MPa 升高到约 700MPa，而当伸长率为 60% 时，抗拉强度可升高到 900MPa 以上，如图 3-13 所示。

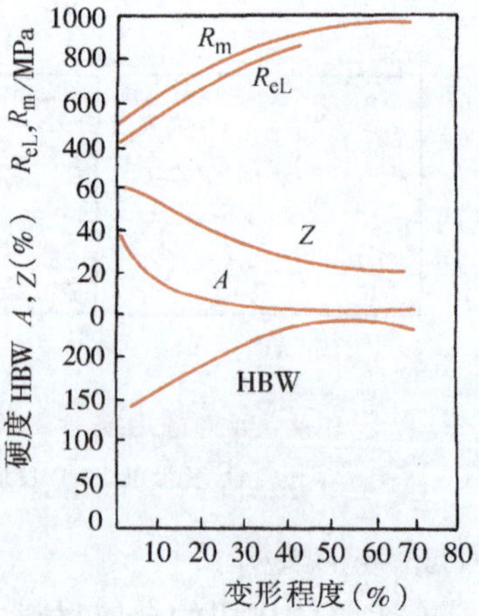

图 3-13　w_C = 0.3%碳钢冷轧后力学性能的变化

金属的加工硬化现象在许多情况下是有利的，它是工业生产中用于提高金属强度、硬度和耐磨性的重要手段之一，尤其是对一些不能用热处理强化的材料，加工硬化显得更为重要，例如某些不锈钢，经过冷轧可使其强度提高将近一倍。

加工硬化还能使金属各部分相继发生塑性变形，使变形更加均匀。例如，冷拔钢丝穿过模孔的部分，由于发生了加工硬化便不再继续变形，这时变形转移到尚未穿过模孔的钢丝，这样钢丝才可以继续通过模孔而成形。

加工硬化还可以提高构件在使用过程中的安全性。金属构件在使用过程中，局部可能会出现应力集中或过负载现象，这些部位就会发生少量的塑性变形，同时发生硬化现象，结果过载部位的变形会自行停止，应力集中可以自行减弱，与其承受的应力达到新的平衡，从而在一定程度上提高了构件的安全性。

加工硬化也有不利的一面，如使材料在冷轧时的动力消耗增大，也给金属继续变形造成困难。因此，在金属的冷变形和加工过程中，必须进行中间热处理来消除加工硬化现象。

2. 物理、化学性能的变化

金属的塑性变形也使金属的某些物理性能、化学性能发生变化，例如使电阻增大，耐蚀性降低等。

3. 变形引起的内应力

在金属塑性变形过程中，大约有10%的能量转化为内应力而残留在金属中，使其内能增加。这些残留于金属内部且平衡于金属内部的应力称为残余内应力。它是由于金属在外力作用下各部分发生不均匀的塑性变形而产生的。内应力一般可分为三种类型：

(1) 宏观内应力（第一类内应力） 它是指金属材料在塑性变形时，由于各部分变形不均匀，使整个工件或在较大的宏观范围内（如表层与心部）产生的残余应力。一般冷塑性变形后产生的宏观内应力数值不大，只占整个工件内应力的一小部分。即使变形量很大，也只有1%左右。

(2) 微观内应力（第二类内应力） 它是指金属经冷塑性变形后，由于晶粒间或晶粒内各亚晶粒之间因变形不均匀而形成的微观内应力。这类应力不超过内应力总量的10%，有时可达几百兆帕。当工件内存在微观内应力且又承受外力作用时，在某些部位的应力可能极大，导致工件在不大的外力作用下产生微裂纹，甚至断裂。

(3) 晶格畸变应力（第三类内应力） 冷塑性变形引起金属内部产生大量的位错和空位，使一部分原子偏离平衡位置而造成晶格畸变，这种因晶格畸变而产生的残余应力叫晶格畸变应力。这类应力占内应力总量的90%左右，是存在于变形金属中主要的残余内应力。它使金属的硬度、强度升高，同时使塑性和耐蚀能力下降。

内应力的大小与形变条件有关，变形量大、变形不均匀、变形时温度低、变形速率大等都能使内应力增加。

内应力对金属材料的性能会产生不良影响。第一类内应力所占比例虽然不大，但当其放置一段时间后会因其松弛或应力重新分布而引起金属自行变形，严重时会引起工件开裂。第二类内应力使金属产生晶间腐蚀，所以塑性变形后的金属应进行消除应力的退火处理，以消除或降低这部分内应力。第三类内应力则是产生加工硬化的主要原因。

有时内应力也是有益的，如对齿轮进行表面淬火和喷丸处理，在其表面产生一层极薄的塑性变形层。在变形层中产生的残余压应力可以大大提高材料的疲劳极限，抵消工作时齿面受到的张应力，从而提高齿轮的使用寿命。

内应力对热处理质量也有很大的影响。钢经塑性变形所产生的各种内应力是导致淬火工件产生变形甚至开裂的重要原因之一。实践表明，经过机械粗加工、冷压力加工的工件，以及锻造后的毛坯，其内部都残存着因塑性变形而产生的内应力。为了减小淬火变形量并防止产生淬火裂纹，在淬火之前必须进行消除内应力处理，如退火处理。

第三节　回复与再结晶

金属冷塑性变形后，产生了加工硬化现象，使金属晶体中缺陷密度增大，内能升高，这种处于不稳定状态的组织有自发恢复到变形前组织状态的倾向。在常温下，这种转变一般不易进行。如果对金属进行加热，随着加热温度的升高，其组织会相继发生回复、再结晶和晶粒长大三个阶段的变化。在此过程中组织和性能的变化如图3-14所示。

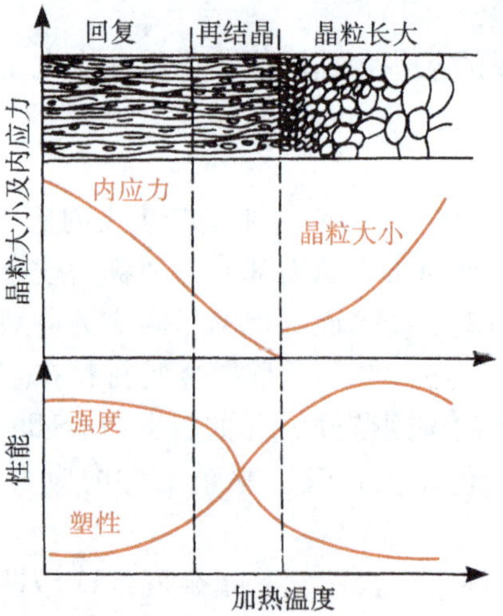

图3-14　冷变形金属加热时的变化

一、回复

当冷变形金属的加热温度不太高时，内部原子活动能力较弱，只能做短距离的扩散，这一过程称为回复。在回复这一阶段，金属的某些力学性能、物理性能和亚结构发生变化，但没有新的晶粒出现。

冷变形金属在加热回复的开始阶段是通过空位和间隙原子结合、异号刃型位错的结合等过程使晶格缺陷数目减少，这些缺陷也可能扩散到位错、晶界或表面等处而消失。

随着加热温度的升高，位错将发生运动，使原来在变形晶粒中分散杂乱的位错逐渐集中，相互结合并按照某种规律排列。例如，变形后滑移面上无规则排列的刃型位错可以沿滑移面平移，也可沿垂直于滑移面的方向攀移，结果位错在滑移面上的间距增大，在垂直方向的距离变小，使原来在滑移面上无规则排列的位错形成垂直分布的位错壁，即小角度晶界（亚晶界），如图3-15所示。这个过程也称为“多边形化”。“多边形化”使晶体被位错壁分割成许多新的亚晶粒。位错呈有序分布后，位错间的作用力减少，晶格畸变程度减轻。因而使晶体过渡为较稳定的状态。

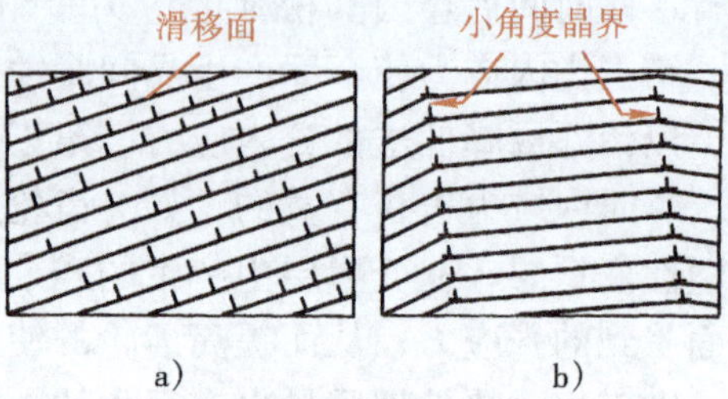

图3-15　多边形化过程示意图
a）变形后未经多边形化　b）多边形化后

由于回复过程中温度比较低，金属的晶粒大小和形状不会发生明显变化，所以金属加工硬化后的强度、硬度和塑性等力学性能基本不变，但残余内应力和电阻显著下降，应力腐蚀现象也基本消除。因此，冷变形金属若要在消除残余内应力的同时仍保持冷变形强化状态，则可以采取回复处理，进行一次250～300℃的低温退火。

二、再结晶

当冷变形金属加热温度高于回复阶段温度后，原子的扩散能力进一步增强，塑性变形

时被破碎、拉长的晶粒全部转变成均匀而细小的等轴晶粒，这个过程称为“再结晶”。待变形金属的晶粒全部变成细等轴晶粒后，再结晶过程结束。在新晶粒形成的同时，位错密度降低，金属中的内能下降，使冷变形造成的加工硬化消失，金属的性能又恢复到变形前的性能。

由于冷变形金属在再结晶过程中形成的细小等轴晶粒也是通过生核和晶粒长大的方式进行的，而且再结晶生成的新晶粒的晶格类型与金属变形前的晶格类型完全一样，因此再结晶过程不应属于相变过程。

变形金属开始产生再结晶现象的最低温度称为再结晶温度。通常规定金属经过大于70%的冷塑性变形后，在1h的保温时间内全部完成再结晶过程时所需的最低温度称为再结晶温度。影响再结晶温度的主要因素有以下几方面：

1. 金属的纯度

当金属中含有少量合金元素或微量杂质时，会阻碍原子的扩散和晶界的迁移，显著提高再结晶温度。大量的试验结果表明，当变形程度较大时，各种纯金属的最低再结晶温度与其熔点之间存在如下关系：

$$T_{再} = (0.35 \sim 0.40)T_{熔}$$

式中，$T_{再}$ 和 $T_{熔}$ 均以热力学温度表示。

2. 预先的变形度

变形程度越大，金属畸变能越高，再结晶时的驱动力就越大，故再结晶温度就越低。当变形量达到一定值后，再结晶温度便趋近于某一恒定值，称为最低再结晶温度，如图3-16所示。

3. 加热速度和加热保温时间

因为再结晶过程需要一定时间才能完成，提高加热速度会使再结晶温度提高。而加热保温时间越长，原子的扩散移动越能充分进行，再结晶温度就越低。在工业生产中，为了缩短再结晶退火周期，一般将再结晶温度定得比理论再结晶温度高出100~200℃。

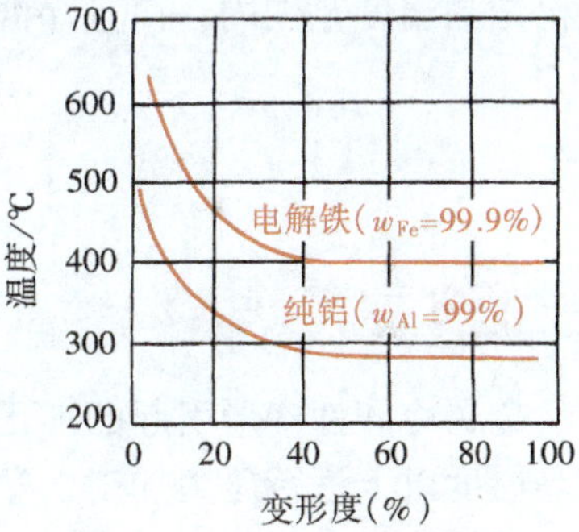

图3-16　金属再结晶温度与变形度的关系

三、晶粒长大

冷变形金属在再结晶刚结束时的晶粒比较细，晶界面积比较大，系统界面能也比较高。随着加热温度的升高或保温时间的延长，晶粒会继续长大。晶粒长大的实质是晶界迁移的过程，如图3-17所示。通过大晶粒的边界向小晶粒迁移，把小晶粒中的晶格位向逐步改变成与这个大晶粒晶格相同的位向，形成大晶粒“吞

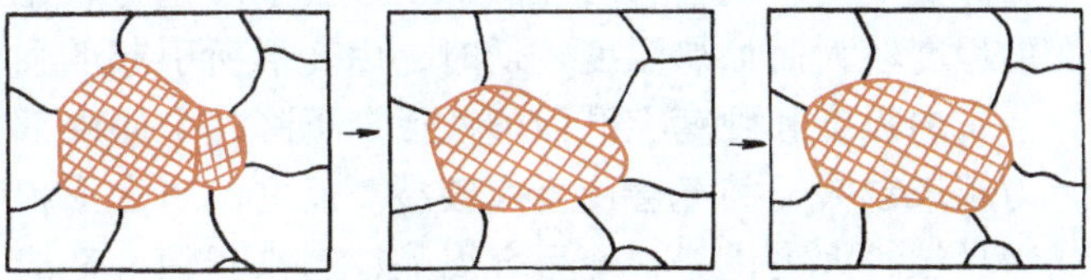

图3-17　晶粒长大示意图

并”小晶粒的现象，结果使冷变形金属内一些晶粒逐渐长大粗化，一些晶粒逐渐减小消失。晶粒的长大减小了晶界的面积，使晶界表面能降低，因而再结晶后的晶粒长大是一个自发进行的过程。

再结晶后的晶粒大小与金属的冷塑性变形程度的关系如图3-18所示。当变形度很小时，由于金属晶格畸变能很小，不足以引起再结晶，因而晶粒仍保持原来的形状。但是当变形度为2%~10%时，由于金属内部仅有部分晶粒变形，变形量小且极不均匀，因此再结晶时生成的晶核少，晶粒容易吞并长大，最后得到异常粗大的晶粒。使晶粒发生异常长大的变形度称为临界变形度，生产中应尽量避免在这一变形范围内进行加工。

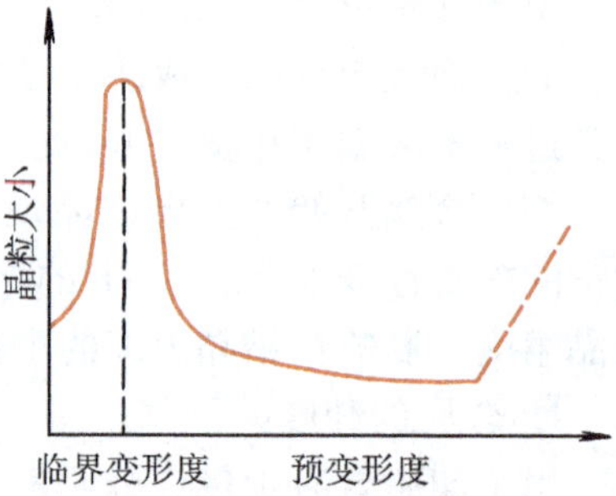

图3-18 再结晶后晶粒度和预变形的关系

当变形度超过临界变形度后，随着变形程度的增加，晶格畸变越来越严重，再结晶晶核数目越来越多，因此再结晶后的晶粒细且均匀。

某些金属在变形量很大时（>90%），再结晶后的晶粒又重新出现粗化现象。一般认为，这种现象是大变形量形成的再结晶织构所造成的。因为晶粒取向大致相同时，给晶粒沿一定方向迅速长大提供了条件。

晶粒粗化将使金属材料组织性能恶化，所以冷变形金属的再结晶退火温度应严格控制在再结晶温度范围内，而且保温时间不宜过长，以获得细而均匀的晶粒。

第四节 金属的热塑性加工

一、热加工与冷加工的区别

金属冷塑性变形引起的加工硬化可以通过加热发生再结晶来加以消除。如果金属在再结晶温度以上进行压力加工，塑性变形引起的加工硬化便可以立即被再结晶过程消除，因此金属的冷加工和热加工可以按其再结晶温度来划分。金属在再结晶温度以下的塑性变形称为冷加工；金属在再结晶温度以上的塑性变形称为热加工。例如，铁的最低再结晶温度为450℃，所以铁在400℃以下的加工变形属于冷加工；铅、锡的再结晶温度高于室温，所以即使它们在室温下进行塑性变形加工，这种加工也属于热加工。

金属在高温下强度降低而塑性提高，所以热加工的主要优点是材料容易变形，加工耗能量少。这是因为在热加工过程中，金属的内部同时进行着加工硬化和再结晶软化两个相反的过程。受热加工工件温度的影响，有时在热加工过程中硬化与软化这两个因素不能完全抵消。例如，当变形程度较大而加热温度较低时，由变形所引起的强化因素占优势。随着加工过程的进行，金属的强度和硬度上升而塑性逐渐下降，金属内部的晶格畸变也得不到完全恢复，变形阻力越来越大，甚至会使金属破裂。反之，当变形程度较小而加热温度较高时，由于再结晶和晶粒长大占优势，使得金属晶粒越来越粗，造成金属性能下降。因此，在热加工过程中，保持工件温度在一定的范围内是十分重要的。

由于冷加工变形会引起加工硬化，增大金属的变形抗力，所以若继续进行冷加工，则必须进行中间退火处理，重新软化后才能继续进行加工。

金属在热加工过程中表面发生氧化，使得工件表面比较粗糙，尺寸精度比较低。所以热加工一般用来制造一些截面比较大、加工变形量大的半成品。而冷加工则能保证工件有较高的尺寸精度和较低的表面粗糙度值，在冷加工过程中材料同时也得到强化处理。有时经冷加工后便可以直接获得成品。

二、热加工对金属组织和性能的影响

金属材料经热加工后，其组织与性能发生了明显的变化。

1. 改善钢锭的组织和性能

冶炼后的钢铁要浇注成铸锭，然后再经过热锻或热轧加工成各种型材供用户使用。在铸造过程中，由于铸锭的表面和中心的结晶条件不同，在铸锭的截面上有三个不同特征的结晶区：表层细晶粒区、柱状晶区及中心等轴晶区，如图 3-19 所示。除了上述几个晶区外，铸锭内还存在一些铸造缺陷，如缩孔与缩松、化学成分偏析、气孔、夹杂、裂纹等。通过热加工可以把大部分的缩松、气孔和微裂纹在加工过程中焊合，提高了金属的致密度。对于铸锭内部的晶内偏析、粗大柱状晶或大块碳化物，可以在压力的作用下使晶粒破碎，消除了成分偏析、粗大柱状晶及大块碳化物的不利影响，使金属的力学性能得到提高。表 3-1 是碳质量分数为 0.3% 的碳钢分别在锻造状态和铸造状态时的力学性能比较。

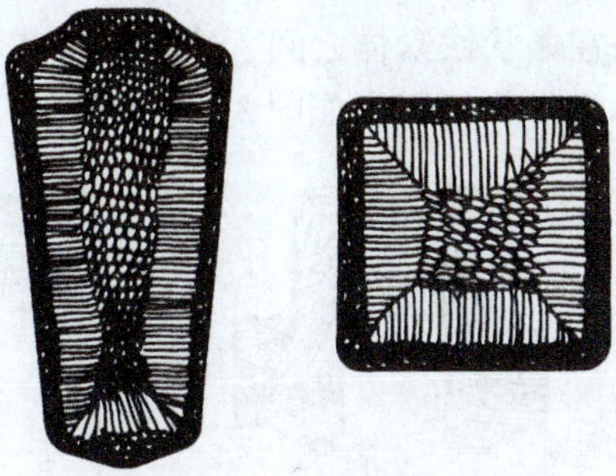

图 3-19　金属铸锭组织示意图

表 3-1　$w_C=0.3\%$碳钢锻态和铸态时力学性能的比较

加工状态	R_m/MPa	R_{eL}/MPa	A(%)	Z(%)	a_K/(J/cm^2)
锻态	530	310	20	45	7
铸态	500	280	15	27	3.5

2. 细化晶粒

在热加工过程中，变形的晶粒内部不断发生回复再结晶，已经发生再结晶的区域又不断发生变形。周而复之使晶核数目不断增加，晶粒得到细化。但热加工后金属的晶粒大小与加工温度和变形量有很大的关系。变形量小，终止加工温度过高，加工后会得到粗大的晶粒；相反，则会得到细小的晶粒。

3. 形成纤维组织

在热加工过程中，钢锭中的粗大枝晶和钢锭铸态组织中的各种夹杂物在高温下都具有一定的塑性，使其沿着金属的变形流动方向伸长，形成纤维组织。宏观检验时称其为“锻造流线”。锻造流线使金属的性能产生明显的各向异性，通常是沿流线方向的强度、塑性和韧性高，抗剪强度低，而垂直于流线方向上的情况则正好相反，见表 3-2。因此在热加工时，尽量使零件承受最大拉应力的方向与流线平行，而承受冲击力或外加剪切应力的方向与流线垂直。图 3-20 就是锻造曲轴与切削加工的曲轴流线分布图。由于锻造曲轴的流线分布合理，因而其力学性能要比切削加工曲轴的力学性能好得多。

表 3-2 45钢的力学性能与热加工方向的关系

热加工方向	R_m/MPa	R_{eL}/MPa	A(%)	Z(%)	a_K/(J·cm^{-2})
纵向	715	470	17.5	62.8	62
横向	672	440	10.0	31.0	30

4. 形成带状组织

当低碳钢中非金属杂质比较多时，在热加工后的缓慢冷却过程中，先共析铁素体可能依附于被拉长的夹杂物析出的铁素体带，并将碳排到附近的奥氏体中，使奥氏体中的碳含量逐渐提高，最后转变为珠光体。使沿杂质富集区析出的铁素体首先形成条状，珠光体分布在条状铁素体之间，这种铁素体和珠光体沿加工变形方向呈层状平行交替的条带状组织称为带状组织，如图3-21所示。

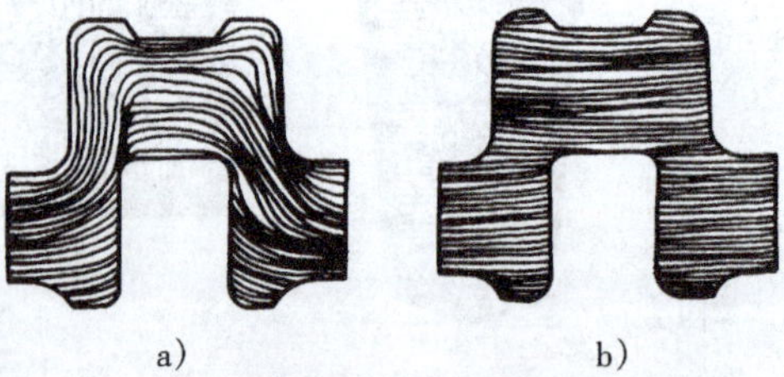

图 3-20 曲轴的流线分布图
a）锻造曲轴 b）切削加工曲轴

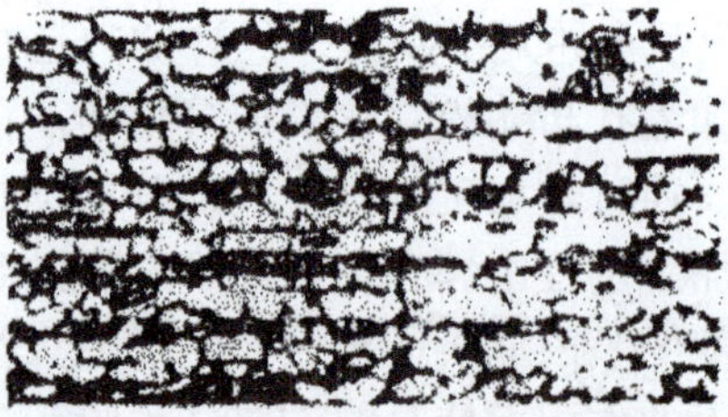

图 3-21 钢中的带状组织

带状组织使材料产生各向异性，特别是横向塑性和冲击韧度明显下降。在热加工生产中，常采用交替改变变形方向的办法来消除这种带状组织。采用热处理的方法，如高温加热、长时间保温以及提高热加工后的冷却速度，使碳原子的长距离扩散来不及充分进行，也可以减少或消除带状组织。

思考题

3-1 试用多晶体的塑性变形过程说明晶粒越细，金属的强度就越高，塑性及韧性就越好的原因。
3-2 什么是加工硬化？其产生原因是什么？
3-3 金属在冷变形过程中产生哪几种残余应力？残余应力对金属材料产生哪些影响？
3-4 冷塑性变形和热塑性变形后的金属能否根据其显微组织加以区别？
3-5 何谓临界变形度？分析造成临界变形度的原因。
3-6 为什么用低碳钢钢板冷冲压成形的零件各部位的硬度不同？
3-7 金属铸件能否通过再结晶退火来细化晶粒？为什么？
3-8 冷加工对金属的组织和性能有何影响？
3-9 热加工对金属的组织和性能有何影响？钢材在热变形加工时为什么不出现硬化现象？

第四章 钢的热处理

热处理是将金属或合金在固态下经过加热、保温和冷却等三个步骤，以改变钢的内部组织结构，从而改善钢的性能的一种热加工工艺。机械零件通过适当的热处理可以调整材料的工艺性能和使用性能，充分发挥材料性能的潜力，以满足机械零件在加工和使用过程中对性能的要求。

热处理工艺也可以用于消除铸、锻、焊等工件在热加工过程中造成的各种缺陷，细化晶粒，消除偏析，降低内应力和硬度，改善机械加工性能。由此可见，热处理工艺在机械零件加工制造过程中占有重要的地位和作用。

随着现代工业技术的发展，对机械零件表面的性能要求越来越高，传统的热处理技术已满足不了要求。为了提高机械零部件运行的可靠性，延长其使用寿命，提高产品的市场竞争力，利用一些表面工程技术对这些机械零部件进行表面改性处理已是提高材料性能的重要措施之一。

钢经过热处理后性能之所以发生变化是由于钢经过不同的加热和冷却过程，钢的内部组织结构发生了变化。因此，若要制订正确的热处理工艺规范，保证热处理质量，就必须了解钢在不同加热和冷却条件下的组织转变规律。

第一节 钢在加热时的组织转变

钢在热处理时，首先要将工件加热，使之转变成奥氏体组织，这一过程也称为奥氏体化。加热时奥氏体化的程度及晶粒大小，对其冷却转变过程及最终的组织和性能都有极大的影响。因此了解奥氏体形成的规律，是掌握热处理工艺的基础。

一、钢的临界温度

根据铁碳合金相图，共析钢加热到 A_1 线以上，亚共析钢和过共析钢加热到 A_3 线和 A_{cm}线以上时才能完全转变为奥氏体。在实际的热处理过程中，按照热处理工艺的要求，加热或冷却都是按一定的速度进行，因此相变是在非平衡条件下进行的，必然要产生滞后现象，即有一定的过热度或过冷度。在加热时，钢发生奥氏体转变的实际温度比相图中的 A_1、A_3、A_{cm}点高，分别用 Ac_1、Ac_3、Ac_{cm}表示。同样，在冷却时，奥氏体分解的实际温度要比 A_1、A_3、A_{cm}点低，分别用 Ar_1、Ar_3、Ar_{cm}表示，如图 4-1 所示。一般热处理手册中的数值都是以30 ~ 50℃/h加热（或冷却）速度所测得的结果，供参考使用。

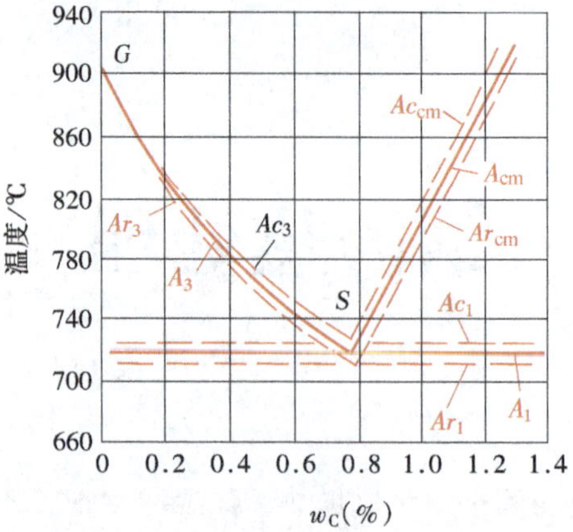

图 4-1　钢在加热或冷却时，临界点在相图中的变化

二、奥氏体的形成

1. 奥氏体形成的基本过程

钢在加热时，奥氏体的形成过程符合相变的普遍规律，也是通过形核及核心长大来完成的。以共析钢为例，原始组织为珠光体，当加热到 Ac_1 温度以上时，发生珠光体向奥氏体的转变：

$$F_{0.02\%C} + Fe_3C_{6.69\%C} \rightarrow A_{0.77\%C}$$

这一转变是由化学成分、晶格类型都不相同的两个相转变成为另一个成分和晶格类型的新相，在转变过程中要发生晶格改组和碳原子的重新分布，这一变化均需要通过原子的扩散来完成，所以奥氏体的形成属于扩散型转变。奥氏体的形成一般分为四个阶段，如图 4-2所示。

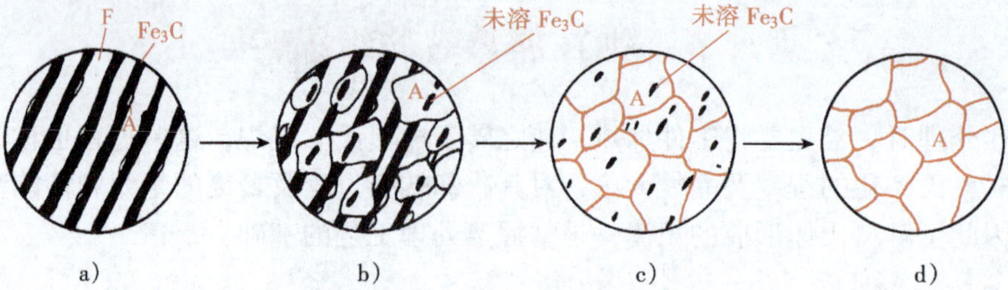

图 4-2　共析钢奥氏体形成过程示意图

a）奥氏体晶核的形核　b）奥氏体晶核的长大　c）残余渗碳体溶解　d）奥氏体成分均匀化

(1) 奥氏体晶核的形成　奥氏体晶核一般优先在铁素体和渗碳体相界处形成。这是因为在相界处，原子排列紊乱，能量较高，能满足晶核形成的结构、能量和浓度条件。

(2) 奥氏体晶核的长大　奥氏体晶核形成后，它一面与铁素体相接，另一面和渗碳体相接，并在浓度上建立起平衡关系。由于和渗碳体相接的界面碳浓度高，而和铁素体相接的界面碳浓度低，这就使得奥氏体晶粒内部存在着碳的浓度梯度，从而引起碳不断从渗碳体界面通过奥氏体晶粒向低碳浓度的铁素体界面扩散。为了维持原来相界面碳浓度的平衡关系，奥氏体晶粒不断向铁素体和渗碳体两边长大，直至铁素体全部转变为奥氏体为止。

(3) 残留渗碳体的溶解　在奥氏体形成过程中，奥氏体向铁素体方向成长的速度远大于渗碳体的溶解，因此在奥氏体形成之后还残留一定量的未溶渗碳体。这部分渗碳体只能在随后的保温过程中逐渐溶入奥氏体中，直至完全消失。

(4) 奥氏体成分的均匀化　渗碳体完全溶解后，奥氏体中碳浓度的分布并不均匀，原来属于渗碳体的地方含碳较多，而属于铁素体的地方含碳较少，必须继续保温，通过碳的扩散才能使奥氏体成分均匀化。

亚共析钢和过共析钢中的奥氏体形成过程与共析钢基本相同，当温度加热到 Ac_1 线以上时，首先发生珠光体向奥氏体的转变。对于亚共析钢在 $Ac_1 \sim Ac_3$ 的升温过程中，先共析铁素体逐渐向奥氏体转变，当温度升高到 Ac_3 以上时，才能得到单一的奥氏体组织。对于过共析钢在 $Ac_1 \sim Ac_{cm}$ 的升温过程中，先共析出的二次渗碳体逐步溶入奥氏体中，只有温度升高到 Ac_{cm} 以上时，才能得到单一的奥氏体组织。

2. 影响奥氏体形成的因素

钢的奥氏体形成主要是通过形核和长大实现的，凡是影响形核和长大的因素都会影响奥氏体的形成速度。

(1) 加热温度　随着加热温度的提高，相变驱动力增大，原子扩散能力加大，碳原子在奥氏体中的扩散速度加快，提高了形核率和长大速度，加快了奥氏体转变速度。

(2) 加热速度　在实际热处理中，加热速度越快，产生的过热度就越大，转变的温度范围也越宽，完成的时间也越短。

(3) 钢中碳的质量分数　随着钢中碳的质量分数的增加，铁素体和渗碳体的相界面增多，有利于加速奥氏体的形成。

(4) 合金元素　钢中的合金元素不改变奥氏体的形成的基本过程，但显著影响奥氏体的形成速度。因为合金元素可以改变钢的临界点，并影响碳的扩散速度，它自身也在扩散和重新分布，因此合金钢的奥氏体形成速度一般比碳钢慢。所以在热处理时，合金钢的加热保温时间要长。

三、奥氏体晶粒大小及其控制

1. 奥氏体晶粒度的概念

奥氏体晶粒大小对后续的冷却转变及转变所得的组织与性能有着重要的影响，因此获得细小的晶粒是热处理过程中始终要注意的问题。奥氏体有三种不同概念的晶粒度。

(1) 起始晶粒度　起始晶粒度是指珠光体刚刚转变为奥氏体的晶粒大小。起始晶粒度非常细小，在继续加热或保温过程中还要继续长大。

(2) 本质晶粒度　GB/T 6394—2002 中规定，将钢试样加热到 (930±10)℃、保温 3~8h，冷却后制成金相试样，在显微镜下放大 100 倍观察，然后再和标准晶粒度等级图（图 4-3）比较，确定该试样的晶粒度，该晶粒度即为钢的本质晶粒度。晶粒度在 1~4 级范围内的钢称为本质粗晶粒钢，在 5~8 级范围内的钢称为本质细晶粒钢。

本质晶粒度代表着钢的晶粒长大倾向，它取决于钢的成分及冶炼方法。用铝脱氧的钢以及含钛、钒、锆等元素的合金钢都是本质细晶粒钢，用硅、锰脱氧的钢为本质粗晶粒

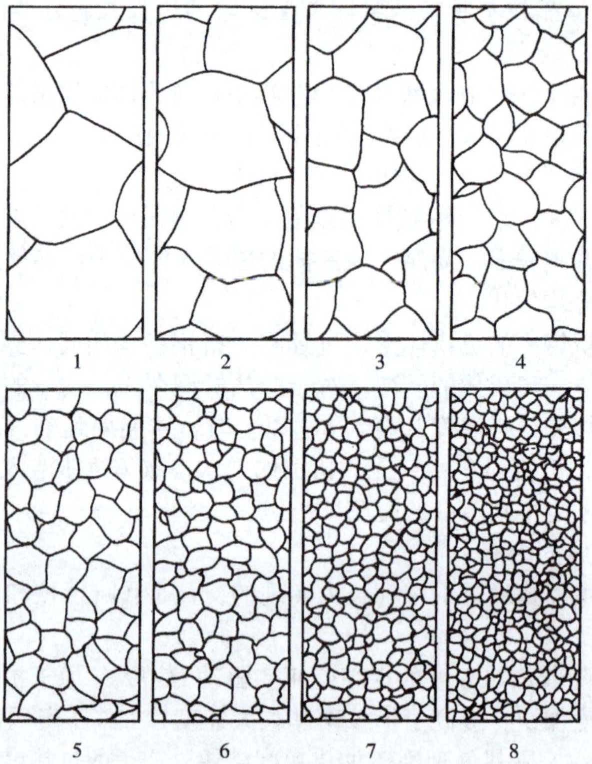

图4-3 标准晶粒度等级

钢。本质细晶粒钢在加热温度超过一定限度后，晶粒也会长大粗化。图4-4所示为本质细晶粒钢和本质粗晶粒钢加热时的晶粒长大倾向。

(3) 实际晶粒度 实际晶粒度是指在实际加热条件下得到的奥氏体晶粒度。

2. 影响奥氏体晶粒大小的因素

奥氏体晶粒越细，其冷却产物的强度、塑性和韧性越好。影响奥氏体晶粒大小的主要因素有：

(1) 加热温度和保温时间 加热温度是影响奥氏体晶粒长大最主要的因素。随着加热温度的升高，奥氏体聚集长大。温度越高，奥氏体晶粒长大程度越剧烈。在一定温度下，保温时间越长，奥氏体晶粒就越粗大。

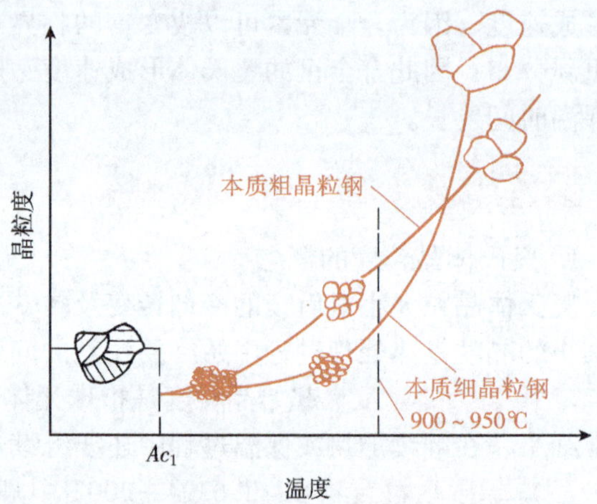

图4-4 本质细晶粒和本质粗晶粒长大倾向示意图

(2) 钢的化学成分 增加奥氏体中的碳含量将增大奥氏体的晶粒长大倾向。当钢中含有形成稳定碳化物、氮化物的合金元素（如铬、钒、钛、钨、钼等）时，这些碳化物和氮化物弥散分布于奥氏体晶界上，阻碍奥氏体晶粒长大。而磷、锰则有加速奥氏体晶粒长大的倾向。

第二节 钢在冷却时的组织转变

冷却条件也是热处理的关键工序，它决定钢在冷却后的组织和性能。表 4-1 列出 40Cr 钢经 850℃加热到奥氏体后，在不同冷却条件下对其性能的影响。

表 4-1 40Cr 钢在不同冷却条件下的力学性能

冷却方式	R_m/MPa	R_{eL}/MPa	A(%)	Z(%)	a_K/(J/cm^2)
炉冷	574	289	22	58.4	61
空冷	678	387	19.3	57.3	80
油冷并经 200℃回火	1850	1590	8.3	33.7	55

由 Fe-Fe_3C 相图可知，当温度处于临界点 A_1 以下时，奥氏体就变得不稳定，要发生分解和转变。但在实际冷却过程中，处在临界点以下的奥氏体并不立即发生转变，这种在临界点以下存在的奥氏体，称为过冷奥氏体。过冷奥氏体可以在等温条件下转变，也可以在连续冷却条件下进行转变。现以共析钢为例讨论过冷奥氏体的等温转变。

一、过冷奥氏体的等温转变（奥氏体等温转变图）

等温冷却转变就是把奥氏体迅速冷却到 Ar_1 以下某一温度保温，待其转变完成后再冷到室温的一种冷却方式，这是研究过冷奥氏体转变的基本方法。图 4-5 为共析钢过冷奥氏体等温转变图，也称为“TTT”曲线，根据曲线的形状一般也称为 C 曲线。它表明了过冷奥氏体转变温度、转变时间和转变产物之间的关系。

在等温转变图的下面还有两条水平线，上面一条为马氏体开始转变的温度线，以 Ms 表示；下面一条为马氏体终止转变的线，以 Mf 表示。

由共析钢的等温转变图可以看出，在 A_1 以上是奥氏体的稳定区。在 A_1 以下，奥氏体不稳定，要发生转变，但过冷奥氏体要有一段稳定存在的时间，这段时间称为过冷奥氏体的孕育期。孕育期的长短不一，在曲线的鼻尖处（550℃时）孕育期最短，过冷奥氏体稳定性最小。鼻尖的以上部分，随着过冷度的增大，孕育期变短，转变速度加快。鼻尖的以下部分，随着过冷度的增大，孕育期增长，转变速度就变慢。过冷奥氏体转变速度随温度变化的规律是由两种因素造成的。一个是转变的驱动力（即奥氏体与转变产物的自由能差 ΔG），它随温度的降低而增大，从而加快转变速度。另一个是原子的扩散能力（扩散系数 D），温度越低原子的扩散能力就越弱，使转变速度变慢。因此，在鼻尖点以上的温度，原子扩散能力较大，但转变驱动力（ΔG）较小；而在 550℃以下的温度，虽然转变驱动力足够大，但原子的扩散能力下降，此时的转变速度主要受原子扩散速度制约，使转变速度变慢。所以在 550℃时的转变条件最佳，转变速度最快。

二、过冷奥氏体等温转变产物的组织和性能

根据过冷奥氏体在不同温度下转变产物的不同，可分为三种不同类型的转变：珠光体转变、贝氏体转变和马氏体转变。

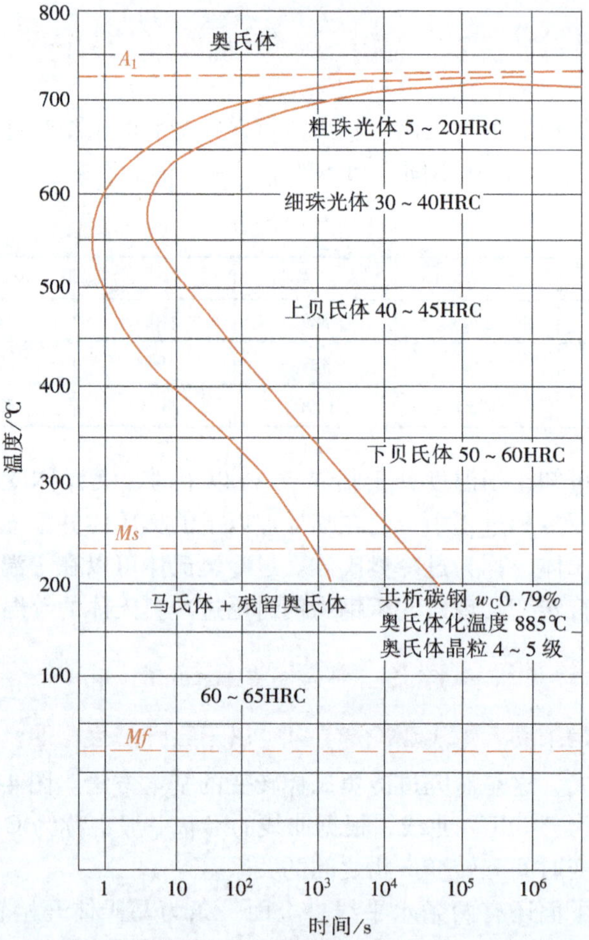

图 4-5 共析钢的等温转变图

1. 珠光体型转变——高温转变（A_1 ~550℃）

奥氏体向珠光体的转变是一种扩散型转变，它们也是以形核和核心长大，并通过原子扩散和晶格重构的过程来完成的，如图 4-6 所示。首先，新相的晶核优先在奥氏体的晶界处形成，一般认为形成珠光体的领先相是渗碳体。由于渗碳体碳的质量分数（w_C = 6.69%）比奥氏体（w_C = 0.77%）要高得多，因此它需要从周围的奥氏体中吸收碳原子才能长大，这样就造成附近的奥氏体贫碳，为形成铁素体创造了条件，于是在渗碳体两侧通过晶格改组形成铁素体。而在铁素体长大的过程中，不断向周围奥氏体排出碳，形成局部富碳区，又促进了另一片渗碳体的形成。这样不断交替地生核长大直到各个珠光体区相互接触，奥氏体全部消失为止。

奥氏体高温转变产物都是片层相间的珠光体，但由于转变温度不同，原子扩散能力及驱动力不同，其片层间距差别很大，一般转变温度越低，层间距越小。

习惯上把珠光体型组织分为珠光体（P）、索氏体（S）和托氏体（T），但它们在组织上并没有本质的区别，也没有严格的界限，只是在形态上其片层间距不同。表 4-2 为珠光体型组织的形成温度和性能。

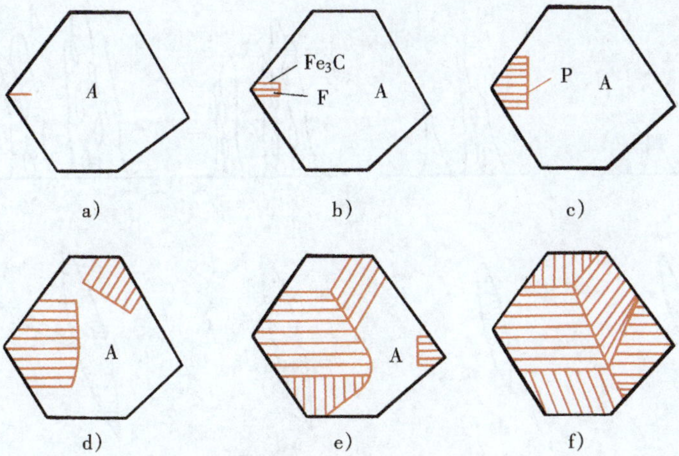

图 4-6　珠光体形成示意图

表 4-2　珠光体型组织的形成温度和性能

组织类型	形成温度/℃	片层间距/μm	硬度 HRC
珠光体（P）	A_1 ~650	>0.4	15~27
索氏体（S）	650~600	0.4~0.2	27~38
托氏体（T）	600~550	<0.2	38~43

由表可见，奥氏体转变温度较高，即过冷度较小时，铁、碳原子容易扩散，获得的珠光体片层较粗大。转变温度越低，过冷度越大，获得的珠光体组织就越细。珠光体的力学性能也随着片间距的变小而提高。

2. 贝氏体型转变——中温转变（550℃ ~*Ms*）

过冷奥氏体在 550℃ ~*Ms* 的中温区等温转变的产物称为贝氏体，用符号 B 表示。

在中温转变区，由于转变温度低，过冷度大，只有碳原子有一定的扩散能力，这种转变属于半扩散型转变。在这个温度下，有一部分碳原子在铁素体中已不能析出，形成过饱和铁素体。由于碳化物的形成时间增长，渗碳体也已不能呈片状析出。因此，转变前的孕育期和进行转变的时间都随着温度的降低而延长。

贝氏体是渗碳体分布在过饱和碳的铁素体基体上的两相混合物。根据转变温度和转变产物组织形态的差异，贝氏体又分为上贝氏体和下贝氏体。**在 550~350℃范围内形成的贝氏体称为上贝氏体（$B_上$）；在 350℃ ~*Ms* 范围内形成的贝氏体称为下贝氏体（$B_下$）。**

上贝氏体的形成过程如图 4-7a 所示。首先在奥氏体晶界上形成铁素体晶核，然后向晶内沿一定方向成排长大。在上贝氏体温度区内，碳原子有一定的扩散能力，铁素体片长大时，它能从铁素体中扩散出去，使周围的奥氏体富碳。当铁素体片间的奥氏体的碳达到一定浓度时，便从中析出小条状或小片状渗碳体，断续地分布在铁素体片之间，形成羽毛状的上贝氏体，如图 4-8 所示。

由于上贝氏体中的铁素体条比较宽，抗塑性变形能力比较低，渗碳体分布在铁素体条之间容易引起脆断。因此，上贝氏体的强度较低，塑性和韧性都很差，这种组织一般不适用于机械零件。

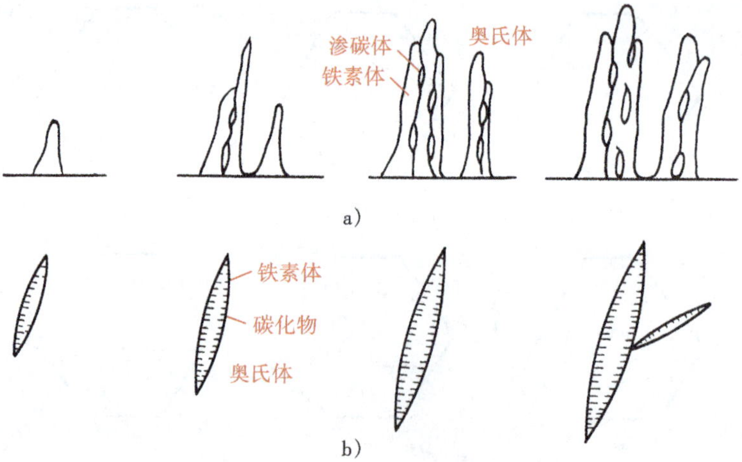

图4-7 贝氏体形成机理示意图
a) 上贝氏体 b) 下贝氏体

下贝氏体的形成过程如图4-7b所示。铁素体晶核首先在奥氏体晶界或晶内某些畸变较大的地方生成，然后沿奥氏体的一定方向呈针状长大。由于下贝氏体转变温度较低，碳原子扩散能力较小，已不能长距离穿过铁素体扩散，只能在铁素体中沿一定晶面以细碳化物粒子的形式析出。在光学显微镜下，下贝氏体为黑色针状组织，很像回火马氏体，如图4-9所示。在电子显微镜下观察发现，铁素体内极细的碳化物粒子与铁素体轴呈55°~60°夹角。

图4-8 上贝氏体

图4-9 下贝氏体

由于下贝氏体组织中的针状铁素体细小且无方向性，碳的过饱和度大，碳化物分布均匀，弥散度大，所以它的强度和硬度高（50~60HRC），并且具有良好的塑性和韧性。因而许多机械零件经常选用等温淬火热处理工艺，以得到综合力学性能较好的下贝氏体组织。

3. 马氏体型转变——低温转变（*Ms*~*Mf*）

过冷奥氏体以大于临界冷却速度v_k冷却到*Ms*点以下（230℃）时，将转变为马氏体

(M)。与珠光体和贝氏体转变不同，马氏体转变不能在恒温下完成，而是在 $Ms \sim Mf$ 之间的一个温度范围内连续冷却完成。由于转变温度很低，铁和碳原子都失去了扩散能力，因此马氏体转变属于非扩散型转变。马氏体是碳在α-Fe中的过饱和固溶体。

（1）马氏体的形成　马氏体的形成也存在一个形核和长大的过程。马氏体晶核一般在奥氏体晶界、孪晶界、滑移面或晶内晶格畸变较大的地方形成。因为转变温度低，铁、碳原子不能扩散，而转变的驱动力极大，所以马氏体是以一种特殊的方式——共格切变的方式形成并瞬时长大到最终尺寸。所谓共格切变是指沿着奥氏体的一定晶面，铁原子集体地、不改变相互位置关系地移动一定的距离（不超过一个原子间距），并随即进行轻微的调整，由面心立方晶格改组成体心立方晶格，碳原子原地不动留在新组成的晶胞中。由于溶解度的不同，钢中马氏体的碳总是过饱和的，这些碳原子溶于α-Fe晶格的间隙位置，使 c 轴伸长，形成体心正方晶格，如图4-10所示。马氏体碳的质量分数越高，其正方度 c/a 越大。

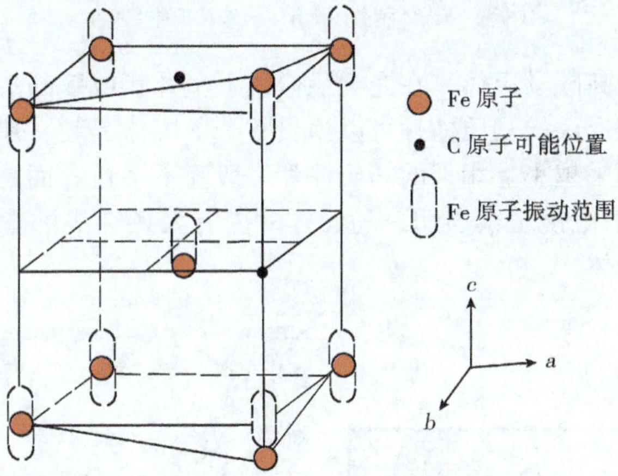

图4-10　马氏体晶格示意图

在马氏体形核与长大过程中，马氏体和奥氏体的界面始终保持共格关系。即界面上的原子为两相共有，其排列方式是既属于马氏体晶格也属于奥氏体晶格，同时依靠奥氏体晶格中产生的弹性应变来维持这种关系。当马氏体片长大时，这种弹性变形就急剧增加，一旦与其相应的应力超过奥氏体的弹性极限，就会发生塑性变形，从而破坏其共格关系，使马氏体长大到一定尺寸就立即停止。

（2）马氏体的组织形态　马氏体的组织形态与钢的成分、原始奥氏体晶粒的大小以及形成条件有关。其形态主要分为两大类，即板条马氏体和片状马氏体。影响马氏体形态的主要因素是奥氏体的碳的质量分数。碳的质量分数低于0.25%时为典型的板条马氏体；碳的质量分数大于1.0%，几乎全是片状马氏体；碳的质量分数为0.25%~1.0%时，是板条状和片状两种马氏体的混合组织。

板条马氏体又称为低碳马氏体，在光学显微镜下它是一束束大致相同并几乎平行排列的细板条组织。马氏体束之间的角度较大，如图4-11所示。在一个奥氏体晶粒内，可以形成不同位向的许多马氏体区。高倍透射电镜观察表明，在板条马氏体内有大量位错缠结的亚结构。所以板条马氏体也称为位错马氏体。

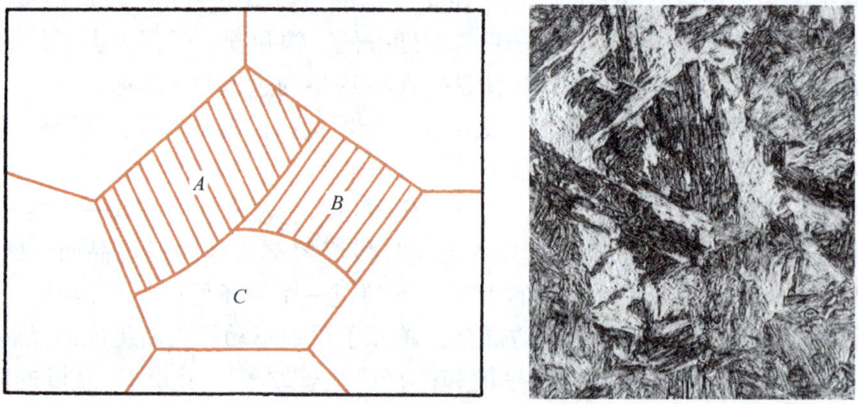

a)　　　　　　b)

图 4-11　低碳马氏体的组织形态

a）板条马氏体示意图　b）低碳马氏体 500×

片状马氏体又称为高碳马氏体，在光学显微镜下呈针状或双凸透镜状。马氏体片一般不穿越奥氏体晶界，先形成的马氏体片可以横贯整个奥氏体晶粒，尺寸较大，随后形成的马氏体片受到限制而越来越小。相邻的马氏体片一般互不平行，而是呈一定角度排列。如图 4-12 所示。高倍透射电镜观察表明，马氏体片内有大量细小的孪晶亚结构，所以片状马氏体也称为孪晶马氏体。

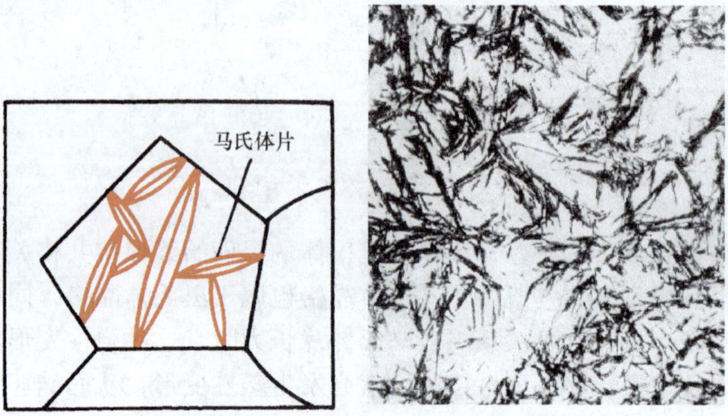

a)　　　　　　b)

图 4-12　高碳马氏体的组织形态

a）针状马氏体示意图　b）高碳马氏体 400×

奥氏体晶粒越粗，形成的马氏体片越粗大，反之形成的马氏体片就越细小。在实际热处理加热时得到的奥氏体晶粒非常细小，淬火得到的马氏体片也非常细，以致于在光学显微镜下看不出马氏体晶体形态，这种马氏体又称为隐晶马氏体。

（3）马氏体转变的特点

1）马氏体转变为非扩散型相变，是碳在 α-Fe 中的过饱和固溶体。过饱和的碳在铁中造成很大的晶格畸变，产生很强的固溶强化效应，使马氏体具有很高的硬度。马氏体中含碳越多，其硬度越高。

2）马氏体以极快的速度（小于 10^{-7}s）形成。过冷奥氏体在 *Ms* 点以下瞬间形核并长大成为马氏体。转变是在 *Ms* ~ *Mf* 温度范围内连续降温的过程中进行的，即随着温度的降低不断有新的马氏体形核并瞬间长大。停止降温，马氏体的增长也停止。由于马氏体的形成速度很快，后形成的马氏体会冲击先形成的马氏体，造成微裂纹，使马氏体变脆，在高碳钢中这种现象尤为严重。

3）马氏体转变是不完全的，总要残留少量的奥氏体。马氏体点（*Ms* 和 *Mf*）的位置决定于奥氏体的成分。由图 4-13 可知，随着碳的质量分数的增加，*Ms* 和 *Mf* 点降低。碳的质量分数高于 0.5% 以上时，*Mf* 点已降至室温以下，这时奥氏体即使冷至室温也不能完全转变为马氏体，被保留下来的奥氏体称为残留奥氏体（A_R）。残留奥氏体量随碳的质量分数的增加而增加，如图 4-14 所示。有时为了减少淬火至室温后钢中保留的残留奥氏体量，可将其连续冷到零度以下（通常冷到 −78℃ 或该钢的 *Mf* 点以下）进行处理，这种工艺称为冷处理。

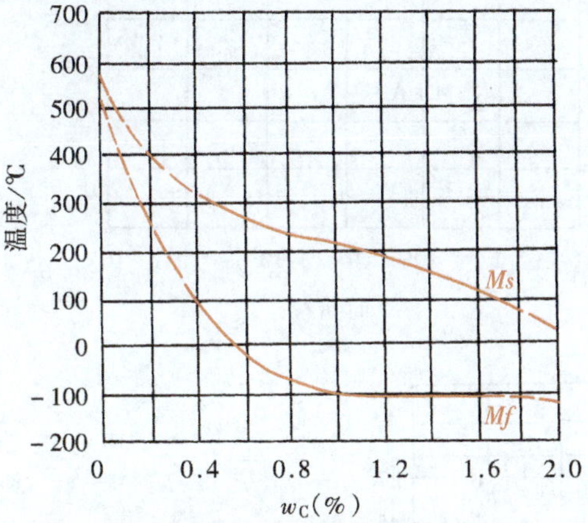

图 4-13　奥氏体碳的质量分数对 *Ms* 和 *Mf* 点的影响

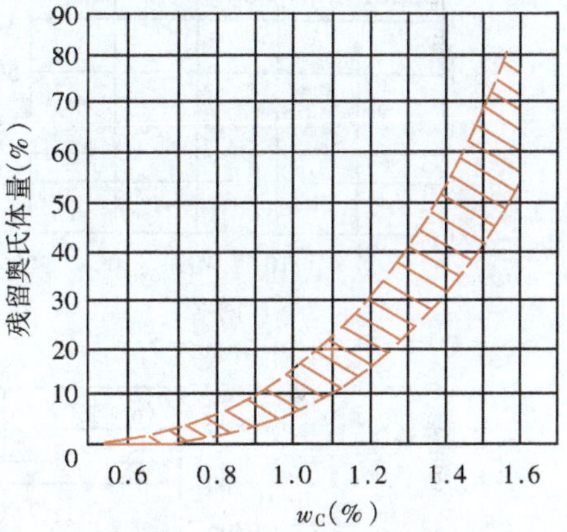

图 4-14　奥氏体碳的质量分数对残留奥氏体的影响

4）奥氏体转变为马氏体时，晶格由面心立方转变为体心正方晶格，结果使马氏体的体积增大，在钢中引起较大的淬火应力，导致淬火工件的变形和开裂。

（4）马氏体的性能　由于马氏体是含碳过饱和固溶体，其晶格畸变严重歪扭，内部又存在大量的位错或孪晶亚结构。各种强化因素综合作用后，其硬度和强度大幅度提高，而塑性、韧性急剧下降，碳的质量分数越高，强化作用越显著。

高碳针状马氏体碳的质量分数较高，晶格畸变严重，淬火应力较大，往往存在许多显微裂纹。其内部的微细孪晶破坏了滑移系，所以塑性和韧性都很差。但隐晶马氏体的韧性比前者好。

低碳板条马氏体中碳的过饱和度小，淬火应力低，不存在显微裂纹。同时其亚结构为分布不均匀的位错，低密度的位错区为位错提供了活动余地，所以板条马氏体的硬度较高，强韧性也好，已得到了广泛的应用。

三、影响等温转变图的因素

等温转变图的形状和位置对奥氏体转变速度和转变产物的性能，以及热处理工艺具有十分重要的意义。影响等温转变图形状和位置的因素主要是奥氏体的成分和加热条件。

1. 碳的质量分数

图 4-15 是亚共析钢、共析钢和过共析钢的等温转变图。与共析钢相比，亚共析钢和过共析钢等温转变图的“鼻尖”上部区域分别多出一条先共析铁素体和渗碳体的析出线。它表示非共析钢在过冷奥氏体转变为珠光体前，有先共析相析出。

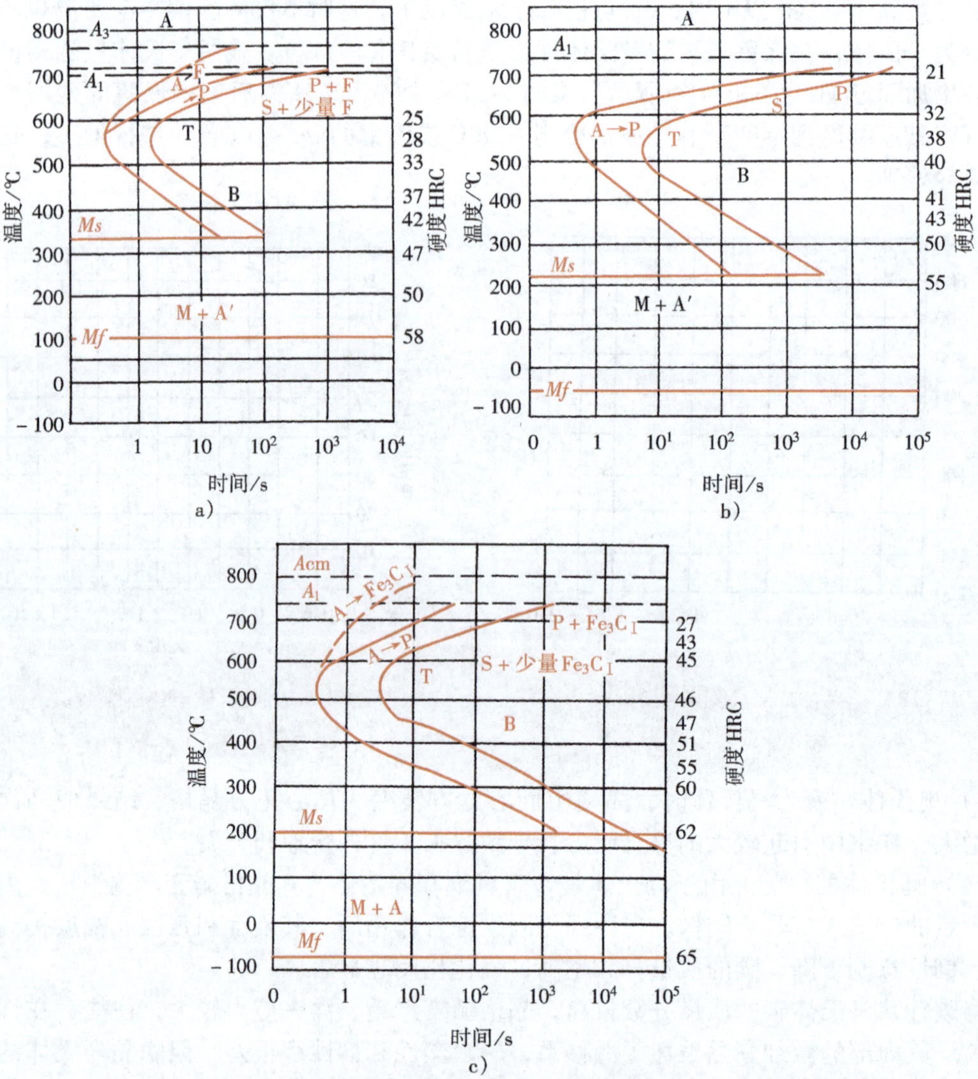

图 4-15 碳的质量分数对等温转变图的影响

a）亚共析钢的等温转变图 b）共析钢的等温转变图 c）过共析钢的等温转变图

在一般热处理加热条件下，亚共析碳钢的等温转变图随着碳质量分数的增加而向右移，过共析碳钢的等温转变图随着碳质量分数的增加而向左移。所以在碳钢中，以共析钢过冷奥氏体最稳定，等温转变图最靠右边。

2. 合金元素

除钴以外，所有的合金元素溶入奥氏体中都可增加过冷奥氏体的稳定性，使等温转变图右移。其中非碳化物形成元素或弱碳化物形成元素（如硅、镍、铜、锰等）只改变等温转变图的位置，不改变其形状。而碳化物形成元素（如铬、钼、钨、钒等）不仅使等温转变图的位置发生变化，还改变等温转变图的形状。图 4-16 为合金元素 Cr 对等温转变图的影响。

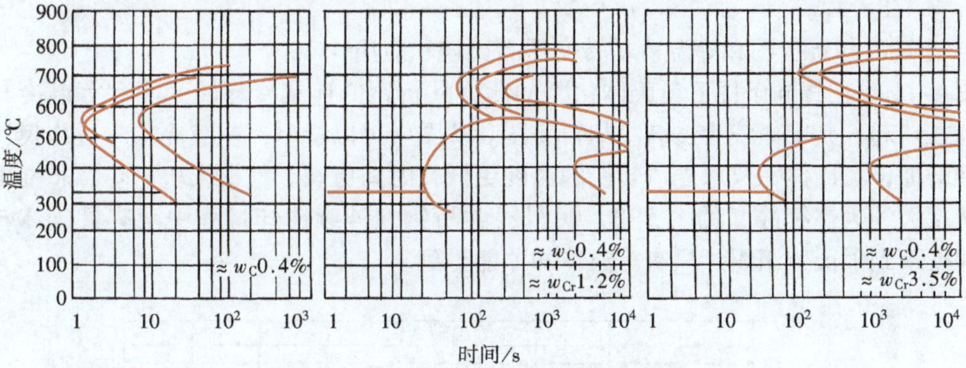

图 4-16　合金元素 Cr 对等温转变图的影响

应当指出，合金元素只有溶入奥氏体后，才能增加过冷奥氏体的稳定性。而未溶的合金化合物因利于奥氏体的分解，则降低过冷奥氏体的稳定性。

3. 加热温度和保温时间

加热温度越高，保温时间越长，碳化物溶解得越完全，奥氏体的成分越均匀，同时晶粒粗大，晶界面积越小。这一切都有利于过冷奥氏体的稳定性，使等温转变图向右移。

四、过冷奥氏体的连续冷却转变

1. 过冷奥氏体的连续冷却转变图

大多数热处理工艺都是在连续冷却过程中完成的，所以钢的连续冷却转变曲线更具有实际意义。连续冷却转变曲线是用实验方法测定的。将一组试样加热到奥氏体后，以不同的冷却速度连续冷却，测出其奥氏体转变开始点和终了点的温度和时间，并在温度-时间对数坐标系中，分别连接不同冷却速度的开始点和终了点，即可得到连续冷却转变图。图 4-17 为共析钢的连续冷却转变图，图中 *Ps* 和 *Pf* 分别为过冷奥氏体转变为珠光体的开始线和终了线，两线之间为转变的过渡区，*KK'* 线为转变的终止线，当冷却到达此线时，过冷奥氏体便终止向珠光体的转变，一直冷到 *Ms* 点又开始发生马氏体转变。所以共析钢在连续冷却过程中，不发生贝氏体转变，因而也没有贝氏体组织出现。

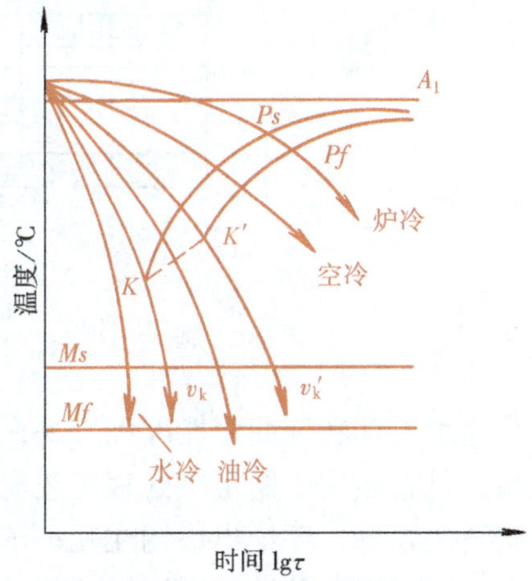

图 4-17　共析钢的连续冷却转变图

由连续冷却转变图可知，共析钢以大于 v_k 的速度冷却时，由于遇不到珠光体转变线，得到的组织全部为马氏体，这个冷却速度称为上临界冷却速度。v_k 越大，钢越易得到马氏体。冷却速度小于 v_k'时，钢全部转变为珠光体，v_k'称为下临界冷却速度。v_k'越小，退火所需的时间越长。冷却速度在 $v_k \sim v_k'$之间（如油冷）时，在到达 *KK'* 线之前，奥氏体部分转变为珠光体，从 *KK'* 线到 *Ms* 点，剩余奥氏体停止转变，直到 *Ms* 点以下，才开始马氏体转变。到 *Mf* 点，马氏体转变完成，得到的组织为 M + T，若冷却到 *Ms* 和 *Mf* 之间，则得到的组织为 $M + T + A_R$。

2. 连续冷却转变图和等温冷却转变图的比较和应用

图 4-18 是把相同条件下奥氏体化冷却测得共析钢的连续冷却转变图和等温冷却转变图叠加在一起，其中虚线为连续冷却转变图。从图中可以看出，连续冷却时过冷奥氏体的稳定性增加，奥氏体完成珠光体转变的温度更低，时间更长。根据实验，等温转变的临界冷却速度大约为连续冷却的 1.5 倍。另外，共析钢在连续冷却过程中没有贝氏体转变过程，即得不到贝氏体组织，只有等温冷却才能得到。

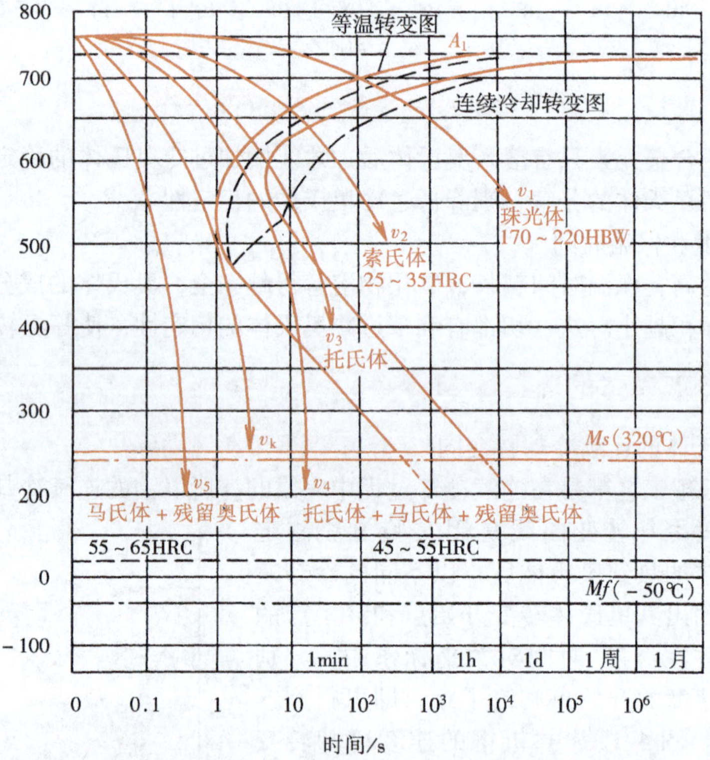

图 4-18　共析钢连续冷却转变图和等温冷却转变图的比较图

连续冷却转变曲线能准确反映在不同冷却速度下，转变温度、时间及转变产物之间的关系，可直接用于制定热处理工艺规范。一般手册中给出的连续冷却转变图中除有曲线的形状及位置外，还给出该钢在几种不同冷却速度时所经历的各种转变以及应得到的组织和硬度，还可以清楚地知道该钢的临界冷却速度等，这是制定淬火方法和选择淬火介质的重要依据。和连续冷却转变图相比，等温冷却转变图比较容易测定，并可以用其制定等温退火、等温淬火等热处理工艺规范。目前等温冷却转变图的资料比较充分，而相关的连续冷却转变图资料则比较缺乏，因此利用等温冷却转变图估算连续冷却转变产物的组织和性能仍具有重要的现实意义。如图 4-18 中，v_1 相当于炉冷（退火），转变产物为珠光体。v_2 和 v_3 相当于以不同速度的空冷（正火），转变产物为索氏体和托氏体。v_4 相当于油冷，转变产物为托氏体、马氏体和残留奥氏体。v_5 相当于水冷，转变产物为马氏体和残留奥氏体。

第三节　钢的退火和正火

在机械制造过程中，退火和正火经常作为预备热处理，用以消除铸造、锻造或焊接等热加工工件中存在的晶粒粗大，组织不均匀，成分偏析和残余应力过大等缺陷，有时也为最终热处理做好组织上的准备。通过适当的退火和正火，工件的组织细化，成分均匀，具有较好的力学性能和切削加工性能，对于一些普通的铸件、锻件、焊接件以及不重要的工件，退火和正火也可以作为最终热处理工序。

一、钢的退火

退火是将钢加热到一定温度并保温一定时间，然后随炉缓慢冷却的热处理工艺。根据退火的工艺特点和不同的目的，退火工艺可分为完全退火、等温退火、球化退火、去应力退火和扩散退火等。各种钢的退火加热温度范围如图4-19所示。保温时间可参考经验数据。

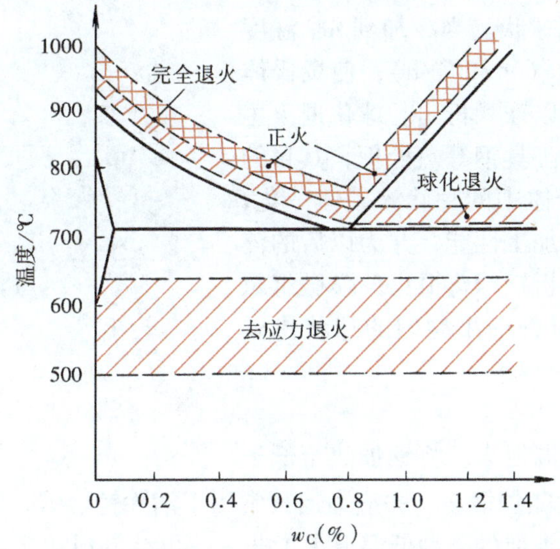

图 4-19　钢的退火和正火的加热温度范围

1. 完全退火

又称重结晶退火，一般简称退火。它是把钢加热至 Ac_3 以上 30～50℃，并保温一定时间，然后随炉缓冷。

完全退火的“完全”是指工件被加热到临界点以上获得完全的奥氏体组织，它主要用于亚共析钢和合金钢，目的是使热加工造成的粗大、不均匀的组织均匀细化；或使中碳以上的碳钢及合金钢降低硬度、改善切削加工性能。由于冷却缓慢，还可以消除残余应力。

2. 等温退火

等温退火的目的及加热过程与完全退火相同。其特点是在工件加热保温后，以较快的速度冷却到珠光体区的某一温度，在这一温度下使奥氏体转变为珠光体组织，然后再空冷。等温退火适用于处理需要降低硬度的碳钢和合金钢，转变比较容易控制。对于某些奥氏体比较稳定的合金钢，等温退火可以大大缩短工艺周期。图 4-20 为高速工具钢普通退火与等温退火的比较。

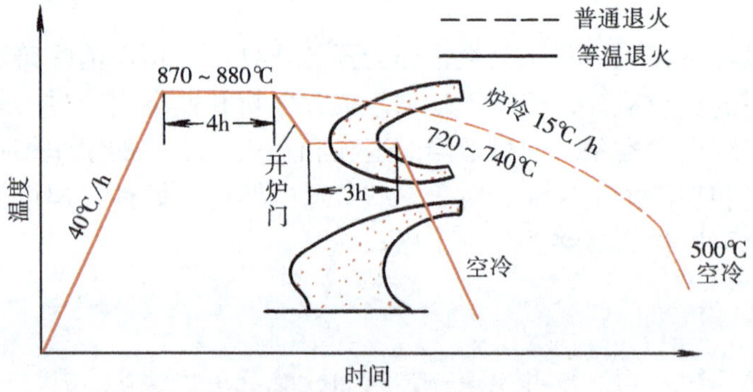

图 4-20　高速工具钢普通退火与等温退火的比较

3. 球化退火

球化退火属于不完全退火。它是将钢加热到略高于 Ac_1 的温度并保温，使钢中未溶碳化物自发地由片状变成球状。当冷却到 Ar_1 温度范围时，降低冷却速度（<30℃/h），使奥氏体在共析转变时，渗碳体以球状析出。球化退火主要用于过共析钢及合金工具钢等热处理，其目的是使二次渗碳体及珠光体中的片状渗碳体球化，以降低硬度，改善切削加工性能，并为以后的淬火做好组织准备。过共析钢球化退火的显微组织是在铁素体基体上分布着细小均匀的球状渗碳体，如图 4-21 所示。

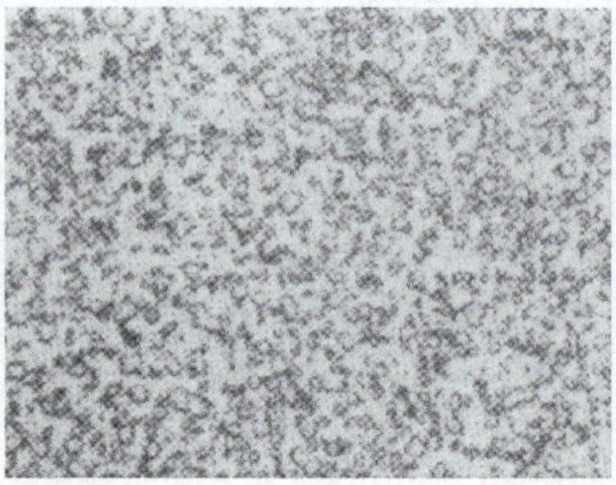

图 4-21　过共析钢球化退火的显微组织

4. 去应力退火

去应力退火又称低温退火。将钢加热至低于 A_1 的某一温度，保温后随炉缓冷。去应力退火常用于消除铸、锻、焊工件的残余应力。此外，还有与去应力退火类似的一种低温退火工艺——再结晶退火，用于消除冷变形加工产生的加工硬化现象。其工艺过程是将这类工件加热到再结晶温度以上 150～250℃，保温后缓慢冷却。再结晶退火的目的是消除残余应力、改善组织、降低硬度和提高塑性。

二、钢的正火

将钢加热到 Ac_3（对于亚共析钢）或 Ac_{cm}（对于过共析钢）点以上 30～50℃，保温一定时间后，在空气中冷却，从而得到珠光体类组织的热处理工艺称为正火。各种钢的正火加热温度范围也在图 4-19 中表明。

亚共析钢正火的主要目的是细化晶粒，消除组织中的缺陷。由于冷却较快，正火组织中珠光体片层较细，提高了钢的强度和硬度。过共析钢正火的主要目的是抑制或消除网状渗碳体。

普通结构零件的正火处理可作为最终热处理。合金钢在调质处理前均进行正火处理，以获得细密而均匀的组织。低碳钢或低碳合金钢正火后可提高硬度，改善切削加工性能。

由于正火比退火生产周期短，设备利用率高，节约能源，因此得到了广泛的应用。

第四节　钢的淬火

钢的淬火是以获得马氏体组织为目的的热处理工艺。它是**将工件加热至奥氏体化或部分奥氏体化的温度，然后以大于临界冷却速度（v_k）冷到 *Ms* 点以下，使钢发生马氏体转变。**

一、淬火的目的

1. 提高钢的硬度和耐磨性

工具、轴承等工件一般用高碳钢制造并淬火得到马氏体或下贝氏体，再进行低温回火，以提高其硬度和耐磨性。

2. 获得优异的综合力学性能

齿轮（心部）、轴类、结构件等重要机器零件，都要求具有良好的综合力学性能，即高强度和高韧性。一般用中、低碳钢制造并淬火得到马氏体，再进行高温回火。

3. 获得某些特殊的物理和化学性能

例如不锈钢、耐热钢、磁钢等，都可通过淬火使之得到一定的物理或化学性能。

二、淬火的加热温度和加热时间

1. 淬火温度的选定

可利用铁碳合金相图来确定碳钢的淬火温度，如图 4-22 所示。对亚共析钢，适宜的淬火加热温度为 Ac_3 以上 30～50℃，淬火后可获得细小均匀的马氏体组织。如果淬火加热温度不足（$<Ac_3$），则淬火后的组织中将会出现铁素体，造成硬度不足、强度降低。若淬火加热温度过高，淬火后获得粗大的马氏体组织，零件的性能变坏，同时容易引起零件变形和开裂。

对过共析钢，适宜的淬火加热温度为 Ac_1 以上 30～50℃，淬火后可获得细小均匀的马氏体和粒状渗碳体的混合组织，如图 4-23 所示，残留奥氏体比较少，钢的硬度和耐磨性都比较高。如果淬火加热温度过高（$>Ac_{cm}$），将获得粗大的马氏体组织，同时引起较严重的变形或开裂，而且由于二次渗碳体全部溶解，使奥氏体的碳的质量分数过高，从而降低了 *Ms* 点，增加了淬火钢中的残留奥氏体数量，使钢的硬度和耐磨性降低。

对于合金钢，也可参考其临界点的温度，用类似的方法确定淬火加热温度。由于合金碳化物难于溶解，所以合金钢的淬火加热温度要相应提高，有时可达临界温度以上70~100℃。

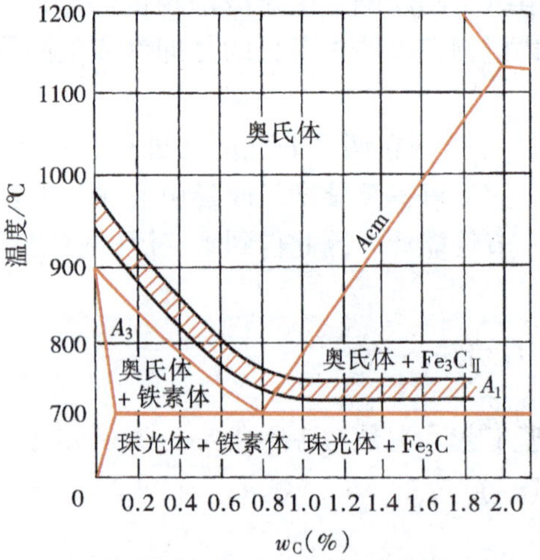

图 4-22 碳钢的淬火加热温度范围

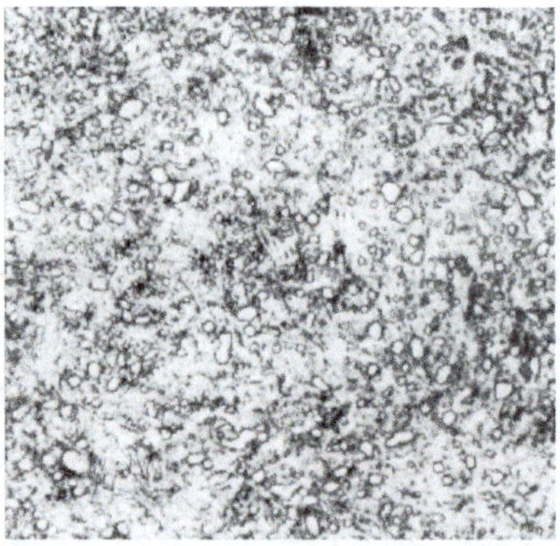

图 4-23 过共析钢正常淬火组织

2. 加热保温时间的确定

加热保温时间是受钢的化学成分、工件尺寸形状、加热炉类型等多种因素影响。一般来说，在保证工件热透和内部组织充分转变的前提下，应尽量缩短加热保温时间，以提高生产率，降低能源消耗，减少氧化脱碳，提高热处理质量。具体加热保温时间可根据经验公式估算，也可由试验来确定。

三、淬火冷却介质

淬火是为了得到马氏体，这就要求淬火冷却速度必须大于临界冷却速度，但这不可避免地会引起很大的淬火应力，可能造成零件的变形或开裂。所以选择合适的淬火剂和淬火冷却方式十分重要。

从等温转变图可知，要淬成马氏体，首先要在400~650℃范围内快冷以避免碰上C曲线的“鼻尖”。而在650℃以上，在保证不出现珠光体类组织的前提下，冷却速度应尽可能慢；在400℃以下则又要求慢冷，以减轻马氏体转变时的相变应力。图4-24为理想的淬火冷却曲线示意图。

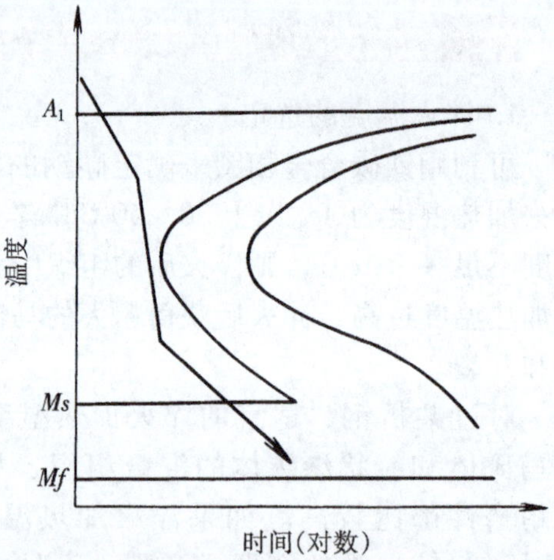

图 4-24 理想的淬火冷却曲线示意图

最常用的淬火冷却介质是水和油。水在650~550℃范围冷却能力较大（135℃/s），在300~200℃范围更大（450℃/s），容易引起零件变形或开裂，主要用于形状简单、截面较大的碳钢零件的淬火。水中加入NaCl，NaOH，Na_2CO_3和聚乙烯醇等，可改变水的冷却能力，见表4-3，以适应某些淬火操作的要求。

表4-3 常用淬火冷却介质的冷却能力

冷却介质	平均冷却速度/(℃·s⁻¹)	
	650~550℃	300~200℃
静止自来水（20℃）	135	450
静止自来水（40℃）	110	410
静止自来水（60℃）	80	185
10%食盐水溶液（20℃）	1900	1000
15%苛性钠水溶液（20℃）	2750	775
5%碳酸钠水溶液（20℃）	1140	820
全损耗系统用油 L—AN15（20℃）	60	65
全损耗系统用油 L—AN15（80℃）	70	55
0.1%聚乙烯醇合成淬火剂（26℃）	85	30
0.3%聚乙烯醇合成淬火剂（26℃）	50	100

淬火用油为各种矿物油（或植物油），在200~300℃范围冷却能力较低，有利于减少工件的变形。但在550~650℃范围的冷却能力却不够大，不利于碳钢的淬硬，所以油一般可作为合金钢的淬火冷却介质。淬火时油温对其冷却能力影响很大，一般油温越高，其粘度越低，流动性增大而冷却能力提高，超过油的燃点时会引燃着火。生产中一般油温以30~80℃为宜。油长期使用会老化，需要定期更换。

四、常用淬火方法

常用的淬火方法有**单液淬火**，**双液淬火**、**分级淬火**和**等温淬火**等，如图4-25所示，以满足不同淬火工艺的需要。

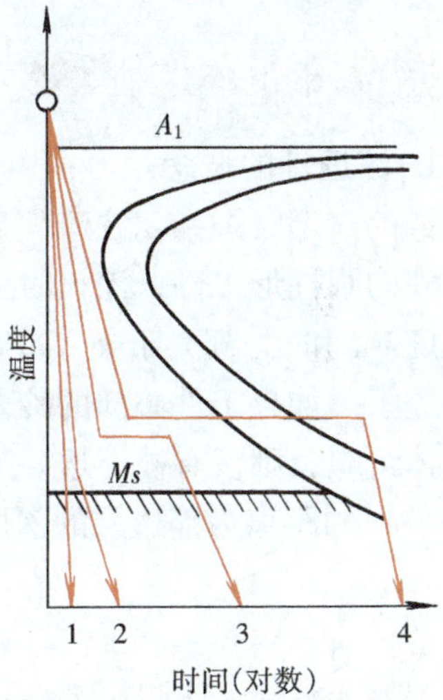

图4-25 不同淬火方法示意图
1—单液淬火 2—双液淬火
3—分级淬火 4—等温淬火

1. 单液淬火

将奥氏体化的工件放入一种介质中冷却至室温的操作方法，例如碳钢在水中淬火或合金钢在油中淬火。单液淬火法操作简单，易实现机械化，应用较广。缺点是水淬工件变形开裂倾向大，油淬冷却能力低，大件淬不硬。

2. 双液淬火

将奥氏体化的工件先在一种冷却能力较强的介质中冷却，当工件冷至300℃左右时，再在另一种冷却能力较弱的介质中冷却。例如水淬后油冷、水淬后空冷。双液淬火的优点是淬火应力小，减少了工件变形和开裂的可能性。缺点是不易控制淬火工件在水中停留的时间，对操作技术要求较高。

3. 分级淬火

先将奥氏体化的工件淬入温度稍高于 *Ms* 点的盐浴（或碱浴）中，保温适当的时间，待工件里外都达到介质温度后出炉空冷。此法可以较好地克服单液淬火法的缺点，并弥补双液淬火法的不足。但受熔盐冷却能力的限制，只适用于尺寸较小，形状复杂或截面不均匀的零件。

4. 等温淬火

将奥氏体化的工件淬入温度稍高于 *Ms* 点的盐浴中，保温足够时间，直到过冷奥氏体完全转变为下贝氏体，然后出炉空冷。等温淬火能大幅度降低工件的淬火应力，工件变形小，适用于形状复杂，精度高，并要求具有较高硬度及冲击韧性的小件，如弹簧、板牙、小齿轮等，也可用于较大截面的高合金钢零件的淬火。缺点是生产周期长，生产效率低。

分级淬火与等温淬火有些相似，但实质却不同。主要区别是分级淬火的时间很短，随后空冷时发生马氏体转变；而等温淬火的等温时间长（一般在 0.5h 以上），以保证完成贝氏体的转变。

5. 冷处理

高碳钢和合金钢的 *Mf* 点可降至零度以下，为了减少残留奥氏体以获得最大数量的马氏体，应进行冷处理，即把淬冷至室温的钢继续冷却到 -80℃或更低的温度，保持一段时间使残留奥氏体转变为马氏体。因此，冷处理可以认为是在零度以下温度的淬火。这种处理可提高钢的硬度和耐磨性，并稳定工件的尺寸，适用于量具、滚动轴承等精密零件。

五、钢的淬透性与淬硬性

1. 淬透性的概念

钢的淬透性是指钢在淬火后的淬硬层深度（又称为淬透层深度），如图 4-26 所示。一定尺寸的圆柱形工件，淬火时工件表面冷却较快，心部冷却较慢，如果工件表面和心部冷却速度 $v_{表}$ 和 $v_{心}$ 都大于临界冷却速度 $v_{临}$ 时，则整个工件的截面上都可转变为马氏体，即被淬透了。如果工件心部的冷却速度小于 $v_{临}$，心部就不能转变为马氏体，而是索氏体或托氏体组织，则没有被淬透。通常规定，从表面至半马氏体（及马氏体与非马氏体组织各占一半）的距离为淬透层的深度，如图 4-27 所示。

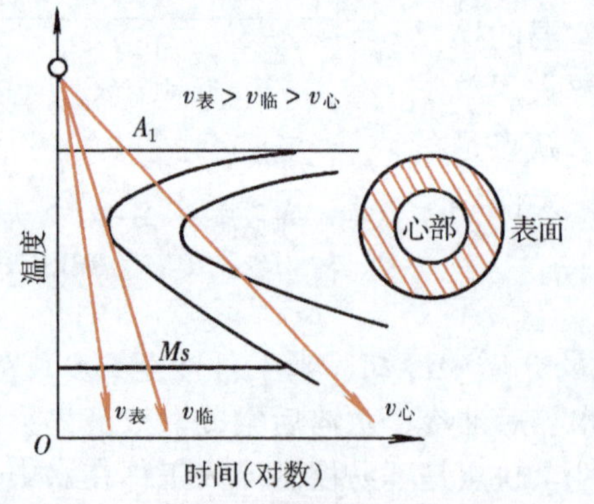

图 4-26　表面与心部不同冷却速度及未淬透工件示意图

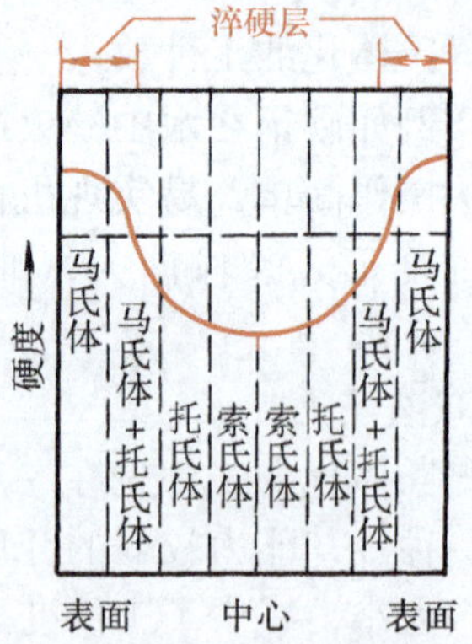

图 4-27　钢的淬透层示意图

2. 影响淬透性的因素

凡是能提高过冷奥氏体的稳定性，使等温转变图右移，从而降低临界冷却速度的因素，都能提高钢的淬透性。

(1) 碳的质量分数　在正常加热条件下，亚共析钢的等温转变图随着碳的质量分数的增加向右移，临界冷却速度降低，淬透性增大；过共析钢的等温转变图随碳的质量分数增加向左移，临界冷却速度增大，淬透性降低。

(2) 合金元素　除钴以外，大多数合金元素溶入奥氏体后均会使等温转变图向右移，降低临界冷却速度，提高钢的淬透性。

(3) 奥氏体化温度　提高奥氏体化温度将使奥氏体晶粒长大，成分更均匀化，从而减少了形核率，使过冷奥氏体更稳定，等温转变曲线向右移，提高钢的淬透性。

(4) 钢中未溶第二相　未溶入奥氏体的碳化物、氮化物及其他非金属夹杂物，由于能促进奥氏体转变产物的形核，减少过冷奥氏体的稳定性，使淬透性降低。

需要指出，工件淬火时实际得到的淬硬层深度，不仅取决于钢的淬透性，而且还受工件本身尺寸大小和淬火介质冷却能力的影响。显然工件尺寸越大，实际冷却速度就越小，故淬硬层越浅。又如，在不同介质（水或油）中淬火，由于冷却能力不同，工件得到的淬硬层深度也不同。所以，同一种钢制成的工件，水淬要比油淬、小件要比大件的淬硬层深。但决不能说水淬比油淬、小件比大件的淬透性好。只有在相同尺寸、形状及淬火条件下，才可以依据淬硬层的深度来判定钢的淬透性好坏。

3. 淬透性的测定方法

按 GB/T 225—2006 标准，测定钢的淬透性可采用**“末端淬火试验法”**，图 4-28a 为末端淬火试验法示意图。其要点是：将标准试样（ϕ25mm × 100mm）加热至奥氏体温度后，迅速喷水冷却。显然，喷水端冷却速度最大，距试样末端沿轴向距离增大，冷却速度逐渐减小。因此，末端组织应为马氏体，硬度最高。随着离水冷端的距离增大，组织和硬度也发生相应的变化。将硬度与水冷端距离的变化绘成的曲线称为淬透性曲线，如图 4-28b 所示。

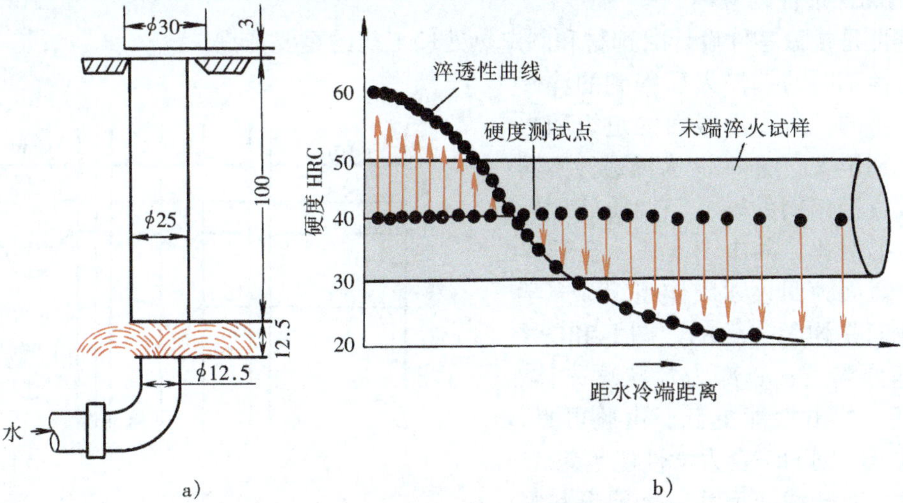

图 4-28　用末端淬火法测定钢的淬透性

a) 试样尺寸及冷却方法　b) 淬透性曲线的测定

钢的淬透性值用 $J\frac{HRC}{d}$ 表示。其中 J 表示末端淬透性，d 表示至水冷端距离，HRC 为在该处测得的硬度。例如 $J\frac{45}{5}$，即表示距水冷端 5mm 处试样硬度为 45HRC。

实际生产中也常用临界淬火直径 D_0 来衡量钢的淬透性。它是钢在某种介质中淬火时，中心可获得半马氏体的最大直径。D_0 越大表示钢的淬透性越好。表 4-4 为常用钢的临界淬火直径 D_0。

表 4-4　常用钢的临界淬火直径 D_0

钢　号	半马氏体区硬度（HRC）	D_0（水 20℃）/mm	D_0（油）/mm	钢　号	半马氏体区硬度（HRC）	D_0（水 20℃）/mm	D_0（油）/mm
35 钢	38	8～13	4～8	38CrMoAl	43	100	80
45 钢	42	13～16.5	6～9.5	65Mn	53	25～30	17～25
60 钢	47	11～17	6～12	60Si2Mn	52	55～62	32～46
20Cr	38	12～19	6～12	50CrVA	48	55～62	32～40
20CrMnTi	38	22～35	15～24	T10	55	10～15	<8
40Cr	44	30～38	19～28	GCr9	55	33	20
40MnB	44	50～55	28～40	GCr15	55	36～41	25～26
40MnVB	44	60～76	40～58	9Mn2V	55	52～57	37～38
35CrMo	43	36～42	25～34	9SiCr	55	47～51	34～36
40CrMnMo	44	>150	>110	CrWMn	55	52～57	37～38

4. 钢的淬硬性

钢在淬火后的马氏体组织所能达到的最高硬度称为钢的淬硬性。钢的淬硬性主要取决于马氏体中碳的质量分数，也就是淬火前奥氏体碳的质量分数。

5. 钢的淬透性的应用

淬透性是机械零件设计时选材和制定热处理工艺的重要依据。

淬透性不同的钢淬火后得到的淬硬层深度就不同，所以沿截面的组织和力学性能差别很大。图 4-29 为淬透性不同的钢制成直径相同的轴，经调质处理后力学性能的对比。其中图 a 表示全部淬透，整个截面为回火索氏体组织，力学性能沿截面是均匀一致的；图 b 和图 c 表示仅部分淬透，心部为片状珠光体，强度较低、冲击性能更低。由此可见，淬透性越低，钢的综合力学性能越差。

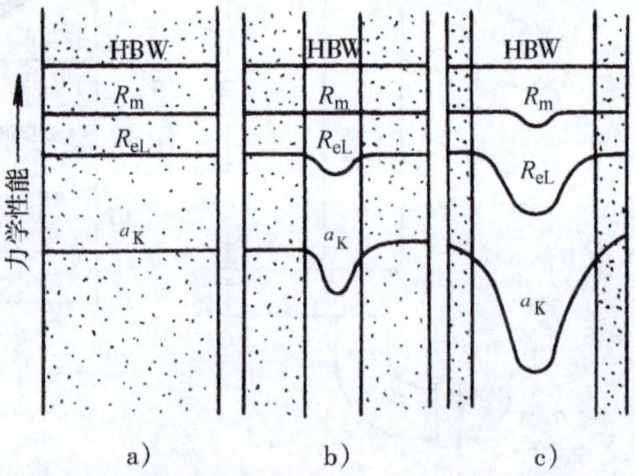

图 4-29　淬透性不同的钢调质处理后的力学性能

因此，对于截面尺寸较大或形状复杂的重要零件，以及应力状态较复杂的螺栓、连杆等零件，要求截面力学性能均匀时应选用淬透性较好的钢。对于承受弯曲和扭转力的轴类零件，在横截面上的应力分布是不均匀的，其外层受力较大，心部受力较小，可考虑选用淬透性较低的、淬硬层浅（如为半径的1/3～1/2）的钢。

另外需要注意的是，工件淬火时，由于心部的热量要从表面散出，使得心部和表面的冷却速度不同，而且截面尺寸越大，其冷却速度越低。这表明，截面尺寸不同的工件，实际淬透深度是不同的。这种随工件尺寸增大而热处理强化效果逐渐减弱的现象叫做尺寸效应。在机械设计中引用手册中的数据时，必须对此加以注意。

第五节　钢的回火

将淬火钢加热到 Ac_1 以下某一温度，经适当保温后冷却到室温的热处理工艺称为回火。

一、回火的目的

钢淬火后获得马氏体组织不是最终目的，而是通过随后的回火使马氏体发生转变，并控制转变的程度以获得不同的回火组织，使钢具有不同的性能，以满足各类零件及工具的使用要求。

另外，淬火钢硬度高、脆性大，存在着淬火内应力。淬火马氏体和残余奥氏体也都是亚稳态组织，在一定条件下，经过一定时间，它们有可能向平衡组织转变。淬火钢在组织和性能上的这些特征不仅限制了其使用，而且还会造成零件的形状、尺寸和使用性能的不稳定性，甚至使零件变形、开裂，因此钢淬火后必须进行回火处理。

二、淬火钢在回火时的组织和性能变化

淬火钢在回火过程中，随着加热温度的提高，其组织和力学性能都会发生变化。根据转变的过程和形成的组织不同，一般把回火转变分为四个阶段：

1. 马氏体的分解（<200℃）

在200℃以下加热时，马氏体中的碳以ε碳化物的形式析出，马氏体开始分解，其过饱和度减小，晶格的正方度降低，钢的体积收缩。ε碳化物是一个非平衡的过渡相，分子式为 $Fe_{2.4}C$，它以极细的片状分布在马氏体片内，并与母体保持共格关系。这种过饱和度有所降低的α固溶体和与其共格弥散分布的ε碳化物组成的组织，称为回火马氏体，用 $M_{回}$ 表示。在这个阶段，内应力有所减小，淬火钢的力学性能变化不大。

2. 残留奥氏体的转变（200～300℃）

马氏体分解为 $M_{回}$ 后因体积收缩，减小了对残余奥氏体的压力，在此温度范围内残留奥氏体可以转变成下贝氏体。残留奥氏体的转变是从200℃开始，到300℃基本完成。在这个阶段，虽然马氏体已分解为回火马氏体，降低了钢的硬度，但由于原来比较软的残留奥氏体已转变为硬的下贝氏体，使钢的硬度下降并不显著，屈服强度反而略有上升。

3. 回火托氏体的形成（250～400℃）

在此温度范围内，由于碳原子扩散能力的增大，过饱和固溶体很快转变为铁素体，ε碳化物也逐渐转变为稳定的渗碳体，由最初的薄片状变成细粒状。这种针状的铁素体和细粒状

的渗碳体组成的机械混合物，称为回火托氏体，用 $T_{回}$ 表示。在这个阶段，淬火应力大部分消除，钢的硬度、强度下降，塑性、韧性提高。

4. 碳化物的聚集长大（400℃以上）

回火托氏体中的铁素体已达到平衡浓度，但此时铁素体仍保留着原马氏体的针状外形，其内部的位错密度也很高，因此具备回复和再结晶的条件，所以在回火时针状铁素体也会发生回复和再结晶过程。当温度超过400℃时，回复已很明显。随着温度的升高，逐渐发生再结晶过程，最后形成等轴晶粒的铁素体。与此同时，渗碳体粒子也不断聚集长大，在500℃以上呈颗粒状或球状。这种由多边形的铁素体和粒状渗碳体组成的回火组织称为回火索氏体，用 $S_{回}$ 表示。在这个阶段，钢的强度、硬度进一步下降，塑性、韧性进一步上升。

在回火过程中，马氏体中碳的质量分数、残留奥氏体数量、内应力和碳化物尺寸的变化如图4-30所示。淬火钢的力学性能随回火温度的变化规律如图4-31所示。

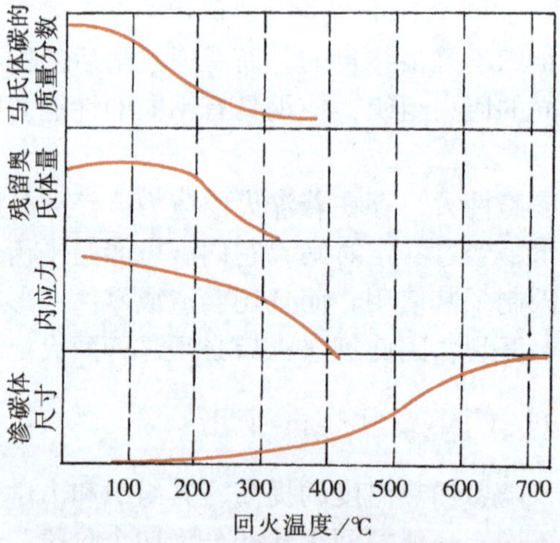

图4-30 回火过程中马氏体碳的质量分数、残留奥氏体量、内应力和碳化物尺寸的变化

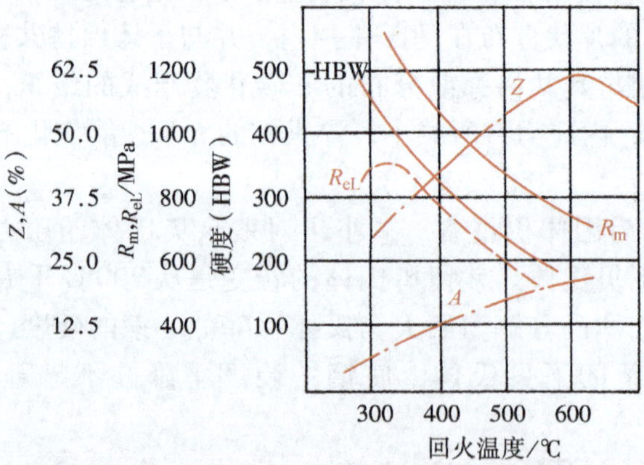

图4-31 40钢力学性能与回火温度的关系

三、回火的分类和应用

根据回火温度和对淬火钢的力学性能的要求，一般将回火分为三类：

1. 低温回火（150~250℃）

低温回火的目的是在保证淬火后工件高硬度和耐磨性的基础上，降低淬火应力，提高工件韧性。低温回火得到的是马氏体组织，硬度可达58~64HRC。常用于处理高碳工具钢、模具钢、滚动轴承钢及渗碳钢等零件。

2. 中温回火（350~500℃）

中温回火得到的组织为回火托氏体，它具有高的弹性极限、屈服极限及屈强比，同时具有一定的塑性和韧性，硬度一般为35~45HRC。常作为各种弹簧的热处理。

3. 高温回火（500~650℃）

通常把淬火后再进行高温回火处理称为调质处理。调质处理得到的是回火索氏体组织，具有良好的综合力学性能。在许多重要的机械结构件中，如受力比较复杂的连杆，重要的螺栓、齿轮及轴类零件，得到了广泛应用。中碳钢调质处理后的硬度一般为200~350HBW。

调质处理后的力学性能与正火相比，不仅强度高，而且塑性和韧性也较好。这是因为调质后得到的回火索氏体中的渗碳体呈颗粒状，而正火得到的索氏体中的渗碳体则呈片状，颗粒状的渗碳体对阻止断裂过程中裂纹的扩展比片状渗碳体更有利。

四、钢的回火脆性

淬火钢随着回火温度的升高，在某些温度范围内有冲击韧性下降的现象，称为钢的回火脆性。按出现回火脆性的温度范围可分为低温回火脆性和高温回火脆性。

1. 低温回火脆性

淬火钢在250~400℃之间回火时出现的回火脆性称为低温回火脆性，又称为第一类回火脆性。几乎所有的钢都存在这类脆性，是一种不可逆的回火脆性，其产生的原因目前还不清楚。一般不在此温度范围内回火，以避免这类回火脆性的产生。

2. 高温回火脆性

一些合金钢，尤其是含Ni、Cr、Mn等合金元素的合金钢，淬火后在400~550℃之间回火时出现的脆性现象称为高温回火脆性，又称为第二类回火脆性。关于高温回火脆性的原因，一般认为是Sb、Sn、P等杂质元素在原奥氏体偏聚，钢中的Ni、Cr、Mn等合金元素促进杂质的偏聚，而且这些元素也向晶界偏聚，从而加大了这类回火脆性的倾向。对有高温回火脆性的钢，高温回火后宜快冷来抑制回火脆性。在钢中加入W、Mo等合金元素也可以有效地抑制这类回火脆性的产生。

五、淬火、回火时常见的工艺缺陷及防止措施

在淬火和回火过程中常见的几种缺陷如下：

1. 氧化和脱碳

氧化是工件表面与加热介质中的氧或氧化性气体（如CO_2和H_2O等）作用，在金属表面生成氧化皮的现象。氧化使工件尺寸减小，表面粗糙，甚至成为废品。

脱碳是指钢表层中的碳被氧化，使钢表面的碳质量分数减少。钢的脱碳将使钢的表面硬度、耐磨性和疲劳强度下降，对工件的使用寿命影响很大。

保温时间过长或加热温度过高也能引起工件表面的氧化和脱碳。防止氧化和脱碳最有效的方法是使工件脱离氧化性介质，如采用保护气氛或真空热处理。

2. 变形与开裂

热处理变形与开裂是由淬火应力引起的，淬火应力包括热应力和组织应力。热应力是在淬火冷却时，工件表面和心部形成温差，产生不同步的收缩引起的；组织应力是在淬火过程中，工件各部分转变成马氏体时，因体积膨胀不均匀引起的内应力。当淬火应力超过钢的屈服极限时，引起工件变形；当淬火应力超过钢的强度极限时，则引起工件开裂。

变形不大的零件，可在淬火和回火后进行校直处理；但工件变形较大或出现裂纹时，零件只能报废。

减少零件变形、防止开裂的主要措施是：淬火前的组织应细小均匀；合理设计零件的形状和结构；采用适当的冷却方法（如采用双液淬火、分级淬火或等温淬火等）；淬火后及时回火等。

3. 软点与硬度不足

淬火后零件的硬度不足一般是由于淬火加热温度偏低、表面脱碳、钢的淬透性不高或冷却速度过慢等因素造成的。

淬火后工件表面局部未被淬硬的区域称为软点。造成软点的原因可能是原始组织粗大不均、冷却水中混有油、零件表面有氧化皮或不清洁、零件在冷却介质中未能适当运动等致使局部区域冷却速度过低，出现了非马氏体组织。

产生软点或硬度不足的零件应重新淬火，但重新淬火前要进行退火或正火处理。

此外，若加热温度过高或保温时间过长，将引起零件过热或过烧。过热是指晶粒过分长大，致使零件力学性能明显降低的现象。过烧是指组织中沿晶界产生了氧化或熔化的现象，零件一旦产生过烧即成为废品。

第六节　可控气氛热处理和化学热处理

一、可控气氛热处理和真空热处理

由于大多数的钢铁热处理是在空气中进行的，所以氧化与脱碳是热处理常见的缺陷之一。它不但造成钢铁材料的大量损耗，而且也使产品质量及使用寿命下降。据统计，在汽车制造业中，在氧化介质中热处理造成的烧损量占整个热处理零件重量的7.5%。另外，热处理过程中产生的氧化皮也需要在后序的加工中清理掉，既增加了工时又浪费了材料。目前防止氧化和脱碳的最有效方法是采用可控气氛热处理和真空热处理。

1. 可控气氛热处理

向炉内通入一种或几种一定成分的气体，通过对这些气体成分的控制，使工件在热处理过程中不发生氧化和脱碳，这就是可控气氛热处理。

采用可控气氛热处理是当前热处理的发展方向之一，它可以防止工件在加热时的氧化脱碳，实现光亮退火、光亮淬火等先进热处理工艺，节约钢材，提高产品质量。也可以通过调整气体成分，在光亮热处理的同时，实现渗碳和碳氮共渗。可控气氛热处理便于实现热处理过程的机械化和自动化，改善工作环境，提高劳动生产率。

根据气体与钢及钢中化合物的化学反应不同，可分为：

（1）具有氧化与脱碳作用的气体　如 O_2、CO_2 和 H_2O 等，它们在高温下都会使工件表面产生强烈的氧化和脱碳，在气氛中应严格控制。

（2）具有还原作用的气体　如 H_2 和 CO，它们不仅能保护工件在高温下不发生氧化，而且还能将已氧化的铁还原。另外，CO 还具有弱渗碳的作用。

（3）中性气体　如 N_2 在高温下与工件既不发生氧化、脱碳，也不增碳。一般做保护气氛使用。

（4）具有强烈渗碳作用的气体　如 CH_4 及其他碳氢化合物。CH_4 在高温下能分解出大量的碳原子，渗入钢表面使之增碳。

一般可控气氛往往是由 CO、H_2、N_2 及微量的 CO_2 和 H_2O 与 CH_4 等多种气体混合而成。适当调整混合气体的成分，可以控制气氛的性质，达到无氧化脱碳或渗碳的目的。

目前用于热处理的可控气氛名称和种类很多，我国目前常用的可控气氛主要有以下四大类：

（1）放热式气氛　用煤气或丙烷等与空气按一定比例混合后进行燃烧反应而制成，由于反应时放出大量的热，故称为放热式气氛。主要用于防止零件加热时的氧化，如低、中碳钢的光亮退火或光亮淬火等。

（2）吸热式气氛　用煤气、天然气或丙烷等与空气按一定比例混合后通入发生器，混合气体在外加热的环境中反应而制成，故称为吸热式气氛。其碳势（碳势是指炉内气氛与奥氏体之间达到平衡时，钢表面的碳的质量分数）可以调节和控制，可用于防止工件的氧化和脱碳，或用于渗碳处理。它适用于各种碳的质量分数高的工件的光亮退火、淬火，或低碳钢的渗碳或碳氮共渗。

（3）氨分解气氛　将氨气加热分解为氮和氢，可用来代替价格较高的纯氢作为保护气氛。主要应用于含铬较高的合金钢，如不锈钢、耐热钢的光亮退火、淬火和钎焊等。

（4）滴注式气氛　用液体有机化合物，如甲醇、乙醇、丙酮和三乙醇胺等，混合滴入热处理炉内所得到的气氛称为滴注式气氛。它只需要在原有的井式炉、箱式炉或连续炉上稍加改造即可使用。如滴注式气氛渗碳就是向井式渗碳炉内同时滴入两种有机液体，如甲醇和丙酮。甲醇分解后作为稀释气氛的载流体，丙酮分解后形成渗碳能力很强的渗碳气体。调节两种液体的滴入比例可以控制渗碳气氛的碳势。滴注式气氛主要应用于渗碳、碳氮共渗、软氮化、保护气氛淬火和退火等。

2. 真空热处理

虽然真空热处理设备的投资比较大，但金属和合金在真空热处理时会产生一些和常规热处理技术所没有的作用，是一种能得到高的表面质量的热处理新技术，目前越来越受到重视。

（1）真空热处理的效果

1）真空的保护作用。真空加热时，由于氧的分压很低，可以有效防止氧化和脱碳。同时真空热处理属于无污染的洁净热处理。

2）表面净化作用。在高真空中氧的分压很低，加热可以加速金属氧化物分解，从而获得光亮的表面。

3）脱脂作用。在机械加工时，工件不可避免地沾有油污。在真空加热时，这些油污迅速分解为氢、水蒸气和二氧化碳，很容易蒸发而被排出炉外。所以在真空热处理中，即使工件表面有轻微的油污也会得到光亮的表面。

4）脱气作用。在真空中长时间加热能使溶解在金属中的气体逸出，有利于提高钢的韧性。

5）工件变形小。在真空中加热，升温速度慢，工件截面温差小，所以处理时变形小。

（2）真空热处理的应用

1）真空退火。利用真空无氧加热的效果，进行光亮退火。主要应用有冷拉钢丝的中间退火、不锈钢的退火以及有色合金的退火等。

2）真空淬火。真空淬火已广泛应用于各种钢的淬火处理，尤其是高合金工具钢的淬火处理，保证了热处理工件的质量，大大提高了工件的性能。

二、钢的化学热处理

对于一些既要有高的表面硬度和耐磨性，心部又要有足够高的韧性的机械零件，如齿轮、轴等，若仅从选材方面去考虑，是难以兼顾的。如高碳钢的硬度虽然比较高，但韧性不足；而低碳钢的韧性比较好，但表面的硬度和耐磨性又低。通过化学热处理可以使性能和价格都比较低的低碳钢获得比较高的表面性能，所以化学热处理在实际生产中得到了广泛的应用。

化学热处理是将工件置于一定的介质中加热和保温，使介质中的活性原子渗入工件表层，改变其表面层的化学成分、组织和性能的热处理工艺。

根据渗入元素的类别，化学热处理可分为渗碳、渗氮、碳氮共渗、渗硼、渗铝等。化学热处理的主要目的是提高工件的表面硬度、耐磨性以及疲劳强度，有时也用于提高零件的耐蚀性、抗氧化性，以替代昂贵的合金钢。

1. 化学热处理的一般过程

任何化学热处理的物理化学过程基本相同，都要经过**介质分解**、**吸收和原子扩散**三个阶段。

（1）介质分解　加热分解化合物介质，释放出欲渗入元素的活性原子，如 $CH_4 \rightarrow [C] + 2H_2$，分解出的 [C] 就是具有活性的碳原子。

（2）吸收　活性原子被工件表面吸收，吸收的条件是被处理材料对这种活性原子具有一定的溶解度或能形成化合物。

（3）原子扩散　工件表面吸收的元素原子浓度逐渐升高，在浓度梯度的作用下不断向工件内部扩散，形成具有一定厚度的渗层。一般原子在金属中扩散速度比较慢，往往成为影响化学热处理速度的控制因素。因此，对一定介质而言，渗层的厚度主要取决于加热温度和保温时间。

在生产中最常用的化学热处理工艺是渗碳、渗氮和碳氮共渗。

2. 钢的渗碳

渗碳是将工件置于渗碳介质中，在一定的温度下使其表面层渗入碳原子形成渗碳层的化学热处理工艺。

渗碳可以使工件表面具有高硬度和高耐磨性，并具有较高的疲劳极限，而心部仍保持良好的塑性和韧性。渗碳主要用于表面要求耐磨，并在较大冲击载荷、交变载荷，较大的接触应力条件下工作的零件，如齿轮、活塞销、套筒等。

渗碳件一般采用低碳钢或低碳合金钢，如 20 钢、20Cr、20CrMnTi 等。渗碳层厚度一般为 0.5 ~ 2.5mm，渗碳层的碳质量分数一般控制在 1% 左右。

（1）渗碳方法　根据渗碳介质的不同，可分为固体渗碳、气体渗碳和液体渗碳，常用的是气体渗碳和固体渗碳。

1）气体渗碳　将工件装在密封的渗碳炉中，如图 4-32 所示，加热到 900 ~ 950℃，向炉内滴入易分解的有机液体（如煤油、丙酮、甲醇等），或直接通入渗碳气体（如煤气、石油液化气等）。在炉内发生下列反应，产生活性碳原子，使工件表面渗碳：

$$2CO \rightarrow CO_2 + [C]$$

$$CO + H_2 \rightarrow H_2O + [C]$$

$$C_nH_{2n} \rightarrow nH_2 + n[C]$$

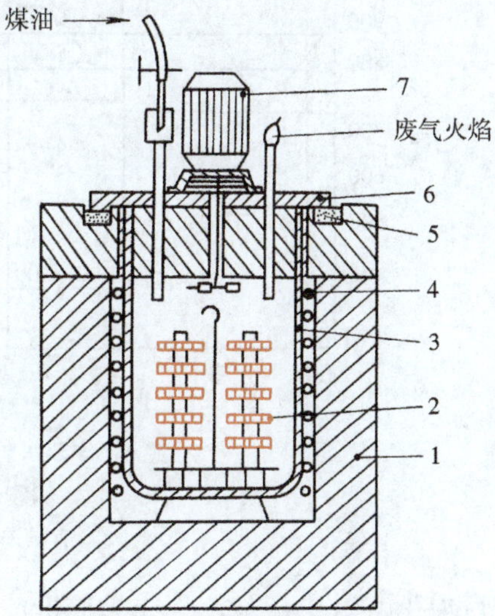

图 4-32　气体渗碳法示意图

1—炉体　2—工件　3—耐热罐　4—电阻丝　5—砂封　6—炉盖　7—风扇电动机

气体渗碳的优点是生产效率高，劳动条件较好，渗碳气氛容易控制，渗碳层比较均匀，渗碳后可直接淬火，是目前应用最多的渗碳方法。

2）固体渗碳　将工件埋入填满固体渗碳剂的渗碳箱中，加盖并用耐火泥密封，然后放入热处理炉中加热至 900 ~ 950℃，保温渗碳。固体渗碳剂一般是由一定粒度的木炭和质量分数为 15% ~ 20% 的碳酸盐（$BaCO_3$ 或 Na_2CO_3）组成；木炭提供活性碳原子，碳酸盐则起到催化的作用，反应如下：

$$BaCO_3 \rightarrow BaO + CO_2$$

$$CO_2 + C \rightarrow 2CO$$

在高温下 CO 是不稳定的，在与钢表面接触时，分解出活性碳原子（$2CO \rightarrow CO_2 + [C]$），并被工件表面吸收。

固体渗碳的优点是设备简单，尤其是在小批量生产的情况下具有一定的优越性。但生产效率低，劳动条件差，质量不易控制，目前用得不多。

（2）渗碳后的热处理　渗碳后的零件要进行淬火和低温回火处理，常用的淬火方法有三种，如图 4-33 所示。

1）直接淬火。这种方法工艺简单、经济、脱碳倾向小，生产效率高。但由于渗碳温度高，奥氏体晶粒粗大。淬火后马氏体粗大，残留奥氏体较多，所以工件表面耐磨性较低，变形较大。一般只用于合金渗碳钢或耐磨性要求比较低和承载能力低的工件。为了减少变形，渗碳后常将工件冷至 830 ~ 850℃ 后再淬火。

2）一次淬火。一次淬火法是工件渗碳后缓冷到室温，再重新加热到临界点以上保温淬火。一般对心部组织性能要求较高工件，一次淬火加热温度为 Ac_3 以上，主要是使心部

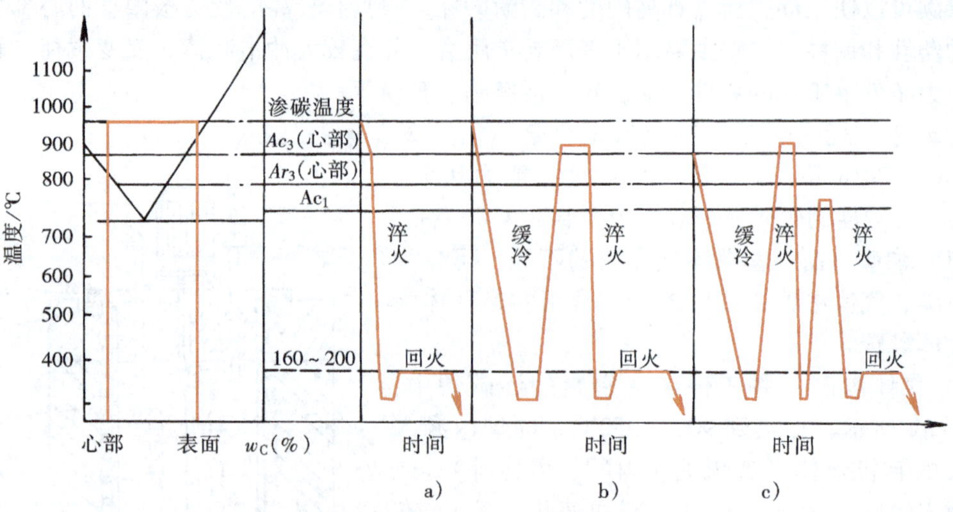

图 4-33 渗碳后的热处理

a) 直接淬火 b) 一次淬火 c) 二次淬火

晶粒细化。对于承载不大而表面性能要求较高的工件，加热温度为 Ac_1 以上 30～50℃，使表面晶粒细化，而心部组织变化不大。

3) 二次淬火。二次淬火法适用于本质粗晶粒钢或要求表面耐磨性高、心部韧性好的重负荷零件。第一次淬火加热到 Ac_3 以上 30～50℃，目的是细化心部组织并消除表面的网状渗碳体。第二次淬火加热到 Ac_1 以上 30～50℃，目的是细化表面层组织，获得细马氏体和均匀分布的粒状渗碳体。二次淬火法工艺复杂，生产周期长，成本高，变形大，一般只用于少数要求表面耐磨性好和心部韧性高的零件。

渗碳淬火后的工件要进行 150～200℃的低温回火，以消除淬火应力，提高韧性。

(3) 渗碳钢淬火、回火后的性能

1) 表面硬度高，可达 58～64HRC 以上，耐磨性好。

2) 心部塑性、韧性好。未淬硬时，心部为 138～185HBW；淬硬后的心部为低碳马氏体组织，硬度可达 30～45HRC。

3) 渗碳钢的表面层为高碳马氏体，体积膨胀大，心部为低碳马氏体（淬透时）或铁素体+托氏体（未淬透时），体积膨胀小。在表面层造成残余压应力，提高了工件的疲劳强度。

3. 钢的渗氮

向工件表面渗入氮，形成含氮硬化层的化学热处理工艺称为渗氮。渗氮的目的是提高工件表面的硬度、耐磨性、耐蚀性及疲劳强度。常用的渗氮方法有气体渗氮和离子渗氮。

(1) 气体渗氮 把工件放入密封的井式炉内加热保温，并通入氨气，其分解反应如下：

$$2NH_3 \rightarrow 2[N] + 3H_2$$

分解出的活性氮原子被工件表面吸收并向内扩散，形成一定厚度的渗氮层。渗氮层是由 ε 化合物层和 α+γ′的扩散层组成。

气体渗氮是在 500～570℃进行。渗氮后的工件表面具有很高的硬度（850～1100HV），而且可以在600℃以下硬度保持不降，所以渗氮层具有很高的耐磨性和热硬性。

工件的渗氮表面形成致密的渗氮层后具有较高的耐磨性和耐蚀性。同时，因为渗氮后工件的表面层体积膨胀，形成较大的残余压应力，使渗氮件具有较高的疲劳强度。

为了保证渗氮后的工件表面具有较高的硬度和耐磨性，同时心部也具有强而韧的组织，所以渗氮钢一般都是采用能形成稳定渗氮物的中碳合金钢，如38CrMoAlA钢。Cr、Mo、W、V、Al等合金元素能与N结合形成渗氮物，起到弥散强化的作用，使渗氮层达到很高的硬度。

与气体渗碳相比，气体渗氮有以下特点：

1）渗氮温度低，工件变形很小，渗氮后也不需要再进行其他热处理。

2）硬度高，耐磨性和耐蚀性好。

3）渗氮前零件可进行调质处理，获得均匀的回火索氏体组织，可使渗氮后的工件具有较高的强度和韧性。

4）渗氮时间长，一般需要20～50h才能使渗氮层厚度达到0.3～0.5mm。

由于渗氮工艺复杂、周期长、成本高，一般常用于耐磨性和精度都要求较高的零件，如发动机的气缸、排气阀、精密机床丝杠、镗床主轴等。

（2）离子渗氮　离子渗氮是利用直流辉光放电的物理现象来实现渗氮的，所以又称为辉光离子渗氮，图4-34是离子渗氮装置示意图。

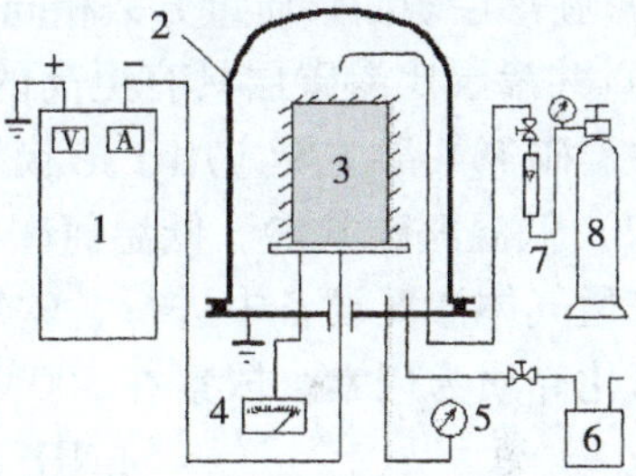

图4-34　离子氮化装置示意图

1—直流电源　2—真空室　3—工件　4—温控仪　5—真空计　6—真空泵　7—流量计　8—氨气

离子渗氮的基本原理是：将工件放入真空炉内，抽至真空度1～10Pa，然后向炉内通入氨气，使炉内的气压保持在133～1330Pa。工件接直流电源的负极（阴极），炉体接直流电源的正极（阳极），并在正负极之间接通500～900V的高压电。氨气在高压电场的作用下，部分被电离成氮和氢的正离子及电子。氮的正离子轰击工件的表面，将离子的动能转化为热能使工件表面温度升至渗氮的温度（500～650℃）。同时，离子的轰击还能产生阴极溅射效应，溅射出的铁离子在等离子体中与氮原子结合形成渗氮铁（FeN）。在高温的作用下，FeN分解为Fe_2N、Fe_3N和Fe_4N，并放出氮原子向工件内部扩散，于是在工件表面就形成了渗氮层。随着时间的增加，渗氮层逐渐加深。

离子渗氮的特点是：

1）生产周期短。以38CrMoAl为例，渗氮层厚度要求0.6mm时，气体渗氮周期为50h以上，而离子渗氮只需15～20h。节省了能源及减少了气体的消耗。

2）渗氮质量好。由于离子渗氮的阴极溅射有抑制脆性层的作用。明显提高了渗氮层的韧性和疲劳强度。

3）工件变形小。特别适用于处理精密零件和形状复杂的零件。

4）渗氮前不需去钝处理。对于一些含Cr的钢，如不锈钢，表面有一层稳定致密的钝化膜，能阻止氮的渗入。利用离子渗氮的阴极溅射可有效地去除不锈钢表面的钝化膜，解决了气体渗氮不能处理这类钢的不足。

4. 钢的碳氮共渗

钢的碳氮共渗是同时向工件表面渗入碳和氮元素的化学热处理工艺，也称为氰化处理。根据碳氮共渗的温度不同，分为中温碳氮共渗和低温氮碳共渗。

（1）中温碳氮共渗　与气体渗碳一样，碳氮共渗是将工件放入密封炉内，加热到共渗温度，向炉内滴入煤油，同时通入氨气。保温后一段时间后，工件表面就获得一定深度的共渗层。

中温碳氮共渗温度一般在 820 ~ 880℃ 范围内，保温时间 1 ~ 2h 可获得共渗层厚度 0.2 ~ 0.5mm。

中温碳氮共渗是以渗碳为主，渗层中的氮浓度为 0.2% ~ 0.3%，碳浓度为 0.85% ~ 1.0%（体积分数）。

由于碳氮共渗温度低，奥氏体晶粒较细，所以中温碳氮共渗后可直接淬火并低温回火。工件经淬火和回火后，共渗层的组织由细片状回火马氏体、适量的粒状碳氮化物以及少量的残留奥氏体组成。

与气体渗碳相比，中温气体碳氮共渗具有以下优点：

1）渗入速度快，生产周期短，生产效率高。

2）加热温度低，工件变形小。

3）在渗层表面碳质量分数相同的情况下，共渗层的硬度高于渗碳层。因此耐磨性更好。

4）共渗层比渗碳层具有更高的压应力，因而有更高的疲劳强度，耐蚀性也比较好。

中温碳氮共渗主要应用于形状复杂、要求变形小的耐磨零件。

（2）低温氮碳共渗　低温氮碳共渗是以渗氮为主，又称为气体软氮化。气体软氮化可以在普通气体渗氮设备中进行，软氮化温度在 520 ~ 570℃ 之间，时间一般为 1 ~ 6h。常用的软氮化介质为尿素。尿素在 500℃ 以上发生分解，反应如下：

$$(NH_2)_2CO \rightarrow CO + 2H_2 + 2[N]$$

$$2CO \rightarrow CO_2 + 2[C]$$

由于软氮化处理温度比较低，在上述反应，活性氮原子多于活性碳原子，加之碳在铁素体中的溶解度小，因此气体软氮化是以渗氮为主。

软氮化的特点是：

1）处理速度快，生产周期短。

2）处理温度低，零件变形小，处理前后零件精度没有显著变化。

3）渗层具有一定的韧性，不易发生剥落。

与气体渗氮相比，软氮化层的硬度比较低（一般为 400 ~ 800HV），但能赋予零件表面耐磨、耐疲劳、抗咬合和抗擦伤等性能。软氮化的缺点是渗层较薄，仅为 0.1 ~ 0.2mm。一般用于机床、汽车的小型轴类和齿轮等零件的表面硬化处理，也可用于工具、模具的最终热处理。

第七节　表面热处理及表面工程技术

据统计，约有 80% 失效的机械零件都是因为磨损、腐蚀等表面损伤造成的。随着现代工业技术的发展，对金属材料表面性能的要求越来越高。为了提高机械零件运行的可靠性，延长其使用寿命，提高产品的市场竞争力，利用表面工程技术对其进行表面改性处理已是提高材料性能的主要措施之一。

表面工程技术由众多表面技术组成，工程技术人员应根据被处理工件的材质、性能要求、使用工况、经济性等指标，制定一套合理的技术方案，以达到事半功倍的效果。

一、钢的表面淬火

表面淬火是将工件的表面层淬硬到一定深度，而心部仍保持未淬火状态的一种局部淬火法。它是利用快速加热使工件表面奥氏体化，然后迅速冷却，这样工件的表层组织为马氏体，而心部仍保持原来的退火、正火或调质处理后的组织。

表面淬火一般适用于中碳钢和中碳合金钢，也可用于高碳工具钢、低合金工具钢以及球墨铸铁等的表面硬化处理。目前应用比较多的是火焰加热表面淬火、感应加热表面淬火和激光表面淬火。

1. 火焰加热表面淬火

火焰加热表面淬火是用氧乙炔高温火焰（≈3000℃）加热工件表面，使其快速升温，加热完毕立即喷水冷却的一种热处理工艺方法，如图4-35所示。调节喷嘴到工件表面的距离和移动速度，可获得不同厚度的淬硬层。

火焰加热表面淬火的淬硬层厚度一般为2～6mm。它具有工艺及设备简单、成本低等优点，但生产效率低，工件表面易过热，淬火质量不稳定。主要用于单件、小批量生产及大型零件（如大型的轴、齿轮、轧辊等）的局部表面淬火。

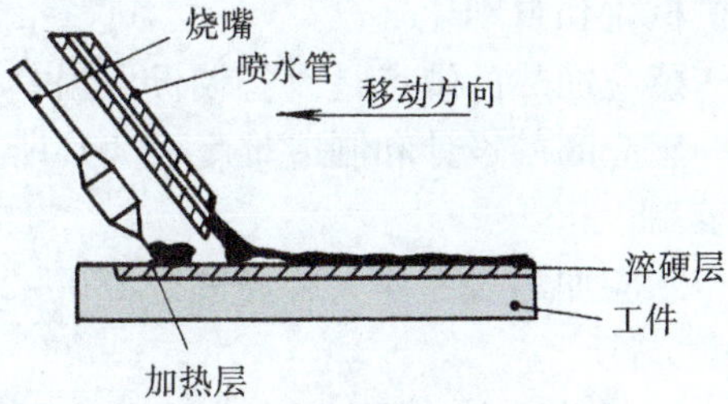

图4-35　火焰表面淬火示意图

2. 感应加热表面淬火

（1）感应加热的基本原理　在感应线圈中通以高频率的交流电，线圈内外即产生高频交变磁场。若把钢制工件置于感应线圈内，在高频磁场的作用下，钢的内部将产生感应电流（涡流），在本身电阻的作用下工件被加热。这种感应电流的密度在工件横截面上的分布是不均匀的，即在工件表面电流密度极大，而心部电流密度几乎为零，这种现象称为集肤效应。频率越高，加热层越薄。感应加热的速度很快，几秒钟内即可使工件表面温度上升至800～1000℃，而心部仍接近室温。当表层温度达到淬火温度时，立即喷水冷却，使工件表层淬硬，如图4-36所示。

感应加热淬火的淬硬层深度除与加热功率、加热时间有关外，还取决于电流的频率。频率越高，淬硬层越浅。生产中常用的感应加热淬火设备按输出频率高低可分为高频、中频和工频三大类，其交流电频率范围和淬硬深度见表4-5。

表4-5　感应加热淬火用交流电频率和淬硬深度

名　称	频率范围/Hz	淬硬深度/mm
高频	$(1\sim5)\times10^5$	0.5～2
中频	$(1.5\sim10)\times10^3$	2～5
工频	50	10～15

（2）感应加热表面淬火的特点　与一般淬火相比，感应加热表面淬火有以下特点：

1）感应加热到相变温度的速度极快，一般只有几秒或几十秒钟。

2）由于加热速度快，过热度大，形成的奥氏体晶粒细小，淬火后得到的是细小隐晶马氏体组织，因而表面硬度高，比一般淬火高2～3HRC，而且脆性较低。

3）表面淬火后，工件的表层残余压应力较高，可提高工件的疲劳强度。小工件可提高2～3倍，大工件可提高20%～30%。

4）工件表面氧化和脱碳少，而且由于心部未被加热，淬火变形小。

5）加热温度和淬硬层厚度易于控制，便于实现机械化和自动化。

感应加热的缺点是设备较贵，当零件形状复杂时，感应圈的设计和制造难度较大，所以生产成本比较高。

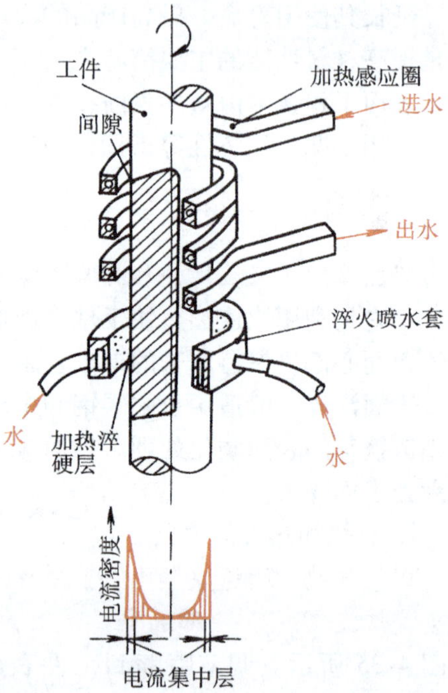

图4-36　感应加热表面淬火示意图

感应加热表面淬火后要进行180～200℃的低温回火，以降低淬火应力，保持高的硬度和耐磨性。

3. 激光加热表面淬火

激光是一种具有极高的能量密度、极高的亮度、单色性和方向性很强的强光源。激光束可以在极短的时间（1/100～1/1000s）内将工件表面加热到相变温度，然后依靠工件本身的传热实现快速冷却淬火。随着激光技术的发展，大功率激光器与激光热处理工艺在生产中的应用也越来越广泛。

激光加热表面淬火的特点是：

1）加热时间短，相变温度高，形核率高，淬火得到隐晶马氏体组织，因而表面硬度高，耐磨性好。

2）加热速度快，表面氧化与脱碳极轻，同时靠自冷淬火，不用冷却介质，工件表面清洁，无污染。

3）工件变形小，特别适于形状复杂的零件，尤其是零件的拐角、沟槽、不通孔等部位的局部热处理。

二、热喷涂技术

1. 涂层的形成与涂层结构

热喷涂是利用热能（火焰、电弧、等离子弧等）将喷涂材料加热熔化，然后在压缩气流或热源自身射流作用下，将熔化的喷涂材料雾化成微细熔滴，熔融的粒子在高速气流的带动下向前喷射，在基体表面发生碰撞、变形、冷凝，最终形成涂层，如图4-37所示。

热喷涂的过程是一个比较复杂的物理、化学和冶金的过程。热喷涂层是由无数变形粒

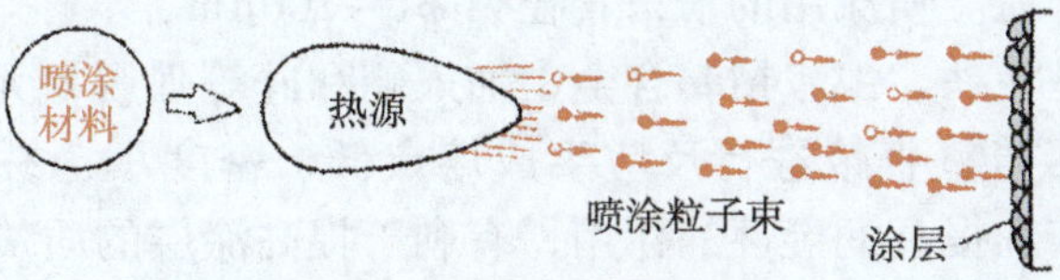

图 4-37　热喷涂示意图

子呈波浪式相互交错堆叠在一起的层叠结构，涂层内存在许多孔隙。热喷涂的孔隙率为 0.1%～20%，取决于喷涂的方法和喷涂工艺。

热喷涂涂层中的一些穿透性孔隙将降低涂层的耐蚀性能，对于一些需要在腐蚀条件下使用的喷涂件，喷涂后要进行封闭处理。

2. 涂层的结合强度

热喷涂的涂层结合强度包括涂层与基材之间的结合强度以及涂层内颗粒之间的结合强度。在热喷涂涂层中存在以下几种结合形式：

1）颗粒与颗粒之间、颗粒与基体之间因撞击成扁平状，并相互嵌合形成机械结合。

2）熔融粒子高速撞击基体表面的瞬间，高温熔融粒子与基体之间发生的元素扩散和焊合形成的冶金结合。

3）熔融粒子撞击到基材表面时，局部接触的紧密程度可以达到晶格常数的范围，这时就会产生范德华力形成的物理结合。

一般来说，热喷涂的涂层与基体之间的结合主要以机械结合为主，结合强度比较差，最高也只能达到几十兆帕。

在热喷涂过程中，熔融粒子撞击基体表面瞬间，由于快速凝固和冷却会在涂层内部产生一定的内应力。当内应力过大时，就可能使涂层产生裂纹，严重时可能导致涂层剥离。涂层厚度越大，内应力也就越大。喷涂前对基体进行预热处理和降低喷涂后的冷却速度都是减小涂层内应力，防止涂层开裂的有效措施。

3. 热喷涂材料

热喷涂材料按其形态可分为线材和粉末两大类，表 4-6 是常用的热喷涂用的线材和粉末。

表 4-6　常用热喷涂线材和粉末

类别	分类	品种
线材	金属及其合金	Zn、Al、Cu、Mo、Zn-Al、碳钢、不锈钢
粉末	金属及其合金	Zn、Al、Ni、Mo、Ni-Cr、NiCrAlY、FeCrAlY
	自熔性合金	Ni 基自熔性合金、Co 基自熔性合金、Fe 基自熔性合金
	金属氧化物	Al_2O_3、ZrO_2、Cr_2O_3、TiO_2
	包覆粉	镍包铝、铝包镍
	塑料	聚乙烯、尼龙、EVA 树脂

线材喷涂设备简单、涂层质量稳定、喷涂效率高、成本低。喷涂用的线材直径一般为 $\phi 1 \sim 3$mm。

粉末喷涂的优点在于它不受线材成形工艺的限制，各组元间可按任意比例进行调配，组成各种组合粉和复合粉。喷涂用的粉末直径为 ϕ1～100μm。

自熔性合金粉末是在铁、镍、钴基合金中加入硼和硅等强脱氧元素。粉末熔融后，硼和硅扩散到颗粒的表面与氧直接进行反应生成熔点低、密度小、易于浮出的硼酸盐复合物，可起到脱氧、造渣和提高润湿性的作用，有利于提高涂层的质量和性能。

4. 热喷涂工艺流程

热喷涂工艺流程包括工件表面的预处理→预热→喷涂打底层→喷涂工作层→喷涂后处理等。

（1）工件表面的预处理包括工件表面的净化处理和工件表面的粗化处理。

1）净化处理。清除表面油脂和锈斑。

2）粗化处理。工件表面粗化处理可以增大基体与涂层之间的结合面积，提高涂层与基体之间的结合牢度。常用的粗化方法有喷砂处理、车削加工和喷涂粘结底层等。

（2）涂层的后处理。由于喷涂层中存在大量的孔隙，对于一些需要在腐蚀条件下使用的喷涂件要在喷涂后对涂层进行封孔处理。常用的封孔剂有石蜡、树脂、硅酸钠等。

5. 热喷涂方法

根据所用热源不同，热喷涂可分为火焰喷涂、电弧喷涂、等离子喷涂和超音速喷涂。

（1）火焰喷涂　火焰喷涂是用氧—乙炔作为加热源，用燃气或惰性气流雾化并加速喷涂材料，在基体上沉积形成涂层。火焰喷涂包括线材火焰喷涂和粉末火焰喷涂。

1）线材火焰喷涂。图4-38是线材火焰喷涂原理图。喷涂用的线材被连续输送到喷嘴，在喷嘴前端被同轴火焰加热熔化并被高速气流雾化加速，喷射在基体表面形成涂层。

2）粉末火焰喷涂。图4-39是粉末火焰喷涂的原理图。喷涂粉末通过送粉管进入火焰，粉末被加热到熔融状态。在气流及焰流带动下，熔融粒子喷射到基体表面形成涂层。

火焰喷涂的焰流温度比较低，可用于金属材料和塑料的喷涂。

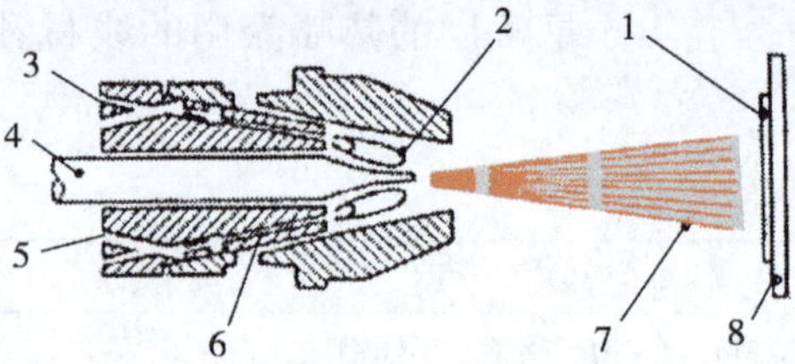

图4-38　线材火焰喷涂原理图

1—涂层　2—燃烧火焰　3—乙炔　4—线材或棒材　5—氧气　6—压缩空气　7—喷涂射流　8—基体

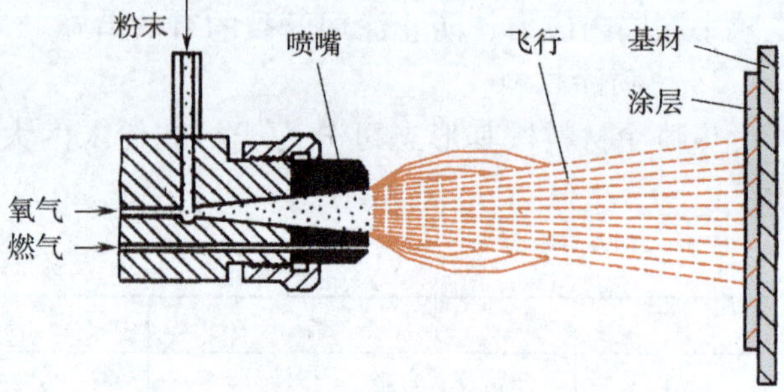

图4-39　粉末火焰喷涂原理图

（2）电弧喷涂　图4-40是电弧喷涂原理图。送丝机构将两根彼此绝缘的线材成一定角度输送到电弧喷涂枪内，两根线分别与直流低压电源的正负极相接。在喷嘴处，两根线材的顶端产生电弧使其熔化，同时压缩空气使熔融的液滴雾化并形成喷涂束流沉积在工件表面。

电弧喷涂的涂层结合强度高、设备简便、生产率高、成本低，但电弧喷涂只能用于喷涂能导电的金属线材。电弧喷涂适合在大批量钢铁构件上喷涂锌、铝等防护涂层。

（3）等离子喷涂　等离子喷涂是采用非转移等离子弧作为热源对粉末喷涂材料进行喷涂，图4-41是等离子喷涂原理图。由于等离子火焰温度高达数万度，几乎可以熔化所有难熔的金属和非金属材料。等离子弧焰流速度也很高，通常为每秒数百米，特别适合喷涂一些高熔点材料，如 Al_2O_3、ZrO_2、WC 等。等离子喷涂的质量远优于火焰喷涂层，但喷涂效率比较低，设备费用比较高，工作中噪声也比较大。

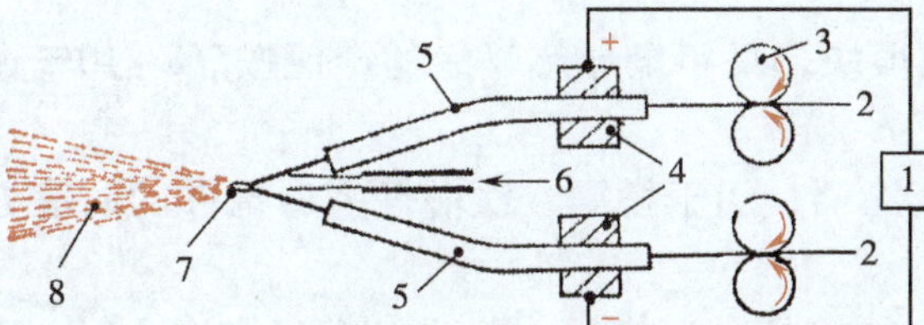

图4-40　电弧喷涂原理图

1—直流电源　2—金属丝　3—送丝滚轮　4—导电块　5—导电嘴　6—压缩空气　7—电弧　8—喷涂射流

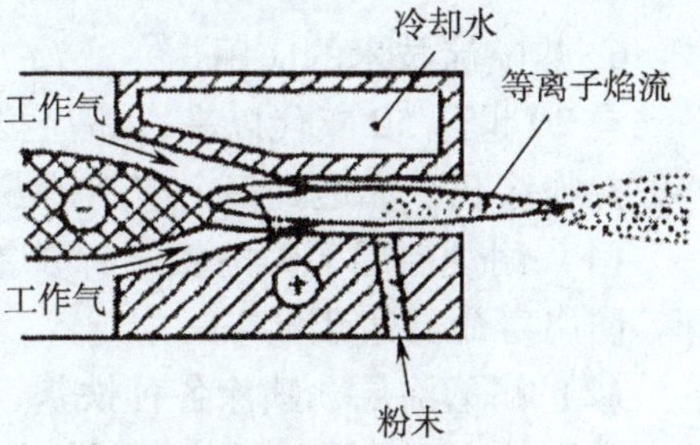

图4-41　等离子喷涂原理图

（4）超声速火焰喷涂　高速火焰喷涂（简称HVOF）是20世纪60年代初期美国Browning工程公司研究开发的喷涂新技术。由于超声速火焰喷涂的涂层非常致密，结合强度很高，已在工业中得到了越来越广泛的应用。

超声速火焰喷涂的核心是能使喷涂火焰达到超声速的机构。一定比例的燃料（煤油、乙炔、丙烯和氢气）和氧气在反应腔内燃烧形成高压气流，沿轴向送入的喷涂粉末和燃气一起穿过一个拉瓦尔（Laval）型喉颈进入长枪管，此时熔融粉末被加速，以3倍音速以上的速度喷向基板形成涂层，如图4-42所示。

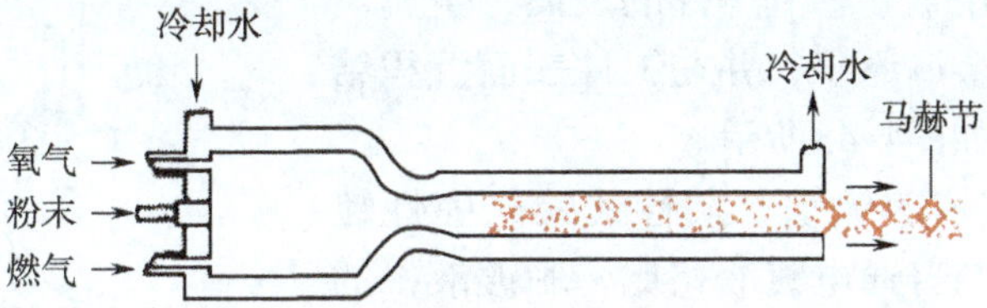

图4-42　超声速火焰喷涂原理图

超声速火焰喷涂的射流速度高，但焰流的温度相对比较低，喷涂的质量高于等离子喷涂，但超声速喷涂噪声大、成本比较高。

表4-7是常用热喷涂方法的工艺特性比较。

表4-7　常用热喷涂技术的工艺特性

比较项目	火焰喷涂	电弧喷涂	等离子喷涂	超声速火焰喷涂
热源	$O_2 + C_2H_4$	电弧加热	压缩电弧	煤油、丙烯、氢
焰流温度/℃	850～2000	8000	20000	1400～2500
颗粒速度/($m \cdot s^{-1}$)	20～80	20～300	30～800	100～1000

（续）

比较项目	火焰喷涂	电弧喷涂	等离子喷涂	超声速火焰喷涂
结合强度/MPa	>7	>10	>35	>70
最小孔隙（%）	<12	<10	<2	<0.1
最大涂层厚度/mm	0.2~1.0	0.1~3.0	0.05~0.5	0.1~1.2
喷涂成本	低	低	高	较高

6. 热喷涂技术的应用

自20世纪50年代以来，喷涂技术发展很快，每年全球热喷涂的产值按5%~10%递增，热喷涂几乎渗透到每个应用领域。

（1）耐蚀涂层　喷涂铝、锌及铝锌合金涂层，用于桥梁、铁塔等大型构件的防腐处理，防腐寿命可达几十年。

（2）耐磨涂层　喷涂各种铁基、镍基和钴基耐磨合金涂层或氧化铝耐磨陶瓷涂层，用于提高零件表面的耐磨性能，延长其使用寿命。也可用于修复因磨损失效的机械零部件。

（3）耐高温涂层　用于改善金属材料的抗高温氧化性能，如用等离子喷涂陶瓷涂层。

（4）功能涂层　如喷涂生物相容性好的羟基磷灰石涂层，使人体生物组织与种植体形成紧密结合。

三、电刷镀技术

电刷镀也叫无槽电镀，电化学原理与电镀相同。电刷镀与传统槽镀最大的区别是工件不需要浸泡在装有电镀液的镀槽中，蘸有镀液的镀笔只需在工件表面做往复运动即可实现涂镀。镀笔通常由高纯石墨制成并与刷镀电源的阳极相接，石墨外面包裹一层可以储存电镀液的绝缘布套。被镀工件接刷镀电源的负极。刷镀时，浸满镀液的镀笔以一定的压力和速度在工件表面往复移动，工件与镀笔之间的镀液中的金属离子在电场作用下迁移到工件的表面，金属离子获得电子后还原成金属原子，并在工件表面沉积结晶，形成金属镀层，如图4-43所示。

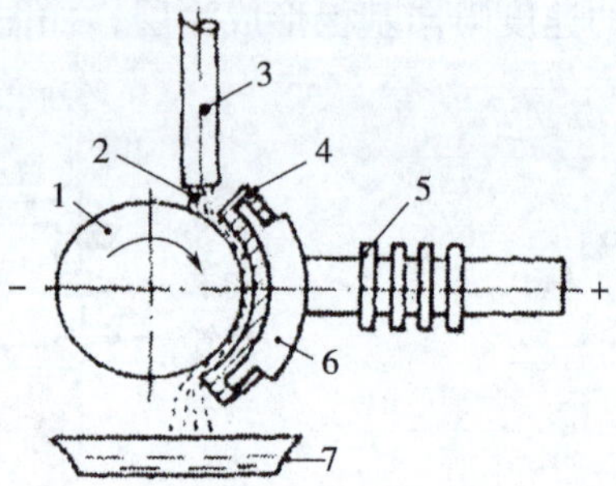

图4-43　电刷镀原理图

1—工件　2—刷镀液　3—注液管　4—包套　5—刷镀笔　6—阳极　7—托液盘

常用的刷镀液有快速镀镍、酸性镀镍、中性镀镍、低应力镀镍等。与普通电镀液相比，刷镀液中的金属离子浓度比较高，可以使用比较大的电流密度，因此电刷镀的沉积速度比较快。

电刷镀设备包括刷镀电源、刷镀笔等。刷镀电源为直流电源，输出电压可在0~50V内连续可调。电源具有输出极性换向、过电流保护和电量计量等功能，以满足刷镀工艺的要求。刷镀笔一般用高纯度石墨制造，将其加工成各种形状，以便与被镀工件的外形相吻合。为了防止短路和储存刷镀液，石墨外包有阳极包套。阳极包套可用涤纶布包裹棉花制成。

由于电刷镀具有设备简便、工艺灵活、镀层质量好、沉积速度快和环境污染小等优点，所以电刷镀技术一问世就得到了迅速发展。

电刷镀主要用于以下领域：

1）对磨损零件、加工超差零件以及表面局部损伤零件的修复，修复工作可以直接在现场进行，大大缩短了维修工期。

2）强化工件表面，使工件表面具有耐磨、耐蚀和减小摩擦系数等特殊性能，如用于模具的修理和表面强化处理。

3）完成一些槽镀难于完成的工作，如对大型构件的局部进行电镀处理。

四、化学镀技术

化学镀是在没有外电流通过的状态下，借助还原剂，通过可控制的氧化还原反应，使镀液中的金属离子还原成金属并沉积在零件表面的一种涂覆方法。

化学镀是一个催化还原的过程，还原作用仅仅发生在催化的表面上。如果被镀金属本身就是反应的催化剂，则化学镀的过程就具有自催化的作用。通过反应生成物本身对反应的催化作用使反应不断继续下去，所以化学镀又称自催化镀。

目前，用化学镀的方法可以获得镍、铜、银等单金属镀层和合金镀层，其中以化学镀镍应用最为普遍。由于化学镀镍层内含有质量分数为4%~12%的磷，所以化学镀镍也被称之为化学镀镍-磷合金。

化学镀镍层是一种无磁性的非晶态镀层，镀后的硬度比较低（≈500HV）。将化学镀镍层在一定的温度范围加热，非晶态镀镍层会转变为晶态组织，镀层的硬度也随着加热温度的升高而增加。在加热温度为400℃时，镀层的硬度达到最大值（≈1000HV）。

1. 化学镀镍溶液

化学镀镍溶液分为酸性镀液和碱性镀液两大类。酸性镀液比较稳定易于控制，沉积速度较快，镀层中磷的质量分数比较高（2%~11%）。典型的酸性化学镀镍溶液的组成、工艺及性能见表4-8。

表4-8　典型酸性化学镀镍溶液的组成、工艺和性能

镀液成分（g/L）及工艺条件	1	2
硫酸镍	20~30	20
次磷酸钠	20~25	24
醋酸钠	5	
柠檬酸钠	5	
乳酸		25
pH	4~5	4.4~4.8
温度/℃	80~90	90~94
沉积速度/($\mu m \cdot h^{-1}$)	10	10~13

2. 化学镀镍工艺

镀液温度是影响化学镀镍沉积速度的重要因素之一。镀液温度低于65℃时，沉积速度很慢。随着镀液温度的升高，沉积速度加快，但镀层中的含磷量降低。温度过高或加热不均匀还会引起镀液的自发分解。

镀液的pH值也是化学镀镍过程中重要的控制参数。化学镀镍的沉积速度随着镀液pH

值的下降而降低；但当镀液 pH 值大于 6 时，易产生亚磷酸镍沉淀，引起镀液自发分解。酸性化学镀镍液最佳的 pH 值通常为 4.2～5.0。

在化学镀镍过程中，镀液的主盐、还原剂不断地消耗，pH 值逐渐降低，亚磷酸根逐渐增多，这些都会破坏镀液的化学平衡，影响沉积速度、镀层的质量和镀液的稳定性。因此，在化学镀镍过程中要经常监测镀液的变化，按消耗量定期补充镍盐、还原剂，调整 pH 值到设定范围。为保持镀液的稳定性，定期过滤镀液也是必要的。

3. 化学镀的应用

化学镀具有一些电镀无法比拟的特点，如优良的均镀能力和深镀能力，可在形状复杂的工件表面上沉积厚度均匀的镀层。另外，化学镀 Ni－P 层具有优良的耐磨性能和耐蚀性能，已被广泛用于压力泵、纺织机械零件、汽缸、阀门和磨损件的修复等。尤其是对非金属材料制成的零件，经过化学镀镍后可以再用电镀的方法在其上沉积任何金属镀层。

五、气相沉积技术

气相沉积技术是利用气相中发生的物理、化学反应所生成的反应物在工件表面形成一层具有特殊性能的金属或化合物的涂层。自 20 世纪 80 年代以来，气相沉积技术发展迅猛，成为材料科学中最活跃的研究领域，并已经形成一个产业。

气相沉积按涂层的制备方法分为三大类：化学气相沉积技术（简称 CVD 法）、物理气相沉积技术（简称 PVD 法）和等离子体化学气相沉积技术（简称 PCVD 法）。

1. 化学气相沉积技术（CVD）

化学气相沉积是利用气态物质在固态表面进行化学反应，生成固态物质沉积在被镀工件的表面。如若在钢的表面沉积氮化钛或碳化钛涂层，可将 $TiCl_4$、H_2、N_2、CH_4 等反应气体通入到加热温度为 900～1100℃ 的反应室内，经数小时沉积后，在工件表面就形成几微米厚的氮化钛或碳化钛薄膜。

$$TiCl_4 + H_2 + N_2 \rightarrow TiN + HCl$$
$$TiCl_4 + H_2 + CH_4 \rightarrow TiC + HCl$$

由于 CVD 涂层是在高温下形成的，形成的涂层致密耐磨，厚度均匀，涂层与基体之间为冶金结合，可提高工模具的使用寿命数倍甚至十几倍。但由于 CVD 沉积温度高，工件变形大，所以只有可数的几种工模具材料能适合 CVD 工艺要求。目前 CVD 技术主要用于在硬质合金和 Cr12 型模具钢表面涂镀硬质涂层。

2. 物理气相沉积技术（PVD）

物理气相沉积是在高真空条件下，通过蒸发或溅射等物理方法使欲镀金属以原子或分子团的形式与反应气体发生反应，生成的化合物沉积在工件的表面形成涂层。

按采用的物理方法不同，物理气相沉积可分为蒸发镀膜、溅射镀膜和离子镀膜。由于离子镀膜具有沉积速率快、涂层结合强度高、工件装载量大等特点，在工业上得到越来越广泛的应用。其中多弧离子镀膜是目前物理气相沉积的主流技术，图 4-44 是多弧离子镀示意图。

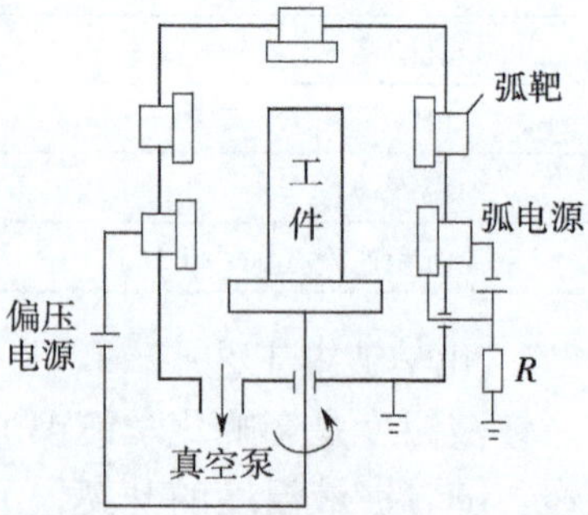

图 4-44　多弧离子镀示意图

多弧离子镀是利用真空弧光放电作为蒸发源的镀膜

技术，镀膜室内设有一个或多个由镀膜材料制成的弧靶，弧靶接阴极并用水冷却构成冷阴极，炉体接阳极，工件接负偏压。当工作压强达到或接近1Pa时，用引弧电极引燃弧靶，弧靶表面产生大量随机运动的弧光斑点，这时弧光放电电压降至接近20V，电流为几百安培，电流密度高达接近$10^6 A/cm^2$。电弧使金属蒸发，金属粒子通过电弧弧柱时被电离，在偏压作用下金属粒子沉积在基片上。

多弧离子镀的膜层均匀致密，结合牢固，真空室装载量大，沉积速率快（接近几百nm/s）。这项技术发展速度很快，已广泛用于装饰镀和工具镀，经济效益十分可观。

3. 等离子体化学气相沉积技术（PCVD）

PCVD 技术是在 CVD 技术的基础上，将等离子体引入到反应室内，使沉积温度从 CVD 的 1000℃降到 600℃以下，扩大了其应用范围。

在常规的化学气相沉积中，促使其化学反应的能量来源是热能，反应是在平衡条件下按普通化学和热力学的条件实现的。而在等离子体化学气相沉积过程中，除热能外还借助外加电场的作用，使气体放电产生非平衡的等离子体。等离子体激活了反应气体，使反应气体处于高度活性状态，大大降低了化学反应温度，实现了能在低温下进行气相沉积的目标。

PCVD 技术具有沉积温度低、均镀性好、膜与基材结合强度高、设备简单等特点，比较适合模具、刀具等的表面硬化处理。

思 考 题

4-1 何谓钢的热处理？试说明热处理同其他工艺过程的关系及其在机械制造中的地位和作用。

4-2 比较说明亚共析钢、共析钢和过共析钢完全奥氏体化的过程。

4-3 说明共析钢等温转变图的各个区、各条线的物理意义，并指出影响等温转变图形状和位置的主要因素。

4-4 试比较共析钢等温转变图和连续冷却转变图的异同点。

4-5 钢获得马氏体组织的条件是什么？与钢的珠光体及贝氏体相变比较，马氏体相变有何特点？

4-6 退火的主要目的是什么？生产上常用的退火操作有哪几种？指出退火操作的应用范围。

4-7 退火和正火的主要区别是什么？生产中应如何选择正火及退火？

4-8 淬火的目的是什么？亚共析钢和过共析钢淬火加热温度应如何选择？试从获得的组织和性能等方面加以说明。

4-9 试比较钢的表面淬火和化学热处理（渗碳、氮化）的异同点，试从组织及性能等方面分析。

4-10 表面工程技术在金属材料中应用的意义是什么？

第五章

金属材料

第一节　工业用钢

一、钢的分类和牌号

1. 钢的分类

钢的分类方法很多，最常用的是按照图 5-1，用钢的化学成分、用途、品质、成形方法或热处理金相组织等进行分类。除此之外，还可以按冶炼方法分为平炉钢、转炉钢和电炉钢；按钢的脱氧程度分为沸腾钢、半镇静钢和镇静钢。

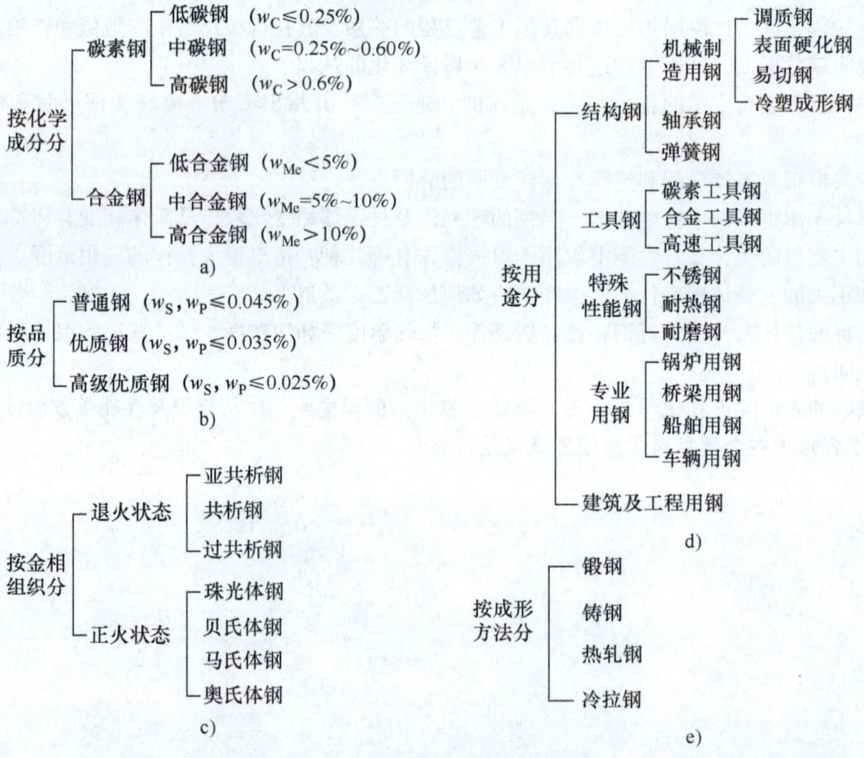

图 5-1　钢的常用分类方法

a）按化学成分分　b）按用途分　c）按金相组织分　d）按用途分　e）按成形方法分

2. 钢的牌号

我国钢材的编号是按碳的质量分数、合金元素的种类和数量以及质量级别来编号的。依据国家标准规定，钢号中的化学元素采用国际化学元素符号表示，如Si、Mn、Cr，稀土元素用“RE”表示。产品名称、用途、冶炼和浇注方法等则采用汉语拼音字母表示。表5-1是部分钢的名称、用途、冶炼方法及浇注方法用汉字或汉语拼音字母表示的代号。

表5-1 部分钢的名称、用途、特性和工艺方法表示符号

名称	牌号表示			名称	牌号表示		
	汉字	符号	位置		汉字	符号	位置
沸腾钢	沸	F	牌号尾	压力容器用钢	容	R	牌号尾
半镇静钢	半	b	牌号尾	锅炉用钢	锅	G	牌号尾
镇静钢	镇	Z	牌号尾	冷墩钢	铆螺	ML	牌号头
碳素结构钢	屈	Q	牌号头	船用锚链钢	船锚	CM	牌号头
碳素工具钢	碳	T	牌号头	钢轨钢	轨	U	牌号头
滚珠轴承钢	滚	G	牌号头	矿用钢	矿	K	牌号尾
易切削钢	易	Y	牌号头	焊接用钢	焊	H	牌号头
耐候钢	耐候	NH	牌号尾	电磁纯铁	电铁	DT	牌号头
管线用钢	管线	L	牌号头	质量等级		A-E	牌号尾

(1) 普通碳素结构钢 这类钢是用代表屈服强度的字母Q、屈服强度值、质量等级符号（A，B，C，D）以及脱氧方法符号（F，b，Z，TZ）等4部分按顺序组成。如Q235—A、F，表示屈服强度为235MPa的A级沸腾钢。质量等级符号反映碳素结构钢中硫、磷含量的多少，按A、B、C、D质量依次增高。

(2) 优质碳素结构钢 这类钢的钢号是用钢中平均碳质量分数的两位数字表示，单位为万分之一。如钢号45钢，表示平均碳质量分数为0.45%的钢。

对于锰的质量分数比较高的钢，须将锰元素标出，如 $w_C=0.50\%$、$w_{Mn}=0.70\%\sim1.00\%$ 的钢，其钢号为50Mn。

专门用途的优质碳素结构钢，应在钢号后特别标出，如 $w_C=0.15\%$ 的锅炉用钢，其钢号为15G。

(3) 碳素工具钢 这类钢的钢号前加“T”，其后是表示钢中平均碳质量分数的千分之几的数字。如 $w_C=0.8\%$ 的碳素工具钢，其钢号记为“T8”。高级优质钢则在钢号末端加“A”，如“T8A”。对于锰的质量分数比较高的钢，须将锰元素标出。

(4) 合金结构钢 该类钢的钢号由“数字+元素+数字”三部分组成。前两位数字表示钢中平均碳质量分数的万分之几；合金元素用化学元素符号表示，元素符号后面的数字表示该元素平均质量分数的百分数。当合金元素的平均质量分数 $<1.5\%$ 时，一般只标出元素符号而不标数字，当其质量分数 $\geq1.5\%$、$\geq2.5\%$、$\geq3.5\%$…时，则在元素符号后相应地标出2、3、4…。

如果钢中加有V、Ti、Al、B、RE等合金元素，尽管它们在钢中的质量分数很低，但对钢的性能影响很大，故仍应在钢号中标出它们的元素符号。如 $w_C=0.16\%$、$w_{Mn}=1.0\%\sim1.4\%$、$w_{Nb}=0.015\%\sim0.05\%$ 的钢，其钢号为“16MnNb”。

(5) 合金工具钢 该类钢号前用一位数字表示平均碳质量分数的千分数；当平均碳质

量分数 $w_C \geqslant 1\%$ 时，不标出其碳质量分数。如 9CrSi 钢，表示平均碳质量分数 $w_C = 0.9\%$，合金元素 Cr、Si 的平均质量分数都小于 1.5% 的合金工具钢；Cr12MoV 钢表示平均碳质量分数 $w_C > 1\%$、$w_{Cr} \approx 12\%$，w_{Mo} 和 $w_V < 1.5\%$ 的合金工具钢。

(6) 高速工具钢 高速工具钢的钢号中一般不标出碳质量分数，仅标出合金元素的平均质量分数的百分数。如 W6Mo5Cr4V2。

(7) 滚动轴承钢 这类钢的钢号前冠以"G"，其后为 Cr + 数字表示，数字表示铬质量分数的千分之几。如 GCr15 钢，表示铬平均质量分数 $w_{Cr} = 1.5\%$ 的滚动轴承钢。

(8) 不锈钢及耐热钢 这类钢的钢号前面数字表示碳质量分数的万分之几，如"95Cr18"表示钢的平均碳质量分数 $w_C = 0.95\%$。但当钢的碳质量分数 $w_C \leqslant 0.03\%$ 及 $\leqslant 0.08\%$ 时，钢号前应分别冠以 00 及 0 表示。如 00Cr18Ni10，0Cr19Ni9 等。

(9) 铸钢 铸钢的牌号由字母"ZG"后面加两组数字组成。第一组数字代表钢的屈服强度值，第二组数字代表钢的抗拉强度值。例如 ZG270—500 表示屈服强度为 270MPa、抗拉强度为 500MPa 的铸钢。

二、合金元素在钢中的作用

合金元素在钢中的作用极为复杂，当钢中含有多种合金元素时更是如此。下面是合金元素在钢中几个最基本的作用。

1. 强化铁素体

大多数合金元素都能溶于铁素体，产生固溶强化作用，使其强度、硬度升高，塑性和韧性下降。图 5-2 和图 5-3 为几种合金元素的质量分数对铁素体硬度和韧性的影响。由图可见，Mn、Si 能显著提高铁素体的硬度，但当 $w_{Mn} > 1.5\%$、$w_{Si} > 0.6\%$ 时，其韧性急剧降低。只有 Cr 和 Ni 比较特殊，在适当的质量分数范围内（$w_{Cr} \leqslant 2\%$、$w_{Ni} \leqslant 5\%$），不仅能提高铁素体的硬度，而且还能提高其韧性。

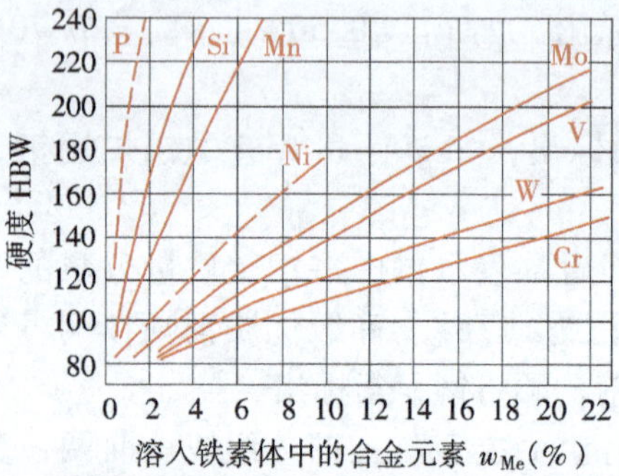

图 5-2 合金元素对铁素体硬度的影响

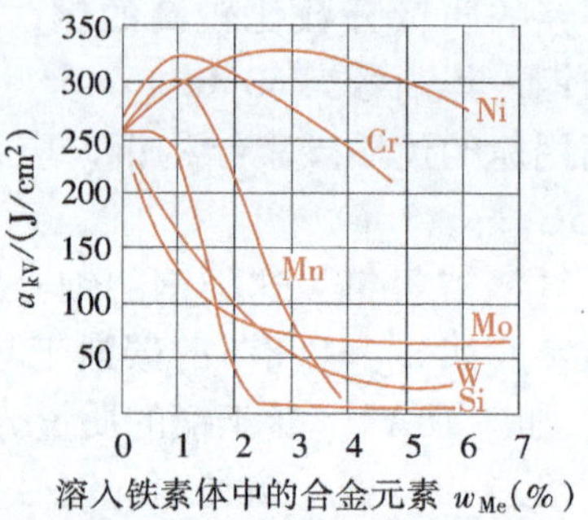

图 5-3 合金元素对铁素体韧性的影响

2. 形成合金碳化物

合金元素按其与钢中碳的亲和力大小不同可分为非碳化物形成元素和碳化物形成元素两大类。常见的非碳化物形成元素有：Ni、Co、Cu、Si、Al、N、B 等；常见的碳化物形成元素按照与碳亲和力由弱到强的排列依次是：Fe、Mn、Cr、Mo、W、V、Nb、Zr、Ti 等。钢中形成的合金碳化物主要有以下两类：

(1) 合金渗碳体 合金元素置换 Fe_3C 中的铁原子，形成合金渗碳体，如 $(FeMn)_3C$、

$(FeCr)_3C$ 等。合金渗碳体与 Fe_3C 的晶体结构相同，但比 Fe_3C 略稳定，硬度也略高，是一般低合金钢中碳化物的主要存在形式。

（2）特殊碳化物 中强或强碳化物形成元素与碳形成的化合物，其晶格类型与合金渗碳体完全不同。它主要有两种类型：

1）具有简单晶格的间隙相碳化物，如 WC、VC、TiC、Mo_2C 等。

2）具有复杂晶格的碳化物，如 $Cr_{23}C_6$、Fe_3W_3C、Cr_7C_3 等。

特殊碳化物，特别是间隙相碳化物，比合金渗碳体具有更高的熔点、硬度与耐磨性，也更稳定，不易分解。

3. 阻碍奥氏体晶粒长大

钢在加热时，几乎所有的合金元素（除 Mn 外）都能阻碍奥氏体晶粒长大，但影响程度不同。强碳化物形成元素容易形成特殊碳化物，也比较稳定，不容易分解溶入奥氏体中，可以对奥氏体晶粒长大起到机械阻碍作用。

4. 提高钢的淬透性

合金元素（除 Co 外）溶入奥氏体后，都能降低原子的扩散速度，提高过冷奥氏体的稳定性，使冷却转变曲线位置向右移动，如图 5-4 所示，临界冷却速度减小，从而提高钢的淬透性。

能显著提高钢淬透性的合金元素有 Mo、Mn、Cr、Ni 等，微量的 B（$w_B < 0.005\%$）即能显著提高钢的淬透性。多种元素同时加入要比各元素单独加入更为有效，所以淬透性好的钢多采用“多元少量”的合金化原则。

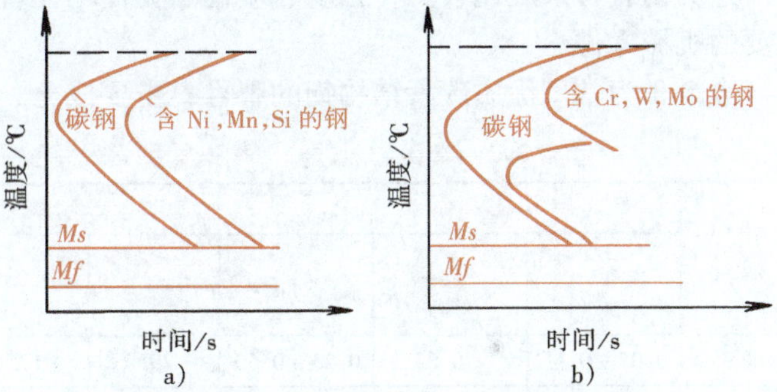

图 5-4 合金元素对 C 曲线的影响

a）非碳化物形成元素 b）碳化物形成元素

5. 提高回火稳定性

淬火钢在回火时抵抗软化的能力称为回火稳定性。回火是靠固态下的原子扩散完成的。由于合金元素溶入马氏体，使原子的扩散速度减慢，因而在回火过程中，马氏体不易分解，碳化物也不易析出聚集长大，因而提高了钢的回火稳定性。

高的回火稳定性可以使钢在较高温度下仍能保持高的硬度和耐磨性。钢在高温（>550℃）下仍保持高的硬度（≥60HRC）的能力叫做热硬性。这种性能对切削工具钢具有重要的意义。

三、结构钢

1. 碳素结构钢

这类碳钢中的碳质量分数一般为 0.06%～0.38%，钢中有害杂质相对较多，但价格便宜，多用于要求不高的机械零件和一般的工程构件。通常轧制成钢板或各种型材供应。表 5-2为碳素结构钢的牌号、主要成分、力学性能及用途。

表 5-2 碳素结构钢的牌号、主要成分、力学性能及用途

牌号	等级	化学成分（%）			力学性能			用途
		w_C	$w_S \leqslant$	$w_P \leqslant$	R_{eL}/ MPa	R_m/ MPa	A_5(%)≥	
Q195	—	0.06～0.12	0.050	0.045	195	315～390	33	塑性好，有一定的强度，用于制造受力不大的零件，如螺钉、螺母、垫圈等，焊接件、冲压件及桥梁建设等金属结构件
Q215	A	0.09～0.15	0.050	0.045	215	335～410	31	
	B		0.045					
Q235	A	0.14～0.22	0.050	0.045	235	375～460	26	
	B	0.12～0.20	0.045					
	C	≤0.18	0.040	0.040				
	D	≤0.17	0.035	0.035				
Q255	A	0.18～0.28	0.050	0.045	255	410～510	24	强度较高，用于制造承受中等载荷的零件，如小轴、销子、连杆等
	B		0.045					
Q275	—	0.28～0.38	0.050	0.045	275	490～610	20	

2. 优质碳素结构钢

这类钢有害杂质比较少，强度、塑性、韧性均比普通碳素结构钢好。主要用于制造较重要的机械零件。

表 5-3 为常用优质碳素结构钢的牌号、主要成分、力学性能及用途。

表 5-3 常用优质碳素结构钢的牌号、主要成分、力学性能及用途

牌号	主要成分（%）			力学性能			用途
	w_C	w_{Si}	w_{Mn}	R_m/MPa	R_{eL}/MPa	A_5(%)	
				不小于			
08F	0.05～0.11	≤0.03	0.25～0.50	295	175	35	受力不大但要求高韧性的冲压件、焊接件、紧固件等，渗碳淬火后可制造要求强度不高的耐磨零件，如凸轮、滑块活塞销等
08	0.05～0.12	0.17～0.37	0.35～0.65	325	195	33	
10	0.07～0.14	0.17～0.37	0.35～0.65	335	205	31	
15	0.12～0.19	0.17～0.37	0.35～0.65	375	225	27	
20	0.17～0.24	0.17～0.37	0.35～0.65	410	245	25	
30	0.27～0.35	0.17～0.37	0.50～0.80	490	295	21	负荷较大的零件，如连杆、曲轴、主轴、活塞销、表面淬火齿轮、凸轮等
35	0.32～0.40	0.17～0.37	0.50～0.80	530	315	20	
40	0.37～0.45	0.17～0.37	0.50～0.80	570	335	19	
45	0.42～0.50	0.17～0.37	0.50～0.80	600	355	16	
50	0.47～0.55	0.17～0.37	0.50～0.80	630	375	14	
55	0.52～0.60	0.17～0.37	0.50～0.80	645	380	13	
65	0.62～0.70	0.17～0.37	0.50～0.80	695	410	10	要求弹性极限或强度较高的零件，如轧辊、弹簧、钢丝绳、偏心轮等
65Mn	0.62～0.70	0.17～0.37	0.90～1.2	735	430	9	
70	0.67～0.75	0.17～0.37	0.50～0.80	715	420	9	
75	0.72～0.80	0.17～0.37	0.50～0.80	1080	880	7	

3. 普通低合金结构钢

普通低合金结构钢的成分特点是低碳（w_C <0.20%）、低合金（一般合金元素总量

w_{Me}<3%)、以 Mn 为主加元素。Mn、Si 的主要作用是强化铁素体；V、Ti、Nb 等主要是细化晶粒，提高钢的塑性和韧性；少量的 Cu 和 P 可以提高钢的耐蚀性；加入少量的稀土元素主要是起脱硫、除气作用，进一步改善钢的性能。

这类钢具有高的屈服强度、良好的韧性和塑性，其屈服强度比碳钢提高 30%~50% 以上。这类钢还具有良好的焊接性能，用它来制作金属结构可以减轻重量，节约钢材。

这类钢通常是在热轧退火（或正火）状态下使用的，其组织为铁素体+珠光体。被广泛用于桥梁、船舶、车辆、建筑、锅炉、高压容器、输油输气管道等。

表 5-4 列出了我国生产的几种常用普通低合金结构钢的成分、性能及用途。

表 5-4 常用普通低合金结构钢的成分、性能及用途

牌号	钢材厚度或直径/mm	力学性能			使用状态	用途
		R_m/MPa	R_{eL}/MPa	A_5(%)		
09MnV	≤16	430~580	≥295	≥23	热轧或正火	车辆中的冲压件、建筑金属构件、冷弯型钢
	>16~25		≥275			
09Mn2	≤16	440~590	≥295	≥22	热轧或正火	低压锅炉、中低压化工容器、输油管道、储油罐等
	>16~30	420~570	≥275	≥22		
16Mn	≤16	510~660	≥345	≥22	热轧或正火	各种大型钢结构、桥梁、船舶、锅炉、压力容器、电站设备等
	>16~25	490~640	≥325	≥21		
15MnV	>4~16	530~680	≥390	≥18	热轧或正火	中高压锅炉、中高压石油化工容器、车辆等焊接构件
	>16~25	510~660	≥375	≥18		
16MnNb	≤16	530~680	≥390	≥20	热轧	大型焊接结构，如容器、管道及重型机械设备、桥梁等
	>16~20	510~660	≥375	≥19		
14MnVTiRE	≤12	550~700	≥440	≥19	热轧或正火	大型船舶、桥梁、高压容器、重型机械设备等焊接结构件
	>12~20	530~680	≥410	≥19		

4. 渗碳钢

渗碳钢通常是指经渗碳、淬火、低温回火后使用的钢，主要用于制造表面承受强烈摩擦和磨损，同时承受动载荷，特别是冲击载荷的机器零件。这类零件都要求表面具有高的硬度、耐磨性和接触疲劳强度，心部要有较高的强度和足够的韧性。

渗碳钢可分为碳素渗碳钢和合金渗碳钢。碳素渗碳钢的平均碳质量分数一般在 0.10%~0.20%，淬透性低，仅能在表面获得高的硬度，而心部则得不到强化，只适用截面比较小的渗碳件。合金渗碳钢的平均碳质量分数一般在0.10%~0.25%，加入 Ni、Mn、B 等合金元素，以提高钢的淬透性，使零件在渗碳淬火后表面和心部都能得到强化。加入少量的 V、W、Mo、Ti 等碳化物形成元素，可防止高温渗碳时晶粒长大，起到细化晶粒的作用。

合金渗碳钢热处理后渗碳层的组织由回火马氏体+粒状合金碳化物+少量残留奥氏体组成，表面硬度一般为 58~64HRC。心部组织与钢的淬透性及工件截面尺寸有关，完全淬透时为低碳回火马氏体，硬度为 40~48HRC；多数情况下，是由托氏体+回火马氏体+少量铁素体组成，硬度为 25~40HRC，这样就可以达到“表硬里韧”的性能。

常用渗碳钢的牌号、热处理、性能及用途见表5-5。

表5-5 常用合金渗碳钢的牌号、热处理、性能及用途

牌号	试样尺寸/mm	热处理/℃				力学性能（不小于）					用途
		渗碳	第一次淬火	第二次淬火	回火	R_m/MPa	R_{eL}/MPa	A_5(%)	Z(%)	α_k(J·cm^{-2})	
20Cr	15	930	880 水油	780 水～820 油	200	835	540	10	40	60	用于30mm以下受力不大的渗碳件
20CrMnTi	15	930	880 油	870 油	200	1080	853	10	45	70	用于30mm以下承受高速中载荷的渗碳件
20SiMnVB	15	930	850～880 油	780～800 油	200	1175	980	10	45	70	代替20CrMnTi
20Cr2Ni4	15	930	880 油	780 油	200	1175	1080	10	45	80	用于承受高负荷的重要渗碳件如大型齿轮

5. 调质钢

调质钢一般指经过调质处理后使用的碳素结构钢和合金结构钢。大多数调质钢属于中碳钢。调质处理后，钢的组织为回火索氏体。调质钢具有高的强度和良好的塑性与韧性，常用于制造一些要求具有良好综合力学性能的重要零件，如轴类、齿轮等。

（1）调质钢的化学成分特点

1）碳质量分数为0.27%～0.50%。碳质量分数过低时不易淬硬，回火后不能达到所需要的强度；碳质量分数过高将造成韧性偏低。

2）合金调质钢中的主加合金元素有Cr、Mn、Ti、Si等，目的是提高调质钢的淬透性。

3）加入能防止第二类回火脆性的合金元素，如Mo、W等。

（2）调质钢的淬透性。按钢的淬透性高低，合金调质钢大致可分为三大类：

1）低淬透性合金调质钢。这类钢的油淬临界直径为30～40mm，典型的钢种是40Cr，广泛用于制造一般尺寸的重要零件。

2）中淬透性合金调质钢。这类钢的油淬临界直径为40～60mm，典型钢种有35CrMo等，用于制造截面较大的零件，如曲轴、连杆等。

3）高淬透性合金调质钢。这类钢的油淬临界直径为60～100mm，如40CrNiMo，用于制造大截面、重载荷的重要零件，如汽轮机和航空发动机轴等。

（3）调质钢的热处理特点　将调质钢加热至约850℃左右（$>Ac_3$）然后淬火。淬火介质可以根据钢件尺寸大小和钢的淬透性高低加以选择。除碳钢外，一般合金调质钢零件可以在油中淬火；合金元素的质量分数较高、淬透性特别大的钢件，甚至在空冷时都能获得马氏体组织。

淬火后的调质钢必须进行回火处理，以消除应力，增加韧性。调质钢一般在500～650℃的高温进行回火处理。

常用合金调质钢的牌号、热处理、性能及用途见表5-6。

表 5-6 常用合金调质钢的牌号、热处理、性能及用途

牌号	试样尺寸/mm	热处理/℃		力学性能（不小于）					用途
		淬火	回火	R_m/MPa	R_{eL}/MPa	A_5(%)	Z(%)	α_k(J·cm^{-2})	
40Cr	25	850 油	520 水油	980	785	9	45	60	作重要调质件，如轴类、连杆螺栓、汽车转向节、齿轮等
40MnB	25	850 油	500 水油	930	785	10	45	60	代替 40Cr
30CrMnSi	25	880 油	520 水油	1100	900	10	45	50	用于飞机重要件，如起落架、螺栓、对接接头、冷气瓶等
35CrMo	25	850 油	550 水油	980	835	12	45	80	用作重要的调质件，如锤杆、轧钢曲轴，是 40CrNi 的代用钢
38CrMoAlA	25	940 水油	640 水油	980	835	14	50	90	作为需氮化的零件，如镗杆、磨床主轴、精密丝杠、量规等
40CrMnMo	25	850 油	600 水油	1000	800	10	45	80	作受冲击载荷的高强度件，是 40CrNiMo 钢的代用钢
40CrNiMoA	25	850 油	600 水油	980	835	12	55	78	作重型机械中高负荷的轴类、直升飞机的旋翼轴、汽轮机轴等

（4）应用实例　连杆螺栓是发动机中一个重要的连接零件，要承受周期冲击性的载荷，因此需要有足够的强度、冲击韧性和抗疲劳强度。连杆螺栓一般用 40Cr 钢制作，其生产工艺路线如下：

下料→锻造→退火（或正火）→粗机械加工→调质→精加工→装配

调质热处理工艺如图 5-5 所示。经调质热处理后金相组织应为回火索氏体，硬度大约为 30～38HRC。

6. 弹簧钢

弹簧是各种机械和仪表中的重要零件。由于弹簧都是在动负荷下使用，因此要求弹簧钢必须有高的抗拉强度、高的屈强比和高的疲劳强度，同时还要求有较好的淬透性和低的脱碳敏感性，在冷热状态下容易卷绕成型。

（1）弹簧钢的化学成分　弹簧钢的碳质量分数一般为 0.6%～0.9%。碳素弹簧钢（如 65 钢、75 钢等）的淬透性比较差，当其截面尺寸超过 12mm 时，在油中就不能淬透；若

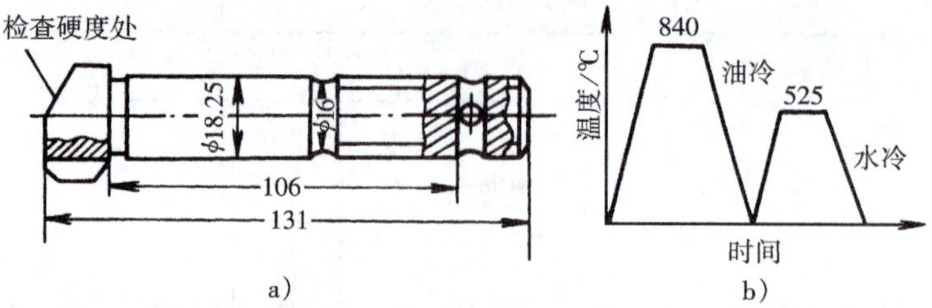

图 5-5 连杆螺栓及其热处理工艺
a) 连杆螺栓零件图 b) 热处理工艺流程图

用水淬则容易产生裂纹。因此，对于截面尺寸较大，承受较重负荷的弹簧都是用合金弹簧钢制造。

合金弹簧钢的 w_C 一般为0.45～0.75%，钢中合金元素有Si、Mn、Cr、W、V等，主要是提高钢的淬透性和回火稳定性，强化铁素体和细化晶粒，提高弹性极限和屈强比。

（2）弹簧钢加工工艺 弹簧钢按加工工艺可分为热成形弹簧和冷成形弹簧两种：

1）热成形弹簧 在加热状态下成形，成形后利用余热立即淬火。淬火后的弹簧根据使用要求采用450～550℃中温回火处理，最终得到回火托氏体组织。热成形法一般用来制作截面比较大的弹簧。

2）冷成形弹簧 小尺寸弹簧通常用冷拔弹簧钢丝（片）绕制而成。用这种钢丝冷绕制成的弹簧只需进行一次200～300℃的去应力回火，使弹簧定形即可使用。

常用合金弹簧钢的牌号、热处理、性能和用途见表5-7。

表 5-7 常用合金弹簧钢的牌号、热处理、性能和用途

牌号	热处理/℃		力学性能（不小于）				用途
	淬火	回火	R_m/MPa	R_{eL}/MPa	A_{10}(%)	Z(%)	
55Si2Mn	870 油	480	1300	1200	6	30	用于工作温度低于230℃，φ20～30mm的减振弹簧、螺旋弹簧
60Si2Mn	870 油	480	1300	1200	5	25	同上
50CrVA	850 油	500	1300	1150	$\delta_5$10	40	用于φ30～50mm，工作温度低于400℃的弹簧、板簧
60Si2CrVA	850 油	410	1900	1700	$\delta_5$6	20	用于φ<50mm的弹簧，工作温度低于250℃的重型板簧与螺旋弹簧
55SiMnMoVNb	880 油	550	1400	1300	7	35	用于φ<75mm的弹簧或重型汽车板簧

7. 滚动轴承钢

滚动轴承在工作时，滚动体（滚珠或滚柱）和轴承内外套圈均承受周期性交变载荷，循环受力次数每分钟可达数万次。由于它们之间接触面积很小，接触应力可高达数千兆

帕。另外，轴承的滚动体和套圈之间不仅存在着滚动摩擦，而且也存在相对滑动摩擦。因此，滚动轴承一般都是因为疲劳破坏或磨损而失效。另外，滚动轴承一般工作在润滑油中，所以要具有一定的耐蚀能力。

（1）化学成分　滚动轴承钢一般都是高碳铬钢，其 $w_C \approx 0.95\% \sim 1.10\%$、$w_{Cr} \approx 0.40\% \sim 1.65\%$，尺寸较大的轴承可采用铬锰硅钢。

碳质量分数高是为了保证轴承钢的高强度、高硬度和高耐磨性。铬的主要作用是增加钢的淬透性，铬与碳所形成的 $(FeCr)_3C$ 能阻碍奥氏体晶粒长大，减小钢的过热敏感性，使淬火后能获得细针状或隐晶马氏体组织。铬还有利于提高回火稳定性。

对于大型轴承钢，在 GCr15 的基础上加入适量的 Si（$w_{Si}=0.40\% \sim 0.65\%$）和 Mn（$w_{Mn}=0.90\% \sim 1.20\%$），可以进一步改善钢的淬透性，在提高钢的强度和弹性极限的同时，不降低韧性。

（2）热处理特点　轴承钢的热处理工艺主要为球化退火，淬火和低温回火。

球化退火的目的是使锻造后的轴承钢降低硬度，以利于切削加工，并为零件的最终热处理作组织准备。退火后的金相组织为球状珠光体和均匀分布细粒状碳化物，硬度低于 210HBW。

轴承钢对淬火温度的要求十分严格，淬火温度过高将会增加残留奥氏体量，并会因过热而得到粗片状马氏体，以致急剧降低钢的冲击韧性和疲劳强度，如图 5-6 所示。

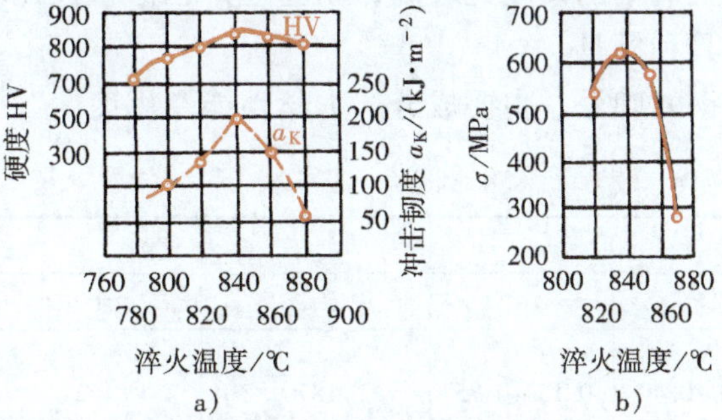

图 5-6　GCr15 钢淬火温度对力学性能的影响

a）硬度和冲击韧度　b）疲劳强度

轴承钢淬火 + 低温回火后的金相组织为极细的回火马氏体、分布均匀的细粒状碳化物和少量的残留奥氏体，硬度为 61 ~ 65HRC。

常用滚动轴承钢的牌号、成分、热处理工艺及用途见表 5-8。

表 5-8　常用滚动轴承钢的牌号、成分、热处理工艺及用途

牌　号	化学成分（%）				热处理/℃		硬度 HRC	用　途
	w_C	w_{Cr}	w_{Si}	w_{Mn}	淬火	回火		
GCr9	1.00 ~ 1.10	0.90 ~ 1.20	0.15 ~ 0.35	0.25 ~ 0.45	810 ~ 820 水油	150 ~ 170	62 ~ 66	直径小于 20mm 的滚动体及轴承内、外圈
GCr9SiMn	1.00 ~ 1.10	0.90 ~ 1.25	0.45 ~ 0.75	0.95 ~ 1.25	810 ~ 830 水油	150 ~ 160	62 ~ 64	直径小于 25mm 的滚柱，壁厚小于 14mm，外径小于 250mm 的套圈

（续）

牌号	化学成分（%）				热处理/℃		硬度 HRC	用途
	w_{C}	w_{Cr}	w_{Si}	w_{Mn}	淬火	回火		
GCr15	0.95～1.05	1.40～1.65	0.15～0.35	0.25～0.45	820～840油	150～160	62～64	同GCr9SiMn
GCr15SiMn	0.95～1.05	1.40～1.65	0.45～0.75	0.95～1.25	810～830油	160～200	61～65	直径大于50mm的滚柱，壁厚≥14mm、外径大于250mm的套圈，ϕ25mm以上的滚柱
GMnMoVRE	0.95～1.05		0.15～0.40	1.10～1.40	770～810油	170±5	≥62	代替GCr15钢用于军工和民用方面的轴承

四、工具钢

用于制造各种刃具、模具、量具和其他工具的钢称为工具钢。

1. 碳素工具钢

碳素工具钢平均碳质量分数比较高（w_C=0.65%～1.35%），S、P杂质的质量分数比较低。经淬火、低温回火后钢的硬度比较高，耐磨性好，但塑性比较低。主要用于制造各种低速切削的刃具、量具和模具。

表5-9为碳素工具钢的牌号、主要成分、力学性能及用途。

表5-9 碳素工具钢的牌号、主要成分、力学性能及用途

牌号	化学成分(%)			硬度		用途
	w_{C}	w_{Mn}	w_{Si}	退火后HBW≤	淬火后HRC≥	
T7	0.65～0.74	0.20～0.40	0.15～0.35	187	62	用作受冲击的工具，如手锤、螺丝刀等
T8	0.75～0.84	0.20～0.40	0.15～0.35	187	62	用作低速切削刃具，如锯条、木工刃具、虎钳钳口、饲料机刀片等
T10	0.95～1.04	0.15～0.35	0.15～0.35	197	62	低速切削刃具、小型冷冲模、形状简单的量具
T12	1.15～1.24	0.15～0.35	0.15～0.35	207	62	用作不受冲击，但要求硬、耐磨的工具，如锉刀、丝攻、板牙等

2. 合金刃具钢

这类钢比碳素工具钢具有更高的硬度、耐磨性、淬透性和热硬性。此外，合金刃具钢还具有一定的强度、韧性和塑性，可以避免刃具在使用过程中受压力、冲击力或振动而发生断裂。因而合金刃具钢可以用于制造截面大、形状复杂、性能要求高的工具。

（1）合金刃具钢

1）成分特点。w_C 为0.80%～1.50%，以保证刃具有高的硬度和耐磨性。合金元素总质量分数<5%。其中Cr、Mn、Si主要是提高钢的淬透性，Si还能提高回火稳定性；W、V能提高钢的硬度和耐磨性，并防止淬火加热时过热，阻止晶粒长大。

2）热处理特点。低合金刃具钢的热处理主要有球化退火、淬火和低温回火。

以9SiCr钢制造的圆板牙为例，其生产过程的工艺路线如下：

下料→球化退火→机械加工→淬火＋低温回火→磨平面→开槽→开口

球化退火采用的是图5-7所示的等温退火工艺。淬火＋低温回火的热处理工艺如图5-8所示。

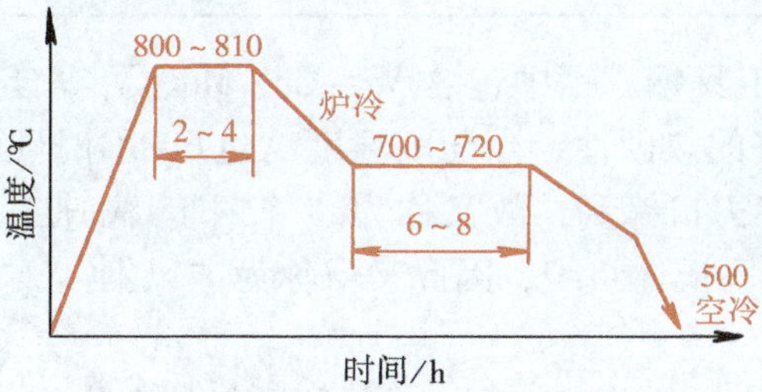

图5-7　9SiCr钢等温球化退火工艺

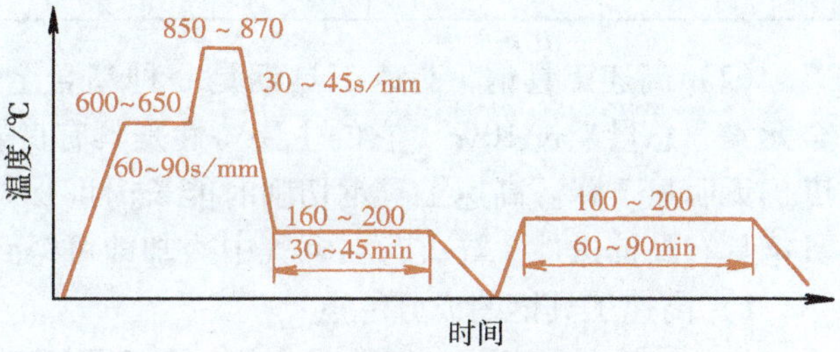

图5-8　9SiCr钢圆板牙淬火回火工艺

淬火加热时要在600～650℃保温预热一段时间，以减少高温停留时间，降低板牙的氧化脱碳倾向。加热到850～870℃后，在180℃左右的硝盐浴中进行等温淬火，以减小变形。淬火后在190～200℃进行低温回火，使其达到所要求的硬度（60～63HRC）并降低残留应力。

常用低合金刃具钢的牌号、成分、热处理及用途见表5-10。

表5-10　常用低合金刃具钢的牌号、成分、热处理及用途

牌　号	化学成分（%）					热处理/℃				用　途
	w_C	w_{Si}	w_{Mn}	w_{Cr}	$w_{其他}$	淬火		回火		
						温度/℃	HRC≥	温度/℃	HRC>	
9Mn2V	0.85～0.95	≤0.40	1.70～2.00		V0.10～0.25	780～810油	62	150～200	60～62	丝锥、板牙、铰刀、量规、块规、精密丝杠
9SiCr	0.85～0.95	1.20～1.60	0.30～0.60	0.95～1.25		820～860油	62	180～200	60～63	耐磨性高、切削不剧烈的道具，如板牙、齿轮铣刀等
CrWMn	0.90～1.05	≤0.40	0.80～1.10	0.90～1.20	W1.20～1.60	800～830油	62	140～160	62～65	要求淬火变形小的刀具，如拉刀、长丝锥、量规等
Cr2	0.95～1.10	≤0.40	≤0.40	1.30～1.65		830～860油	62	150～170	60～62	低速、切削量小、加工材料不很硬的刀具，测量工具，如样板

（续）

牌号	化学成分（%）					热处理/℃				用途
	w_C	w_{Si}	w_{Mn}	w_{Cr}	$w_{其他}$	淬火		回火		
						温度/℃	HRC≥	温度/℃	HRC>	
CrW5	1.25~1.50	≤0.30	≤0.30	0.40~0.70	W4.50~5.50	800~820水	65	150~160	64~65	低速切削硬金属用的刀具，如车刀、铣刀、刨刀
9Cr2	0.85~0.95	≤0.40	≤0.40	1.30~1.70		820~850油	62			主要做冷轧辊、钢印冲孔凿、尺寸较大的铰刀

（2）高速工具钢　高速工具钢是一种高合金工具钢。钢中包含W、Cr、Mo、V等合金元素，总量超过10%。它的主要特性是具有良好的热硬性，当切削温度高达600℃时硬度仍无明显下降。高速工具钢切削时能长时间保持刃口锋利，故又称为“锋钢”。高速工具钢具有高淬透性，淬火时在空气中冷却即可得到马氏体组织，因此又俗称为“风钢”。

1）高速工具钢的成分特点

① w_C 高达0.70%~1.60%。它一方面要保证能与W、Cr、V形成足够数量的碳化物，又要保证有一定量的碳溶于高温奥氏体中，以获得过饱和碳的马氏体，使其具有高硬度和高耐磨性，以及良好的热硬性。

② 钨是使高速工具钢具有热硬性的主要元素，它与钢中的碳形成碳化钨。在退火状态下，钨以Fe_4W_2C形式存在。淬火加热时，一部分Fe_4W_2C溶入奥氏体，淬火后存在于马氏体中，提高钢的回火稳定性。在560℃的回火过程中，一部分钨以W_2C形式弥散沉淀析出，造成“二次硬化”。淬火加热时未溶的Fe_4W_2C能阻止高温下奥氏体晶粒的长大，可减小其过热敏感性。铬可以增加钢的淬透性、提高硬度和改善耐磨性。钒与碳的亲合力比钨与碳或钼与碳的亲合力都强，它所形成的V_4C_3（或VC）比钨的碳化物更稳定。

2）高速工具钢的锻造。高速工具钢的铸态组织中存在鱼骨状碳化物，如图5-9所示。这些粗大的碳化物无法用热处理的方法消除，只有通过锻造的方法将其击碎，并使它分布均匀。如果碳化物分布不均匀，将使刀具的强度、硬度，耐磨性、韧性和热硬性都下降，在使用过程中容易发生崩刃或加速磨损，导致刀具早期失效。

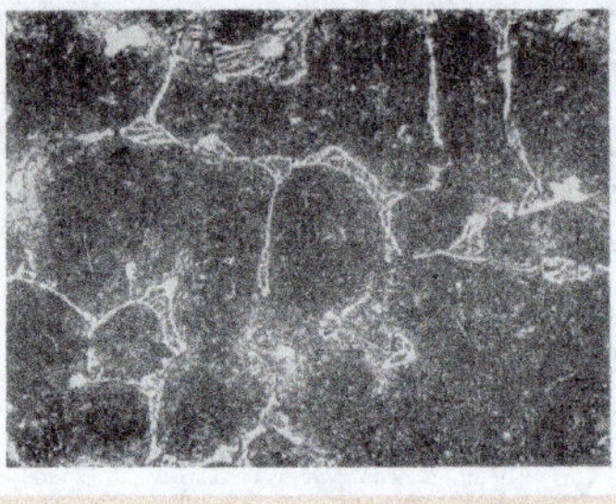
图5-9　高速工具钢的铸态组织

3）高速工具钢的热处理

① 高速工具钢锻造后应进行球化退火处理，以降低硬度，消除应力，便于机械加工，并为随后的淬火回火做好组织准备。

② 高速工具钢导热性比较差，淬火温度又高，所以淬火加热时必须进行一次或两次预热，如图5-10所示。高速钢中含有大量W、Mo、Cr、V的难溶碳化物，它们只有在1200℃以上才能大量溶于奥氏体中，因此高速钢的淬火加热温度非常高，一般为1220~1280℃。淬火后组织为淬火马氏体、碳化物和大量残留奥氏体。

③ 高速工具钢的硬度与回火温度的关系如图5-11所示。由图可知，在回火温度为

560℃左右时，高速钢的硬度最高。这种回火时出现的硬度回升现象称为钢的“二次硬化”。

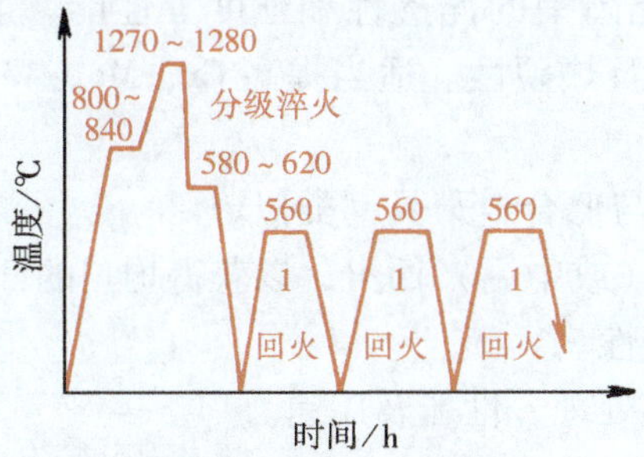

图 5-10 W18Cr4V 高速工具钢淬火回火工艺曲线图

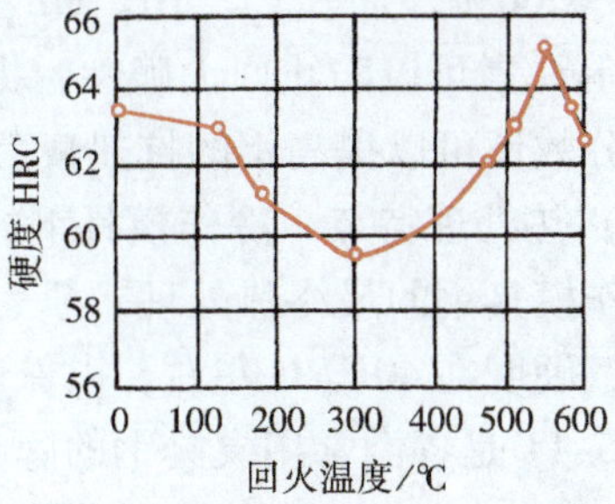

图 5-11 W18Cr4V 高速工具钢硬度与回火温度的关系

高速工具钢通常在二次硬化峰值温度回火三次。在此回火温度范围内，钨及钒的碳化物呈弥散状从马氏体中沉淀析出，使钢的硬度明显上升。高速工具钢在淬火后约有 20%～25% 的残留奥氏体，一次回火后，仍有约 15% 的残留奥氏体。通过三次回火，高速钢内的残留奥氏体基本全部转变为马氏体。

高速工具钢淬火、回火后的组织是由回火马氏体＋少量残留奥氏体＋碳化物组成。

我国常用的高速工具钢有两种：一种是钨系 W18Cr4V；另一种是钨-钼系 W6Mo5Cr4V2。W6Mo5Cr4V2 钢的热塑性、韧性、耐磨性和热硬性均优于 W18Cr4V 钢，并且碳化物细小，分布均匀，比体积小，价格也比较便宜，但磨削加工性不如 W18Cr4V 钢，热处理时的脱碳敏感性也较大。这种钢可用于制造耐磨性和韧性很好配合的高速切削刀具，如丝锥、钻头等；尤其是适合用热轧制、扭制变形加工成形工艺制造的钻头等刀具。W18Cr4V 钢用于制造一般高速切削车刀、刨刀、铣刀、插齿刀等。

3. 模具钢

模具钢分为冷作模具钢和热作模具钢。冷作模具钢用于制造各种冷冲模、冷挤压模和拉丝模等，工作温度不超过 200～300℃。热作模具钢用于制造各种热锻模、压铸模、高速锻模等，工作时型腔表面温度可达 600℃以上。

（1）性能要求　冷作模具工作时要承受很大压力、冲击载荷和摩擦。主要损坏形式是磨损，也常出现断裂和变形等。因此冷作模具钢应具有高硬度、高耐磨性、高韧性和疲劳强度，热处理变形要小。

热作模具钢在工作中承受较大的冲击载荷和塑变摩擦，强烈的冷热循环所引起的不均匀热应力以及高温氧化，使模具常出现龟裂、塌陷、磨损等失效现象。因此对热作模具钢性能的要求是要有高的热硬性和高温耐磨性、高的抗氧化能力、高的热强性和足够高的韧性。由于热作模具的体积一般比较大，还要求有较高的淬透性和导热性。

（2）成分特点

1）冷作模具钢碳质量分数多在 1.0% 以上，有时高达 2.0% 以上。它一方面要保证能与 Cr、Mo、V 形成足够数量的碳化物，又要使一定的碳溶于高温奥氏体中，获得碳质量分数过饱和的马氏体，以保证模具钢的高硬度和高耐磨性。加入 Cr、Mo、W、V 等合金元素可以强化基体，形成碳化物，提高钢的硬度和耐磨性等。

2）热锻模具钢的碳质量分数既不能过高，否则将降低钢的导热性和韧性；但又不能过低，否则就不能保证所需的强度、硬度和耐磨性，所以热作模具钢的碳质量分数一般为0.50%~0.60%。加入Cr、Ni、Mn等元素可以提高钢的淬透性和强度等性能。加入W、Mo、V等元素可以防止回火脆性，提高热稳定性及热硬性。适当提高Cr、Mo、W在钢中的质量分数还可以提高钢的抗热疲劳性。

(3) 热处理特点　冷作模具钢的热处理特点与低合金刃具钢类似。

热作模具钢的最终热处理一般为淬火后高温（或中温）回火，以获得均匀的回火索氏体组织，硬度在40HRC左右，以保证有较高的韧性。

表5-11是各类常用模具钢的牌号、成分、热处理、性能及用途。

表5-11 常用模具钢的牌号、成分、热处理、性能及用途

类别	牌号	化学成分(%) w_C	w_{Mn}	w_{Si}	w_{Cr}	w_W	w_V	w_{Mo}	热处理 淬火 温度/℃	淬火 硬度HRC	回火 温度/℃	回火 硬度HRC	应用举例
冷模具钢	Cr12	2.00~2.30	≤0.35	≤0.40	11.5~13.00	—	—		980油	62~65	180~220	60~62	冷冲模、冲头、冷切剪刀
									1080油	45~50	520（三次）	59~60	
	Cr12MoV	1.45~1.70	≤0.35	≤0.40	11.0~12.5	—	0.15~0.30	0.40~0.60	1030油	62~63	160~180	61~62	冷切剪刀、拉丝模
									1120油	41~50	510（三次）	60~61	
热模具钢	5CrNiMo	0.50~0.60	0.50~0.80	≤0.35	0.50~0.80	镍 1.40~1.80	—	0.15~0.30	830~860油	≤47	530~550	364~402HB	大型锻模
	5CrMnMo	0.50~0.60	1.20~1.60	0.25~0.60	0.60~0.90	—	—	0.15~0.30	820~850油	≥50	560~580	324~364HB	中型锻模
	4Cr5MnSiV (H13)	0.32~0.45	0.2~0.5	0.80~1.10	4.75~5.50	—	0.80~1.20	1.10~1.75	1020~1050油或空冷	≥54	550~560	48~52HB	冲击载荷较大的锻模、热挤压模、压铸模
	3Cr2W8V	0.30~0.40	0.20~0.40	≤0.35	2.20~2.70	7.50~9.00	0.20~0.50	—	1050~1100油	>50	560~580（三次）	44~48	热挤压模、压铸模

4. 量具钢

(1) 对量具钢的要求

1) 量具的工作部分应有高的硬度（≥56HRC）和耐磨性。

2）热处理变形要小。在存放和使用的整个过程中，尺寸不发生变化，始终保持其高精度。

3）一般量具工作面的粗糙度比较低，所以要求量具钢有较好的加工工艺性。

（2）成分特点

1）碳质量分数为0.90%~1.50%，以保证高硬度和耐磨性。

2）加入合金元素Cr、W、Mn等提高钢的淬透性，减小淬火变形。这些合金元素还可以形成合金渗碳体，提高钢的硬度和耐磨性。

（3）热处理特点　量具钢热处理的关键是减少热处理变形和提高尺寸稳定性。因此，在淬火和低温回火时要采取措施提高组织的稳定性。

1）在保证硬度的前提下，尽量降低淬火温度，以减少残留奥氏体量。

2）淬火后立即进行-70~-80℃的冷处理，使残留奥氏体尽可能地转变为马氏体，然后再进行低温回火处理。

3）精度要求高的量具，在淬火、冷处理和低温回火后，尚需进行120~130℃、几小时至几十小时的时效处理，使马氏体正方度降低、残留奥氏体稳定和消除残余应力。为了去除磨削加工中所产生的应力，有时还要在磨削加工后进行120~130℃、保温8h的时效处理，甚至要反复进行多次。

图5-12是用GCr15（或CrWMn）钢制造高精度块规的热处理工艺曲线。处理后的块规，一年内每10mm长度的尺寸变量不超过0.1~0.2μm。

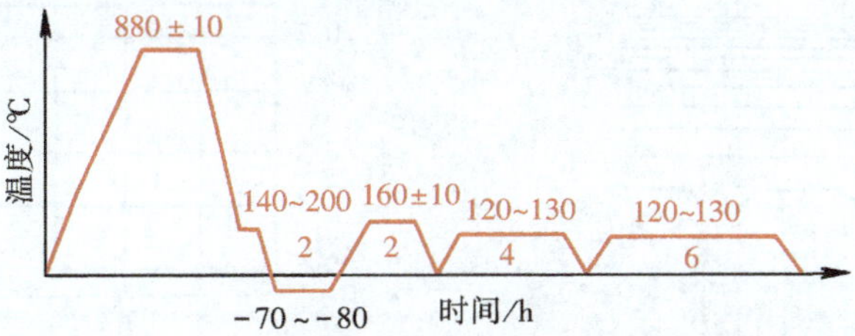

图5-12　GCr15钢块规热处理工艺曲线

常用的量具用钢的选用见表5-12。

表5-12　量具用钢的选用举例

量　具	钢　号
平样板或卡板	10钢、20钢或50钢、55钢、60钢、60Mn、65Mn
一般量规与块规	T10A、T12A、9SiCr
高精度量规与块规	Cr钢、CrMn钢、GCr15
高精度且形状复杂的量规与块规	CrWMn（低变形钢）
抗蚀量具	40Cr13、95Cr18（不锈钢）

五、特殊性能钢

特殊性能钢是指不锈钢、耐热钢、耐磨钢等一些具有特殊的化学和物理性能的钢。

1. 不锈钢

不锈钢是指在腐蚀介质中具有耐蚀性能的钢。据不完全统计，全世界因腐蚀而损坏的金属制件约占其产量的10%，因此采取必要的措施提高金属耐蚀性具有非常重要的现实意义。

（1）金属腐蚀的概念　腐蚀一般分为**化学腐蚀**和**电化学腐蚀**。金属在电解质中的腐蚀，称为电化学腐蚀；金属在非电解质中的腐蚀，称为化学腐蚀。如钢在室温时的氧化属于电化学腐蚀；而钢在高温下的氧化则属于典型的化学腐蚀。在通常情况下，金属的腐蚀一般以电化学腐蚀为主。

电化学腐蚀实际上是微电池的作用。例如珠光体组织在硝酸酒精溶液中的腐蚀就是一种微电池电化学腐蚀作用的结果。

珠光体中的铁素体和渗碳体有着不同的电极电位，铁素体的电极电位要比渗碳体的电极电位负。若将珠光体置于硝酸酒精溶液中，铁素体成为阳极而被腐蚀；而作为阴极的渗碳体则不被腐蚀。这样就使原来已经被抛光的平面变得凹凸不平，如图5-13所示。

从电化学腐蚀基本原理看，若要提高金属的耐蚀性，可以采取以下措施：

1）提高合金本身的电极电位。在钢中加入某些合金元素后可显著提高钢中基本相的电极电位。如在铁中加入质量分数大于13%的铬后，铁的电极电位由-0.56V突然升高至0.2V，如图5-14所示，其耐蚀性能也显著提高。常加入的合金元素有Cr、Ni、Si等。

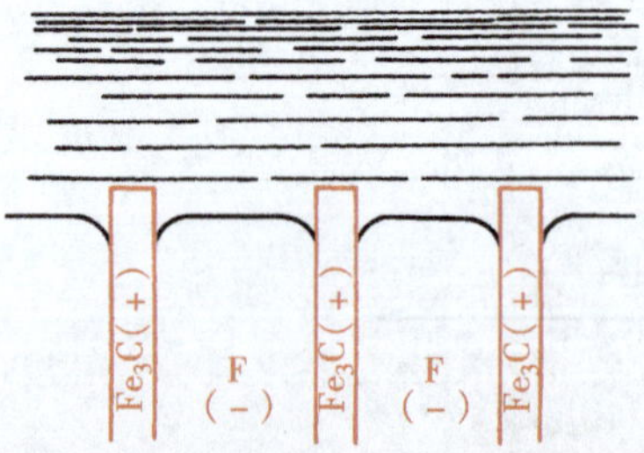

图5-13　片状珠光体电化学腐蚀示意图

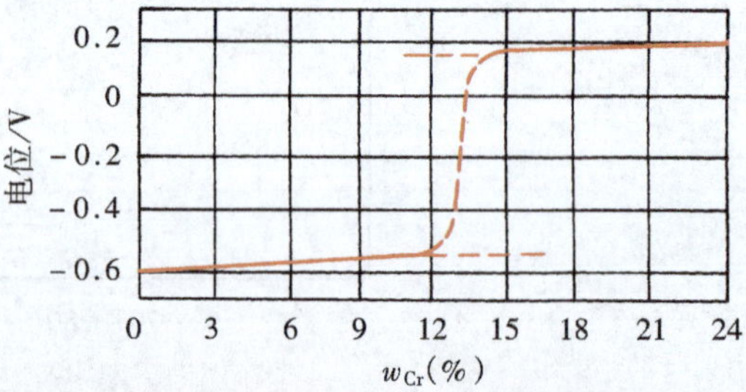

图5-14　铁铬合金的电极电位

2）尽量使钢在室温下呈均匀的单相组织。合金元素加入钢中后，使钢形成单相的铁素体、单相的奥氏体或单相的马氏体组织，这样可减少构成微电池的条件，从而提高钢的耐蚀性。

3）形成氧化膜。合金元素加入钢中后，可以在钢的表面形成一层致密的、结合牢固的氧化膜（又称钝化膜），使钢与周围介质隔绝，提高钢的耐蚀能力。常加入的合金元素有Cr、Si、Al等。

（2）不锈钢的分类　常用不锈钢按组织可分为奥氏体不锈钢、铁素体不锈钢和马氏体不锈钢等三种类型，表5-13是这些不锈钢的牌号、成分、热处理、力学性能及用途。

1）奥氏体不锈钢。奥氏体不锈钢属于铬镍钢，也称为18-8型不锈钢。这类钢的强度、硬度比较低，而塑性、韧性比较好，可进行各种冷塑性变形加工。但18-8型钢对加工硬化很敏感，这类钢唯一的强化方法就是加工硬化，因为18-8型不锈钢的塑性高，易加工硬化，加之导热性差，故切削加工性能比较差。

表 5-13　常用不锈钢的牌号、成分、热处理、力学性能及用途

类别	牌号	主要化学成分（%）				热处理/℃	力学性能					用途
		w_C	w_{Cr}	w_{Ni}	$w_{其他}$		R_{eL}/MPa	R_m/MPa	A（%）	Z（%）	HRC	
奥氏体型	06Cr19Ni10（304）	≤0.08	18～20	8～11		1050～1100 水淬	≥490	≥180	≥40	≥60		具有良好的耐蚀及耐晶间腐蚀性能，是化工行业良好的耐蚀材料
	12Cr18Ni9	≤0.15	17～19	8～10		1100～1150 水淬	≥550	≥200	≥45	≥55		制作耐硝酸、冷磷酸、有机酸及盐、碱溶液腐蚀的设备零件
	06Cr17Ni12Mo2	≤0.08	16～18.5	10～14	Mo 2.0～3.0	1100～1150 水淬	≥620	≥310	≥30	≥40		因添加 Mo，耐大气海水腐蚀，优于 304 不锈钢，高温强度好，可在苛酷条件下使用
马氏体型	12Cr13	0.15	11.5～13.5			1000～1050 油或水淬 700～790 回火	≥600	≥420	≥20	≥60	—	制作能抗弱腐蚀性介质、能承受冲击负荷的零件，如汽轮机叶片、水压机阀、结构架、螺栓、螺帽等
	20Cr13	0.16～0.25	12～14			1000～1050 油或水淬 700～790 回火	≥660	≥450	≥16	≥55	—	
	30Cr13	0.26～0.35	12～14			1000～1050 油淬 200～300 回火	—	—	—	—	48	制作具有较高硬度和耐磨性的医疗工具、量具、滚珠轴承等
	40Cr13	0.36～0.45	12～14			1000～1050 油淬 200～300 回火	—	—	—	—	50	同上
铁素体型	10Cr17	≤0.12	16～18			750～800 空冷	≥400	≥250	≥20	≥50	—	制作硝酸工厂设备如吸收塔、热交换器、酸槽、输送管道及食品工厂设备等
	Cr25Ti	≤0.12	25～27		0.6～0.8	700～800 空冷	450	300	20	45		生产硝酸及磷酸设备等工业中

18-8 型不锈钢中的碳质量分数比较低，为 0.08%～0.15%，高的碳质量分数不利于其耐蚀性能。18-8 型不锈钢 Cr 和 Ni 的质量分数很高（w_{Cr} = 15%～24%，w_{Ni} = 13.5%～22%）。Cr 主要是起钝化作用，提高阳极电极电位；Ni 可以扩大 γ 区，使钢的 *Ms* 点降低至室温以下，所以 18-8 型不锈钢在室温时具有单相奥氏体组织。强碳化物形成元素 Ti 可以在钢中抑制（CrFe）$_{23}$C$_6$ 在晶界上析出，消除钢的晶间腐蚀倾向。

18-8 型不锈钢常用的热处理工艺方法有固溶处理、稳定化处理及去应力处理等几种。

固溶处理是将钢加热至 1100℃左右，使钢中碳化物充分溶解，随后通过水淬快冷，把单相奥氏体组织保留至室温。对奥氏体钢来讲，固溶处理的目的是提高钢的耐蚀性。

对于含 Ti 或 Nb 的奥氏体不锈钢，经固溶处理后还要再进行一次稳定化处理（850～880℃，6h，缓冷），其目的在于消除晶间腐蚀的倾向。

经过冷加工或焊接的 18-8 型不锈钢都会存在残留应力，容易引起应力腐蚀，导致早期断裂。对于单纯消除冷加工的残留应力，可加热至 300～350℃，然后冷却。对于消除焊件的残留应力，则应加热至 850℃以上，使 $(CrFe)_{23}C_6$ 完全溶解，并且通过扩散使贫铬区消失，消除应力的同时还可以起到减轻晶间腐蚀的作用。

2）马氏体不锈钢。马氏体不锈钢 w_{Cr} 为 11.5%～18%，属于铬不锈钢。铬不锈钢要有高的耐蚀性，其基体中的铬质量分数至少要超过 11.7%，使其在阳极区域的基体表面上形成一层富铬的氧化物保护膜。这层膜将阻碍阳极区域的反应，并提高电极电位，减缓基体的电化学腐蚀速度。但是这层致密的氧化膜只有用在氧化性介质中才能起到防锈的作用，例如 12Cr13 及 20Cr13 钢在大气、水蒸汽中具有良好的耐蚀性，但在硫酸、盐酸、熔融碱中，由于不能很好地建立钝化状态，所以耐蚀性很低。

铬不锈钢的 w_C 为 0.08%～1.2%，随着钢中碳质量分数的增加，钢的强度、硬度、耐磨性提高，但耐蚀性下降。因碳与铬形成碳化铬，降低了铁素体中铬的质量分数，使其电极电位不能跃升。这类钢多用于力学性能要求较高，而耐蚀性要求较低的零件。如汽轮机叶片、各种泵的零件、弹簧、滚动轴承以及一些医疗器械。

这类钢的最终热处理是淬火 + 回火，有时在空气中即可淬硬，但一般采用油冷。12Cr13、20Cr13 常用作要求综合力学性能与耐蚀性较高的零件，应采取淬火和高温回火的调质处理，得到回火索氏体组织。30Cr13 常用作要求高硬度的医疗器械、量具等，应采取淬火 + 低温回火，得到回火马氏体组织。

这类钢在锻后需要退火，以降低硬度，改善切削加工性。在冲压后也需退火，消除加工硬化，恢复塑性，以便进一步加工。

3）铁素体不锈钢。铁素体不锈钢中的碳质量分数低于 0.12%，w_{Cr} 为 11.5%～32%，也属于铬不锈钢。由于铬元素对 γ 区的影响作用，这类钢呈单相铁素体组织。它从室温加热到 1100℃也不会发生 α→γ 相变，因而不能用热处理的方法强化。如果在热加工中发生晶粒粗化，也不能用热处理方法细化晶粒，只能用塑性变形及再结晶来细化晶粒。

铁素体不锈钢耐大气腐蚀和耐酸能力强，具有良好的抗高温氧化性。其塑性、焊接性均优于马氏体不锈钢，主要用于制造耐蚀性要求很高而强度要求不高的构件，如硝酸、氮肥、磷酸等化学工业中在氧化性腐蚀介质中工作的构件。

2. 耐热钢

许多机械零部件需要在高温下工作，要求具有高耐热性的钢称为耐热钢。耐热钢包括抗高温氧化钢和热强钢。

（1）抗高温氧化钢　在高温下有较好的抗氧化性并具有一定强度的钢称为抗高温氧化钢，又叫耐热不起皮钢。在高温下，抗高温氧化钢表面能迅速氧化形成一层致密的氧化膜覆盖在金属表面，使其不再继续氧化。而碳钢在高温下表面生成的 FeO 疏松多孔，氧原子容易通过 FeO 进行扩散，使内部继续氧化。FeO 与基体的结合强度也比较弱，容易剥落，结果钢的表面不断发生锈蚀，最终导致零件破坏。

抗高温氧化钢是在钢中加入 Cr、Si、Al 等合金元素，使钢在高温下与氧接触时，在表面上形成致密、结合牢固、熔点高、化学稳定性好的 Cr_2O_3、SiO_2、Al_2O_3 等氧化膜，有效地阻挡了外界的氧原子继续向里扩散。如在钢中加入质量分数为 15% Cr，其抗氧化温度可达 900℃；在钢中加质量分数为 20% ~ 25% Cr，其抗氧化温度可达 1100℃。它多用来制造加热炉用部件和热交换器，如燃气轮机燃烧室、锅炉吊挂和加热炉底板等。

实际应用的抗氧化钢，大多数是在铬钢、铬镍钢、铬锰钢的基础上加入硅、铝制成的。和不锈钢一样，随着碳质量分数的增加，钢的抗氧化性能下降，故一般抗氧化钢为低碳钢，如 16Cr25Ni20、30Cr13Mn12Si2N、06Cr23Ni13、022Cr12 等钢号。

（2）热强钢　在高温下有一定抗氧化能力和较高强度以及良好组织稳定性的钢称为热强钢。金属在高温下承受载荷时，即使负荷远低于钢在该温度下的强度值，但随着时间的延长，零件将缓慢地发生塑性变形，直到断裂，这种现象称为蠕变。金属材料在高温下抵抗蠕变的能力称为热强度。为了提高钢的热强度，通常采取以下措施：

1）固溶强化。固溶体的热强性首先取决于固溶体自身的晶体结构。由于面心立方的奥氏体比体心立方铁素体原子排列得更紧密，不易发生蠕变，因此奥氏体钢有更高的热强度。

2）强化晶界。高温下晶界的强度比较低，有利于蠕变。为了提高热强性，应当减少晶界，采用粗晶粒钢。但晶粒不宜过分粗化，否则会损害钢的高温塑性和韧性。通过加入 Mo、Zr、B、RE 等晶界吸附元素，降低晶界表面能，使晶界强化，从而提高钢的热强性。

3）沉淀强化。从过饱和固溶体中沉淀析出第二相也是提高耐热钢热强性的重要途径之一。如加入 Nb、V、Ti，形成 NbC、VC、TiC 等，在晶内弥散析出，阻碍位错的滑移，提高塑变抗力，从而提高热强性。

4）提高再结晶温度。在钢中加入 Mo、W、Cr 等合金元素，能提高钢的再结晶温度，从而改善钢的抗蠕变能力，提高钢的热强度。

5）热处理。热强钢可以通过热处理获得所需要的晶粒度，改善强化相的分布状态，调整基体和强化相的成分，从而提高钢的热强度。

常用的热强钢按正火状态组织不同主要分为：珠光体、马氏体和奥氏体三个类型。

1）珠光体钢。这类热强钢含合金元素最少，其总质量分数一般不超过 3% ~ 5%，可以在 600℃ 以下温度范围内使用，广泛用于动力、石油等工业部门作为锅炉及管道用钢。常用的珠光体热强钢有 15CrMo、12Cr1MoV 等。

2）马氏体钢。这类钢在小于 620℃ 范围内使用。Cr13 型马氏体不锈钢除具有较高的抗蚀性外，还具有一定的耐热性。所以 12Cr13 及 20Cr13 也可以作为热强钢使用。12Cr13 可用作工作温度低于 475℃ 的汽轮机叶片，20Cr13 只能在 400 ~ 450℃ 以下使用。常用的马氏体热强钢还有 42Cr9Si2、40Cr10Si2Mo、12Cr13Mo 等。

3）奥氏体钢。这类热强钢含大量合金元素，尤其是含有较多的 Cr 和 Ni，其总质量分数超过 10%，可以在 600 ~ 700℃ 范围内使用。可应用于汽轮机、燃气轮机、航空、电炉等设备中。常用的奥氏体热强钢有 12Cr18Ni9Ti、45Cr14Ni14W2Mo 等。

3. 耐磨钢

耐磨钢是指在强烈冲击载荷作用下才能产生硬化的钢。它的主要成分是 $w_C = 1.0\% \sim 1.3\%$，$w_{Mn} = 11\% \sim 14\%$（Mn/C = 10 ~ 12），所以耐磨钢又称为高锰钢，钢号为 Mn13。由于这类钢的机械加工比较困难，一般都是铸造后直接使用，因而其钢号写成 ZGMn13。

高锰钢的铸态组织是奥氏体 + 碳化物（沿晶界析出）。实践证明，高锰钢只有在全部获得奥氏体组织时才能呈现出最为良好的韧性和耐磨性。为了使高锰钢全部获得奥氏体组织，需要对高锰钢进行“水韧处理”。

水韧处理类似于淬火处理，它是把高锰钢加热至临界点温度以上（约在1000～1100℃），保温一段时间后，使钢中的碳化物全部溶解到奥氏体中，然后立即将钢浸于水中。由于冷却速度非常快，钢中的碳化物来不及从奥氏体中析出，因而保持了单一的奥氏体状态。水韧处理后的高锰钢的硬度并不高，但是当它在受到剧烈冲击或受较大压力作用时，表面的奥氏体迅速产生加工硬化，并有马氏体及碳化物沿滑移面形成，从而提高了表面层的硬度，使表面层获得高的耐磨性。其心部则仍维持原来状态。

水韧处理后的高锰钢不能再加热，因为当加热温度超过300℃时，即使很短的时间也能析出碳化物，使钢的性能变坏，所以高锰钢铸件水韧处理后一般不进行回火处理。为了防止产生淬火裂纹，应考虑改进铸件的设计。

需要强调的是，高锰钢只有在受到强烈的冲击和摩擦的条件下工作时才能显示出高的韧性和耐磨性。如果在一般工作条件下，它的耐磨性甚至不及碳钢。

高锰钢不仅具有良好的耐磨性，而且它材质坚韧，即使有裂纹开始发生，由于加工硬化作用，也会抵抗裂纹的继续扩展。因此，高锰钢可应用于一些既要耐磨又要耐冲击的一些工作条件比较恶劣的场合，如铁道上的辙岔、辙尖、转辙器，挖掘机的铲斗，碎石机的颚板、衬板等。高锰钢在受力变形时，能吸收大量的能量，因此高锰钢也用于制造防弹板以及保险箱钢板等。另外高锰钢在寒冷气候条件下还有良好的力学性能，不会发生冷脆。

第二节　铸　铁

铸铁是$w_C>2.11\%$的铁碳合金。主要由Fe、C、Si、Mn、S、P以及其他微量元素组成。铸铁具有优良的铸造性、切削加工性、减摩性、吸振性和低的缺口敏感性，加之其熔炼铸造工艺简单，价格低廉，所以铸铁是机械制造业中最重要的材料之一。

一、铸铁的分类、代号及牌号

1. 铸铁的分类

铸铁的分类方法较多，可按铸铁的使用性能、断口特征或成分特征进行分类，常用的方法是将铸铁分为五大类。

（1）灰铸铁　铸铁中的碳全部或大部分以片状石墨形式存在，其断口呈暗灰色。

（2）球墨铸铁　铁液经过球化处理，石墨全部或大部分呈球状，分布于基体中。

（3）可锻铸铁　白口铸铁通过石墨化或氧化脱碳的可锻化处理后，石墨呈团絮状。必须指出，虽然可锻铸铁有较高的韧性，但是不能锻造。

（4）白口铸铁　碳除少量溶于铁素体外，其余全部以铁的渗碳体的形式存在于铸铁中，其断口呈银白色。

（5）合金铸铁　一般是指铸铁内除碳以外还含有其他合金元素。总的合金元素质量分数小于5%的铸铁称为低合金铸铁；总的合金元素质量分数在5%～10%的铸铁称为中合金铸铁；总的合金元素质量分数大于10%的铸铁称为高合金铸铁。

2. 铸铁的代号及牌号

铸铁的代号由表示该铸铁特征的汉语拼音的第一个大写字母组成，当两种铸铁名称的代号字母相同时，可在该大写字母后加小写字母来区别，同一名称的铸铁需要细分时，取其细分特点的汉语拼音第一个大写字母排列在后面。

铸铁的牌号由铸铁代号、合金元素符号及质量分数、力学性能组成。牌号中第一位是铸铁的代号，其后为合金元素的符号及其质量分数，最后为铸铁的力学性能。常规元素C、Si、Mn、S、P一般不标注。其他合金元素的质量分数大于或等于1%时，用整数表示；小于1%时，一般不标注，只有对该合金特性有较大影响时才予以标注。当铸铁中有几种合金化元素时，按其质量分数递减的顺序排列，质量分数相同时按元素符号的字母顺序排列。力学性能标注部分为一组数据时表示其抗拉强度值；为两组数据时，第一组表示抗拉强度值，第二组表示断后伸长率值，两组数字之间用“-”隔开。常见铸铁名称、代号及牌号表示方法见表5-14。

表5-14 铸铁名称、代号及牌号表示方法

铸铁名称	代号	牌号表示方法实例
灰铸铁	HT	HT100
蠕墨铸铁	RuT	RuT400
球墨铸铁	QT	QT400-17
黑心可锻铸铁	KTH	KTH300-06
白心可锻铸铁	KTB	KTB350-04
珠光体可锻铸铁	KTZ	KTZ450-06
耐磨铸铁	MT	MTCu1PTi-150
抗磨白口铸铁	KmTB	KmTBMn5Mo2Cu
抗磨球墨铸铁	KmTQ	KmTQMn6
冷硬铸铁	LT	LTCrMoR（R表示稀土元素）
耐蚀铸铁	ST	STSi15R
耐蚀球墨铸铁	STQ	STQAl5Si5
耐热铸铁	RT	RTCr2
耐热球墨铸铁	RTQ	RTQAl6

二、铸铁的石墨化

铸铁中石墨形成的过程称为石墨化。在铸铁中，碳可能以渗碳体和石墨两种形式存在，其中渗碳体是一个亚稳定相，而石墨则是稳定相。因此，根据铸铁结晶条件的不同，铁碳二元合金可能会出现铁-渗碳体和铁-石墨两种不同的结晶方式。图5-15就是绘制在同一坐标系统中的铁-渗碳体和铁-石墨（G）双重相图。图中实线表示Fe-Fe_3C相图，虚线表示Fe-G相图。虚实线重合的线条用实线表示。根据铁液从高温冷却的情况，可以把铸铁的石墨化分为三个阶段：

第一阶段：液相冷却至$C'D'$线后，开始从液相中析出一次石墨（G_{I}）。随着温度的降低，一次石墨的数量不断增多，液相相应减少，在共晶温度（1154℃）处剩余的液相发生共晶转变，析出奥氏体和共晶石墨（$G_{共晶}$），反应式为：

$$L_{C'} \xrightarrow{1154℃} A_{E'} + G_{共晶}$$

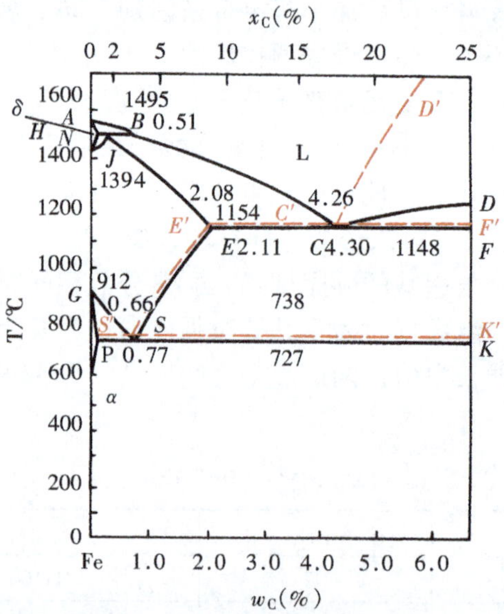

图 5-15 铁碳合金双重相图

第二阶段：在共晶温度和共析温度之间（1154~738℃），碳在奥氏体中的溶解度随着温度的降低沿 $E'S'$线减少，过饱和的碳以二次石墨（$G_{Ⅱ}$）的形式析出，反应式为：

$$A_{E'} \xrightarrow{1154\sim738℃} A_{S'} + G_{Ⅱ}$$

第三阶段：在共析温度（738℃）时，发生共析转变

$$A_{S'} \xrightarrow{738℃} F_{P'} + G_{共析}$$

通常，铸铁在高温冷却过程中，由于原子扩散能力比较强，第一、第二阶段石墨化容易进行，即能按照 Fe-G 相图进行结晶，但在石墨化转变的第三阶段，由于温度比较低，石墨化过程被部分或全部抑制。因而，根据铸铁成分及冷却速度等条件的不同，可以获得不同基体组织的铸铁。

铸铁中的 C 和 Si 是强烈促进石墨化进程的元素，生产中为了避免产生白口，铸铁中必须加入足够量的 C、Si 等促进石墨化的元素。通常用碳当量 CE 代替 Fe-G 相图横坐标的碳量，$CE = w_C + 0.3w_{Si}$。碳当量高，铁液的流动性好，但铸铁强度低；碳当量低，铸铁的强度高，但铸造性能差。一般应使灰铸铁铸件的碳当量接近共晶成分。

在同一化学成分的铸铁中，结晶时的冷却速度对其组织影响很大。冷却速度越慢，过冷度越小，越有利于按照 Fe-G 相图结晶和转变，析出稳定石墨相的可能性就越大。但如果冷却速度较快，过冷度较大，原子扩散能力减弱，铸铁的结晶和转变则按照 Fe-Fe_3C 系相图进行，不利于石墨化的进行。铸铁的冷却速度还与铸件的壁厚有关，铸件越厚，冷却速度越慢，铸铁的石墨化进行得就越充分。

三、常用铸铁

1. 灰铸铁

灰铸铁的生产成本低，铸造性能优良，具有减振、耐磨和缺口敏感性小等特点，是机

械制造业中应用最广泛的一种铸铁材料。其牌号、抗拉强度及应用范围如表5-15所示。

表5-15　灰铸铁的牌号、不同壁厚铸件的抗拉强度及应用范围

牌　号	铸件壁厚/mm		最小抗拉强度/MPa	应用范围
	大于	至		
HT100	2.5	10	130	用于制造盖、外罩、手轮、支架、重锤等承受低负荷、不重要的零件
	10	20	100	
	20	30	90	
	30	50	80	
HT150	2.5	10	175	用于制造支柱、底座、齿轮箱、工作台等承受中等负荷的零件
	10	20	145	
	20	30	130	
	30	50	120	
HT200	2.5	10	220	用于制造气缸、活塞、齿轮、床身、轴承座、联轴器等承受较大负荷和较重要的零件
	10	20	195	
	20	30	170	
	30	50	160	
HT250	4.0	10	270	
	10	20	240	
	20	30	220	
	30	50	200	
HT300	10	20	290	用于制造齿轮、凸轮、车床卡盘、高压液压筒和滑阀壳体等等承受高负荷的零件
	20	30	250	
	30	50	230	
HT350	10	20	340	
	20	30	290	
	30	50	260	

（1）灰铸铁的成分、组织和性能　灰铸铁的 w_C 大多在2.7%～3.8%，w_{Si} 在0.9%～2.7%。碳和硅对灰铸铁力学性能的影响可用碳当量CE表示，如图5-16所示。根据所希望获得的力学性能，可以选取合适的碳当量。

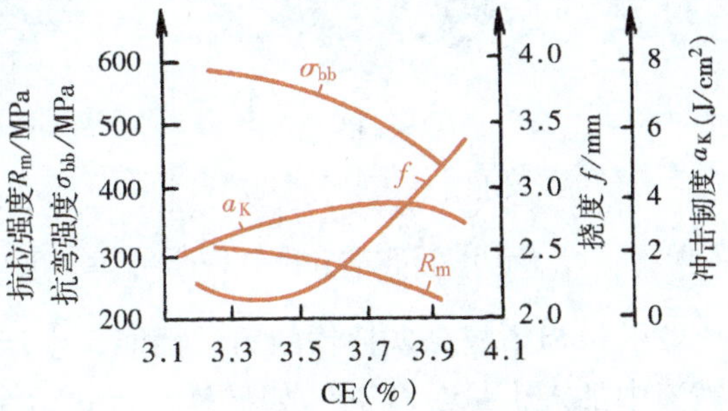

图5-16　碳当量对灰铸铁力学性能的影响

硫在铸铁中是有害元素。硫可以完全溶解于铁液中，但在奥氏体和铁素体中的溶解度却极小。当 w_S >0.02%时，就能形成独立的硫化物。根据结晶条件和锰的质量分数不同，硫的存在形式也不同。当铸铁中无锰或锰的质量分数较低而且冷却速度较大时，在晶粒边界处能形成三元共晶体或二元共晶体及其他富铁硫化物。当锰的质量分数较高时，则能形成高熔点的 MnS（1650℃）或（FeMn）$_S$。

硫在铸铁中不仅阻碍石墨化过程，而且还恶化了铸铁的铸造性能，如降低流动性，容易产生裂纹等。因此，硫在灰铸铁中的质量分数应限制在0.12%以下。

锰在铸铁中是有益合金元素。铸铁中的锰可以和硫作用生成 MnS，削弱硫在铸铁中的有害作用，而且 MnS 还可成为石墨的非自发性晶核。

锰只有在与硫发生化学反应后，剩余的锰才能发挥其独立的作用。锰既可以溶解在基体中，也可以溶解在渗碳体中形成（FeMn）$_3$C。溶解在渗碳体中的锰可增强铁与碳的结合力，阻碍石墨化过程，增加铸铁白口深度。所以铸铁中锰的质量分数一般控制在0.6%～1.2%范围内。

磷是微弱促进石墨化的元素，但当磷的质量分数超过0.3%时，会在铸铁中出现低熔点的二元或三元磷，其共晶存在于晶界，增加铸铁的冷脆倾向。所以应严格控制铸铁中磷的质量分数，一般小于0.20%。

灰铸铁的基体组织对性能有着很大的影响。按基体组织不同，可将灰铸铁分为铁素体灰铸铁、铁素体－珠光体灰铸铁和珠光体灰铸铁，图5-17是这三种灰铸铁的显微组织金相照片。铁素体灰铸铁的强度、硬度和耐磨性都比较低，但塑性比较高，多用于制造低负荷不太重要的零件。珠光体，特别是细小粒状珠光体灰铸铁的强度和硬度高、耐磨性好，但塑性比铁素体灰铸铁低，多用于受力较大，耐磨性要求高的重要铸件，如气缸套、活塞、轴承座等。在实际生产过程中，难以获得基体全部为珠光体的铸态组织，常见的是铁素体＋珠光体组织，其性能也介于铁素体灰铸铁和珠光体灰铸铁之间。

a)　　b)　　c)

图5-17　灰铸铁的显微组织

a）铁素体基体（200×）　b）铁素体珠光体混合基体（200×）　c）珠光体基体（200×）

灰铸铁的力学性能比较低。为了提高灰铸铁的力学性能，生产上常进行孕育处理。孕育处理就是在浇注前向铁液中加入少量孕育剂（如硅铁、硅钙合金），使铸铁在凝固过程中产生大量的人工晶核，以促进石墨的形核和结晶，使石墨以较细小的片状均匀分布在细片状珠光体的基体上。孕育处理后的铸铁称为孕育铸铁，它比普通灰铸铁具有更高的强度、硬度、耐磨性、韧性及塑性。

（2）灰铸铁的热处理　虽然通过热处理不能改变灰铸铁中片状石墨的形状和分布，但可以消除铸件的内应力、消除白口组织和提高铸件表面的耐磨性。

1）去应力退火。铸件在凝固及冷却过程中，由于各部位的收缩和组织转变的速度不同，使铸件内部存在不同程度的内应力，容易使铸件发生变形甚至开裂。因此，铸件在切削加工前通常要进行一次去应力退火，称为人工时效处理。其典型时效热处理工艺曲线如图 5-18 所示。

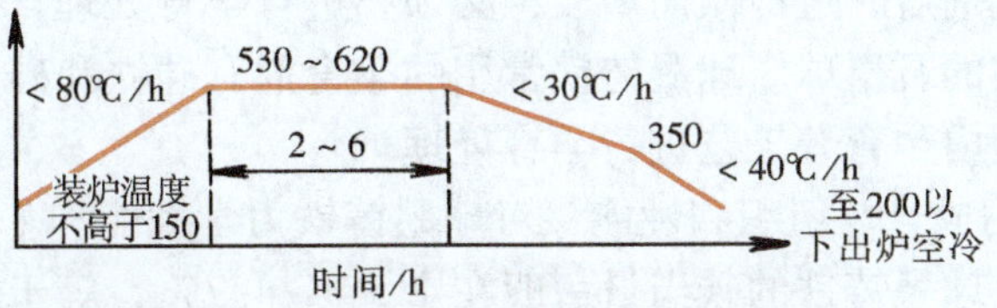

图 5-18　铸铁典型的时效热处理工艺曲线

2）降低硬度的高温退火。为了消除自由渗碳体，降低硬度，改善铸件的切削性能和力学性能，可以对铸铁进行高温退火处理，使渗碳体在高温下分解成铁和石墨。图 5-19 是高温石墨化退火热处理曲线。

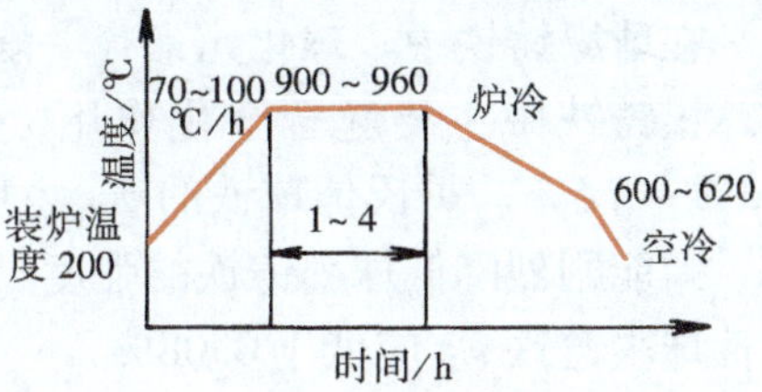

图 5-19　高温石墨化退火热处理工艺

3）表面淬火。对于需要提高表面耐磨性的铸铁，在机械加工后可以用快速加热的方法对铸铁表面进行淬火热处理。淬火后铸铁表面为马氏体＋石墨的组织。珠光体基体铸铁淬火后的表面硬度可以达到 50HRC 左右。

2. 球墨铸铁

铁液经过球化处理后，石墨可以呈球状分布于基体中。球状石墨应力集中小，对金属基体的削弱少，基体强度利用率可达 70%～90%。和灰铸铁相比，球墨铸铁具有高得多的强度、韧性和塑性，同时还保留了灰铸铁所具有的耐磨、消振、易切削、对缺口不敏感等特性。球墨铸铁在工业中得到广泛应用，可以替代碳钢和合金钢制造一些受力复杂、强度、韧性和耐磨性要求高的零件，如曲轴、缸套等。球墨铸铁的牌号及力学性能如表 5-16 所示。

表 5-16　球墨铸铁牌号及单铸试块的力学性能

牌　号	抗拉强度/MPa	屈服强度/MPa	断后伸长率（%）	供　参　考	
	最　小　值			硬度 HBW	主要金相组织
QT400-18	400	250	18	120～175	铁素体
QT400-15	400	250	15	120～180	铁素体
QT450-10	450	310	10	160～210	铁素体
QT500-7	500	320	7	170～230	铁素体＋珠光体
QT600-3	600	370	3	190～270	珠光体＋铁素体
QT700-2	700	420	2	225～305	珠光体
QT800-2	800	480	2	245～335	珠光体或索氏体
QT900-2	900	600	2	280～360	回火马氏体或屈氏体＋索氏体

（1）球墨铸铁的生产方法 在球墨铸铁的生产过程中，能使石墨结晶成球状的物质称为球化剂。我国常用的球化剂有镁、稀土硅铁和稀土硅铁镁合金三种。使用纯镁作球化剂时，由于镁的密度小，沸点远低于铁液温度，将纯镁加入铁液后立即汽化、沸腾，造成铁液飞溅，所以用纯镁作球化剂时常采用压力加镁法和钟罩加镁法进行球化处理。采用其他球化剂时，可采用冲入法、转包法、盖包法等球化处理工艺。近年来，型内球化法因镁的吸收率高，无烟尘等优点得到了一些企业的应用。但型内球化对铁液中硫的质量分数、球化剂的粒度及过滤浇道有严格的要求，主要用于生产高强度、高韧性的球墨铸铁件。

铁液中加入球化剂后，过冷倾向增大，必须要进行孕育处理，抑制渗碳体的析出，促进析出大量细小圆整的石墨球。球墨铸铁常用的孕育剂有硅铁和硅钙合金，可采用倒包孕育、浇口杯孕育和型内孕育等工艺进行孕育处理。

（2）球墨铸铁的成分、组织和性能 对球墨铸铁力学性能和基体组织影响最大的二个化学元素是碳和硅，球墨铸铁的碳当量一般在4.5%~4.7%，等于或略高于共晶成分，这样可以有利于球化和防止出现白口。增加碳当量可以增加球墨铸铁铸态铁素体量，减少珠光体量，此时 w_{Si} 一般为 2.4% ~ 2.9%。如果要求珠光体基体时，w_{Si} 应控制在 2.0%~2.6%。

在球墨铸铁中，球化元素（一般用镁或稀土镁合金）的脱硫能力比锰强得多，所以锰在球墨铸铁中主要起合金化作用，一般 w_{Mn} 为 0.3%~0.8%。对于铁素体球铁，w_{Mn} 在 0.3%~0.5%。贝氏体球铁的 w_{Mn} 也应在0.5%以下。

磷能剧烈降低球墨铸铁的强度、冲击韧性和伸长率，一般控制在 w_P 为0.1%以下，高韧性球墨铸铁 w_P 应低于0.08%。

镁或稀土与硫有很强的亲合力，一旦将球化剂加入铁液中就会和硫发生剧烈的反应，只有当硫在铁液中的质量分数降到了0.04%以下时，剩余的镁和稀土元素才能对石墨起到球化作用。所以铁液中硫的质量分数越高，铁液中剩余的球化剂就越少，球化率就越低，甚至不能球化。所以球墨铸铁原铁液中的硫越少越好，最好 w_S 控制在0.05%以下。

为了提高球墨铸铁的力学性能，改善热处理效果，有时在球墨铸铁中还常加入Mo、Cu、V等合金元素。一般钼加入量 w_{Mo} 为0.3%~0.5%，铜加入量 w_{Cu} 为0.2%~0.6%，钒加入量 w_V 为0.1%左右。

球墨铸铁中的球状石墨直径越小、越分散，球墨铸铁的力学性能越好。球墨铸铁的力学性能还与其基体组织有关。铁素体球墨铸铁具有高的塑性和韧性，但强度与硬度较低；而珠光体球墨铸铁强度较高，但塑性和韧性较低；贝氏体球墨铸铁则具有较好的综合力学性能。但是在铸态下，球墨铸铁的基体往往是由不同数量的铁素体、珠光体，甚至还有自由渗碳体同时存在的混合组织，通常要进行热处理才能得到所需要的基体组织。图5-20是球墨铸铁几种不同的基体组织的金相照片。

（3）球墨铸铁的热处理

1）球墨铸铁的石墨化退火。石墨化退火的目的主要是使铸态组织中的自由渗碳体和珠光体中的共析渗碳体分解，从而得到高塑性的铁素体球墨铸铁。石墨化退火工艺有两种：高温石墨化退火和低温石墨化退火。当铸态组织中不仅有珠光体，而且渗碳体质量分数≥3%时，应进行高温退火，其退火工艺曲线如图5-21所示。当铸态组织仅为铁素体+珠光体时，为获得铁素体基体，则只需进行低温石墨化退火，其工艺如图5-22所示。

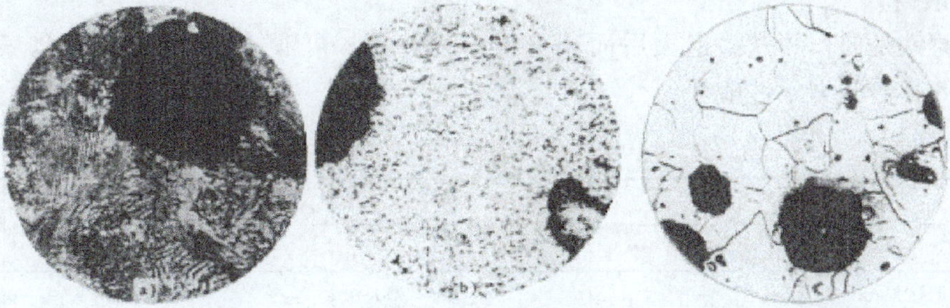

a)　　　　　　b)　　　　　　c)

图 5-20　球墨铸铁显微组织

a）中片状珠光体基体球墨铸铁（500×）　b）粒状珠光体基体球墨铸铁（500×）

c）铁素体基体球墨铸铁（500×）

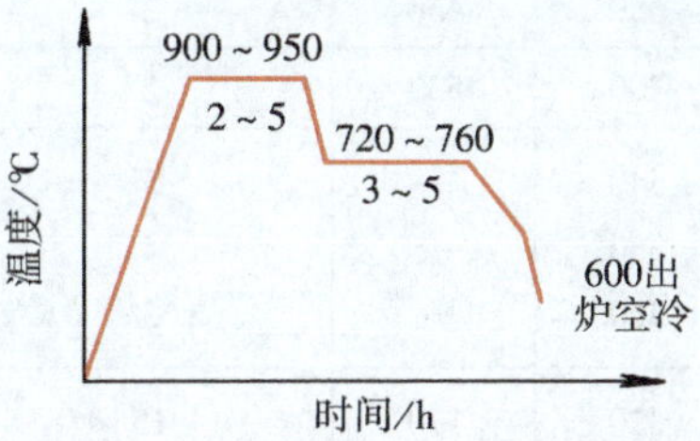

图 5-21　高温石墨化两段退火工艺

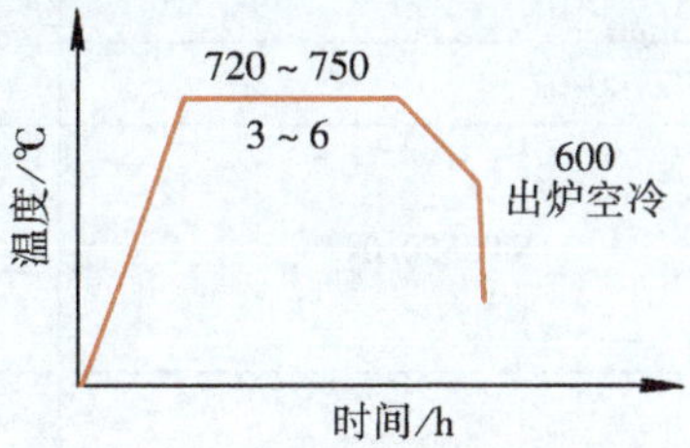

图 5-22　低温石墨化退火工艺

2）球墨铸铁的正火。正火的目的是为了得到以珠光体为主的基体组织，并细化晶粒，提高球墨铸铁的强度和硬度。铸态组织无渗碳体时，可采用图 5-23 所示的正火工艺，使其获得珠光体球墨铸铁。当铸态组织中渗碳体的质量分数≥3%时，应采用高温分解碳化物，使基体组织全部奥氏体化，然后再出炉空冷，得到珠光体球墨铸铁，如图 5-24 所示。正火后，为了消除内应力，可增加一次消除内应力的退火或回火处理。

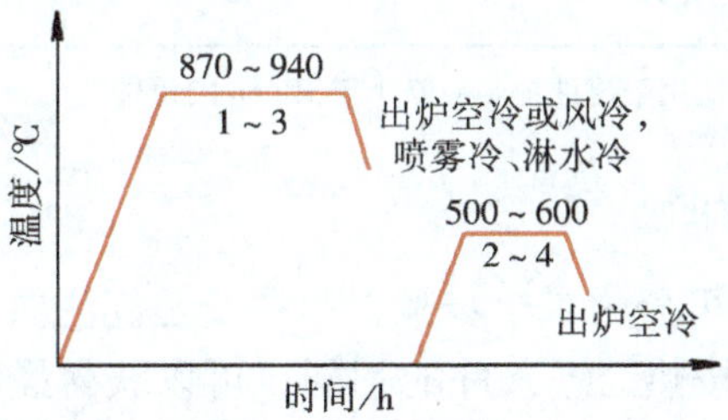

图 5-23　无渗碳体时的正火工艺

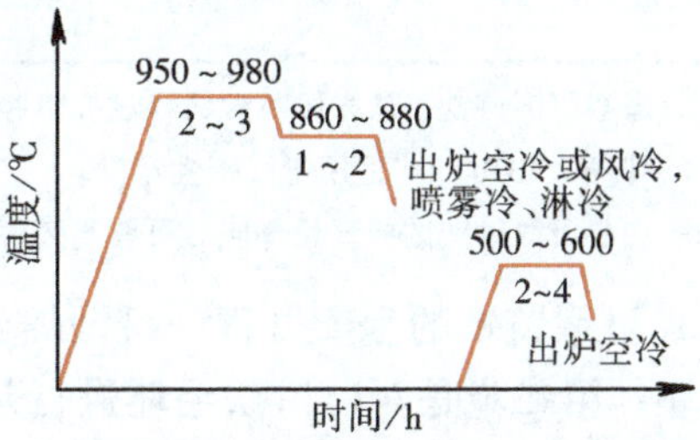

图 5-24　有渗碳体时的正火工艺

3）球墨铸铁的淬火和回火。球墨铸铁淬火和回火的目的是为了得到回火马氏体、回火托氏体或回火索氏体组织，提高球墨铸铁的强度、硬度和耐磨性。球墨铸铁的淬火是将铸件加热到 860~880℃保温 1~4h，然后放入油或水中淬至 200~300℃立即取出。复杂铸件可淬入 80~100℃油中，以防止出现裂纹。为了获得所需要的基体组织，对淬火后的球墨铸铁要进行回火处理。

3. 可锻铸铁

可锻铸铁是白口铸铁经退火后而获得的一种铸铁，可锻铸铁又称为玛钢。表5-17是可锻铸铁的牌号和力学性能。

表5-17 黑心可锻铸铁、珠光体可锻铸铁和白心可锻铸铁的牌号及力学性能

类别	牌号		试样直径 d /mm	$R_m \geq$	$R_{0.2} \geq$	断后伸长率（%）$\geq (L_0 = 3d)$	硬度（HBW）
	新牌号	过渡牌号		MPa			
黑心可锻铸铁	KTH300-06	—	12或15	300	—	6	不大于150
		KTH330-08		330	—	8	
	KTH350-10	—		350	200	10	
		KTH370-12		370	—	12	
珠光体可锻铸铁	KTZ450-06	—		450	270	6	150～200
	KTZ550-04	—		550	340	4	180～230
	KTZ650-02	—		650	430	2	210～260
	KTZ700-02	—		700	530	2	240～290
白心可锻铸铁	KTB350-04		9	340	—	5	230
			12	350	—	4	
			15	360	—	3	
	KTB380-12		9	320	170	15	200
			12	380	200	12	
			15	400	210	8	
	KTB400-05		9	360	200	8	220
			12	400	220	5	
			15	420	230	4	
	KTB450-07		9	400	230	10	220
			12	450	260	7	
			15	480	280	4	

注：1. 黑心可锻铸铁、珠光体可锻铸铁试样直径12mm，只适用于铸件主要壁厚小于10mm的铸件。

2. 牌号KTH300-06适用于气密性零件。

3. 白心可锻铸铁试样直径，应尽可能与铸件的主要壁厚相近。

（1）可锻铸铁的生产过程　可锻铸铁的生产可分为二个步骤：第一步是浇注白口铁的铸件毛坯；第二步是对白口铁毛坯进行热处理，按热处理条件的不同，可以获得黑心可锻铸铁（包括珠光体可锻铸铁）和白心可锻铸铁。目前我国以生产黑心可锻铸铁为主。黑心可锻铸铁是由白口铸铁经长时间的高温石墨化退火而制成的。如果白口铸铁中的渗碳体在退火过程中完全石墨化，则退火后的组织为铁素体基体上分布着团絮状石墨，如图5-25a所示，称为铁素体可锻铸铁。因其断口中心呈暗灰色，故有“黑心可锻铸铁”之称。如果冷却速度较快，共析渗碳体来不及分解，则退火组织为珠光体基体上分布着团絮状石墨，如图5-25b所示，称为珠光体可锻铸铁。其断口虽呈灰色，但习惯上仍称其为“黑心可锻铸铁”。

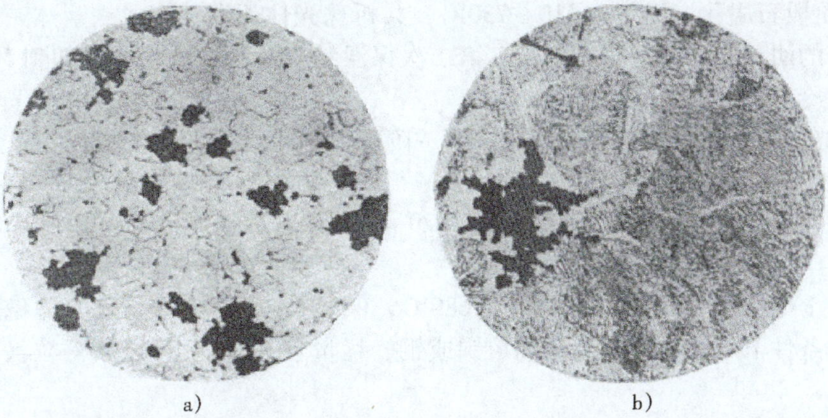

图 5-25 可锻铸铁显微组织

a）铁素体 + 团絮状石墨（100 ×） b）片状珠光体 + 团絮状石墨（500 ×）

白心可锻铸铁是由白口铸铁经石墨化退火和氧化脱碳而制得。白心可锻铸铁的中心基体组织为珠光体，表层由于完全脱碳形成单一的铁素体组织。由中心到表面，珠光体和团絮状石墨的量逐渐减少，而铁素体量逐渐增加。这种铸铁的断口特征是：中心呈灰白色，表面层呈暗灰色，故称之为“白心可锻铸铁”。

（2）可锻铸铁的成分、组织和性能 得到合乎要求的白口铸铁坯件是生产可锻铸铁的第一步。要保证白口坯件的质量，首先要保证铸铁的化学成分。一般可锻铸铁的 w_C = 2.4% ~ 2.8%，w_{Si} < 1.4%，w_{Mn} < 0.5% ~ 0.7%，w_S < 0.20%，Mn/S 控制在 2.5 左右；w_P < 0.1%，w_{Cr} < 0.06%。

各种可锻铸铁的基体组织不同，其性能和应用场合也不同。黑心可锻铸铁的基体为铁素体，具有较高的塑性和韧性，主要用于管路零件、建筑扣件以及汽车、拖拉机上的差速器壳、支架等。珠光体可锻铸铁的基体为珠光体，具有高的强度和耐磨性，可用于发动机的曲轴、连杆等零件。白心可锻铸铁的焊接性较好，国内较少使用，国外主要用作水暖管件。

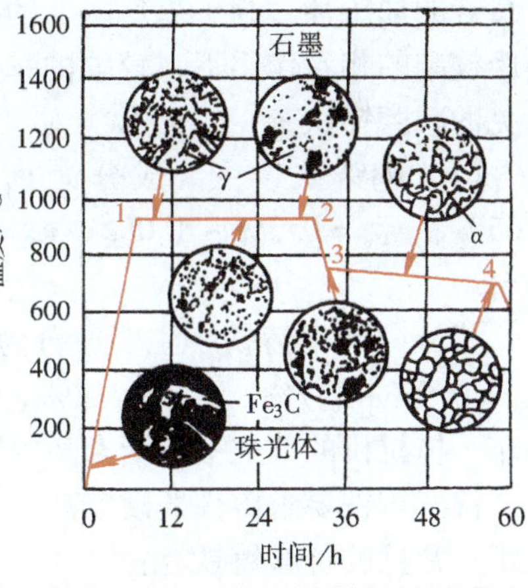

图 5-26 铁素体可锻铸铁退火曲线及组织变化示意图

（3）可锻铸铁的退火处理

1）铁素体可锻铸铁的石墨化退火处理。铁素体可锻铸铁退火的目的是把共晶渗碳体、二次渗碳体和共析渗碳体全部分解为铁素体和石墨，其退火过程和组织转变，可用图 5-26 所示的退火曲线及组织变化示意图来说明。

当白口铸铁加热到 950℃ 或稍高些时，基体组织开始由珠光体 + 莱氏体转变成奥氏体 + 莱氏体。1-2 为保温阶段，此时自由渗碳体不断分解而消失，逐渐形成团絮状石墨，完成了第一阶段的石墨化。2-3 为中间阶段，随着温度的下降，过饱和的碳从奥氏体中脱溶，附着在已形成的团絮状石墨上，使石墨长大，此时的组织为珠光体 + 团絮状石墨。

3-4是第二阶段石墨化，温度为710～730℃，共析珠光体逐渐分解成铁素体+石墨，石墨继续在已有的团絮状石墨上附着生长。第二次保温结束后，随炉快速冷却到500～600℃，然后出炉空冷。

2）珠光体可锻铸铁的石墨化退火。第一阶段石墨化之前的工艺操作和铁素体可锻铸铁相同，后续热处理规范有以下几种：

① 第一阶段石墨化之后，随炉冷至820～880℃出炉空冷，可得到片状珠光体可锻铸铁。

② 第一阶段石墨化之后，随炉冷至680℃，保温6～8h。在含有珠光体稳定作用较强的化学成分条件下（如含有微量的锡、锑或铜、锰量较高时），可以获得粒状珠光体可锻铸铁。

③ 第一阶段石墨化后，淬火形成马氏体，再高温回火（590～630℃）获得回火粒状珠光体。

四、合金铸铁

合金铸铁就是向铸铁中加入数量不等的合金元素，从而改善铸铁的物理、化学和力学性能，如耐磨性、耐蚀性和耐热性等。

1. 耐磨铸铁

耐磨铸铁包括**减磨铸铁**和**抗磨铸铁**二大类。**减磨铸铁是指在有润滑的条件下工作的耐磨铸铁**，如机床的导轨、发动机的气缸套及活塞等。**抗磨铸铁是指在干摩擦的条件下工作的各种耐磨铸铁**，如轧辊、球磨机的磨球等。

减摩铸铁在工作时，不仅要求磨损少，而且还要有较小的摩擦系数、较高的导热性以及良好的加工性。为了满足以上的要求，减摩铸铁一般是在较软的基体上分布着硬质相，在摩擦副的相互作用下，较软的基体下凹，保持着油膜；坚硬的硬质相起到耐磨的作用。常见的减磨铸铁有：

（1）磷铸铁　主要成分为 $w_C=2.9\%\sim3.2\%$、$w_{Si}=1.2\%\sim1.7\%$、$w_P=0.40\%\sim0.65\%$、$w_{Mn}=0.5\%\sim1.0\%$、$w_S\leqslant0.12\%$。主要用作车床、铣床、镗床等的床身及工作台。

（2）铬钼铜铸铁　主要成分为 $w_C=3.2\%\sim3.9\%$、$w_{Si}=1.8\%\sim2.0\%$、$w_P\leqslant0.15\%$、$w_{Mn}=0.5\%\sim0.7\%$、$w_S\leqslant0.12\%$、$w_{Cr}=0.3\%$、$w_{Cu}=0.6\%$、$w_{Mo}=0.4\%$。主要用于制造汽车、拖拉机的气缸套及活塞环等零件，以及精密机床零件。

抗磨铸铁要求铸件的硬度高，组织均匀，通常采用莱氏体、马氏体、贝氏体或奥氏体组织。常见的抗磨铸铁有：

（1）合金白口铸铁　它是在普通白口铸铁的基础上加入少量的Cr、Mo、Cu、V、B等。常用于制造复杂的泵类零件。

（2）中锰球墨铸铁　它是将锰质量分数提高为5%～9%，由于Mn促进了碳化物的形成，使奥氏体区扩大，增加了奥氏体的稳定性，也提高了淬透性，可获得马氏体+碳化物+球状石墨或奥氏体+碳化物+球状石墨的组织。适宜制造有冲击载荷的耐磨损零件，如农机上的犁铧，拖拉机上的履带板等。

（3）冷硬铸铁　将含有少量B、Cr、Mo、Ni等元素的低合金铁液，注入放有冷铁的金属模中成形，使表面获得有一定深度的白口层，而内部为灰铸铁的冷硬铸铁。冷硬铸铁表面具有高硬度，高耐磨性，心部具有一定的韧性和强度，主要用于制造冶金轧辊、发动机凸轮轴等。

2. 耐热铸铁

在高温下工作的铸件由于氧化性气体容易通过微孔、裂纹或沿石墨边界渗入铸件的内部，生成密度小的氧化物，结果引起体积增大。经过反复的受热，膨胀的体积不能复原，这种现象叫铸铁的生长。铸件抗氧化与抗生长的性能称为耐热性。**具备良好耐热性的铸铁叫做耐热铸铁**。为了提高铸铁的耐热性，一种方法是在铸铁中加入 Si、Al、Cr 等合金元素，使铸件表面形成一层致密的 SiO_2、Al_2O_3、Cr_2O_3 氧化膜，使内层组织不被继续氧化。另一种方法是提高铸铁的相变点，使基体组织为单相铁素体，不会发生石墨化过程，因而提高了铸铁的耐热性。

我国的耐热铸铁分为硅系、铝系、低铬系及铝硅系等，常用的耐热铸铁化学成分和力学性能见表 5-18。

表 5-18 常用耐热铸铁的化学成分和力学性能

牌号	化学成分（%）							R_m/MPa	硬度（HBW）
	w_C	w_{Si}	w_{Mn}	w_P	w_S	w_{Cr}	w_{Al}		
			不小于						
RTCr2	3.0 ~ 3.8	2.0 ~ 3.0	1.0	0.20	0.12	1.0 ~ 2.0	—	150	207 ~ 288
RTCr16	1.6 ~ 2.4	1.5 ~ 2.2	1.0	0.10	0.05	15.0 ~ 18.0	—	340	400 ~ 450
RTSi5	2.4 ~ 3.2	4.5 ~ 5.5	0.8	0.20	0.12	0.50 ~ 1.00	—	140	160 ~ 270
RQTSi4Mo	2.7 ~ 3.5	3.5 ~ 4.5	0.5	0.10	0.03	Mo0.3 ~ 0.7	—	540	197 ~ 280
RQTAl4Si4	2.5 ~ 3.0	3.5 ~ 4.5	0.5	0.10	0.02	—	4.0 ~ 5.0	250	285 ~ 341
RQTAl5Si5	2.3 ~ 2.8	4.5 ~ 5.2	0.5	0.10	0.02	—	5.0 ~ 5.8	200	302 ~ 363

3. 耐蚀铸铁

在侵蚀性介质中仍具有高度化学稳定性能的铸铁叫做耐蚀铸铁。为了提高铸铁的耐蚀能力，一是可以向铸铁中加入 Si、Al、Cr 等元素，使铸件表面形成连续、致密、牢固的保护膜；二是可以加入 Cr、Ni、Cu、Mo 等元素，提高铸铁基体的电极电位，降低原电池的电动势，从而提高铸铁抗电化学腐蚀的能力。常用耐蚀铸铁及应用范围见表 5-19。

表 5-19 常用耐蚀铸铁及应用范围

名称	化学成分（%）									应用范围
	w_C	w_{Si}	w_{Mn}	w_P	w_{Ni}	w_{Cr}	w_{Cu}	w_{Al}	$w_{其他}$	
高硅铸铁（Si15）	0.5 ~ 1.0	14.0 ~ 16.0	0.3 ~ 0.8	≤0.08	—	—	3.5 ~ 8.5	—	Mo3.0 ~ 5.0	除还原性酸以外的酸。加 Cu 适用于碱，加 Mo 适用于氯
稀土中硅铸铁	1.0 ~ 1.2	10.0 ~ 12.0	0.3 ~ 0.6	≤0.045	—	0.6 ~ 0.8	1.8 ~ 2.2	—	稀土 0.04 ~ 0.10	硫酸、硝酸、苯磺酸

（续）

名称	化学成分（%）									应用范围
	w_C	w_{Si}	w_{Mn}	w_P	w_{Ni}	w_{Cr}	w_{Cu}	w_{Al}	$w_{其他}$	
高镍奥氏体球墨铸铁	2.6~3.0	1.5~3.0	0.70~1.25	≤0.08	18.0~32.0	1.5~6.0	5.50~7.5	—	—	高温浓烧碱、海水（带泥砂团粒）、还原酸
高铬奥氏体白口铸铁	0.5~2.2	0.5~2.0	0.5~0.8	≤0.1	0~12.0	24.0~36.0	0~6.0	—	—	盐浆、盐卤及氧化性酸
铝铸铁	2.0~3.0	6.0	0.3~0.8	≤0.1	—	0~1.0	—	3.15~6.0	—	氨碱溶液
含铜铸铁	2.5~3.5	1.4~2.0	0.6~1.0	—	—	—	0.4~1.5	—	Sb0.1~0.4 Sn0.4~1.0	污染的大气、海水、硫酸

第三节　有色金属及其合金

有色金属及其合金又称非铁材料，是指除 Fe、Cr、Mn 之外的其他所有金属材料。有色金属及其合金具有钢铁材料所没有的许多特殊的力学、物理和化学性能，在机械、交通、石油化工、电力、航空等领域得到广泛的应用。本节主要介绍机械工业中常用的铝、铜、钛、镁及其合金和滑动轴承合金。

一、铝及其铝合金

铝及其合金在工业生产中的应用量仅次于钢铁，居有色金属的首位，其最大特点是质量轻，比强度和比刚度高，导热导电性好，耐蚀，广泛用于食品、电力和飞机制造业，是航空工业的主要原材料。

1. 工业纯铝

铝约占地壳总重量的8.2%，是地壳中储量最多的一种元素。纯铝呈银白色，有金属光泽，密度小（$2.7g/cm^3$），熔点为660℃。纯铝具有良好的导电性和导热性，其导电性仅次于 Ag、Cu、Au。因此，可用来制造电线、电缆等各种导电材料和各种散热器等导热元件。

纯铝为面心立方晶格，无同素异晶转变。纯铝的强度低，塑性好（$A=25\%\sim40\%$），虽然通过冷变形可提高其强度，但塑性降低。另外，铝在0℃～－253℃的低温和超低温下也具有良好的塑性和韧性。

铝和空气中的氧作用，在表面生成一层牢固、致密的氧化膜，阻止了铝继续被氧化。但纯铝在碱、盐的溶液及稀酸中，其氧化膜很易破坏，使耐蚀性变坏。

工业纯铝含有 Fe 和 Si 等杂质，随着杂质质量分数的增高，纯铝的强度提高，塑性、导电性和耐蚀性降低。

工业纯铝中铝的质量分数为98%～99%，牌号有1070A（原 L1）、1060（原 L2）、1050（原 L3）、1035（原 L4）、1020（原 L5）、8A06（原 L6）六种、大部分工业纯铝用来配制铝合金，1070A、1060、1050 的工业纯铝可作为导线或电缆材料，1035、1200、

8A06 可用于制造器皿、型材和铆钉等。

纯铝的硬度低、抗拉强度 R_m 仅为 70MPa，冷加工是提高纯铝强度的唯一手段，因此工业纯铝通常是按冷作硬化或半冷作硬化提供使用的，还可以加入合金元素再热处理进行强化。

2. 铝合金的分类

二元铝合金相图如图 5-27 所示。根据铝合金的成分和生产加工方法，可以把铝合金分为变形铝合金和铸造铝合金。

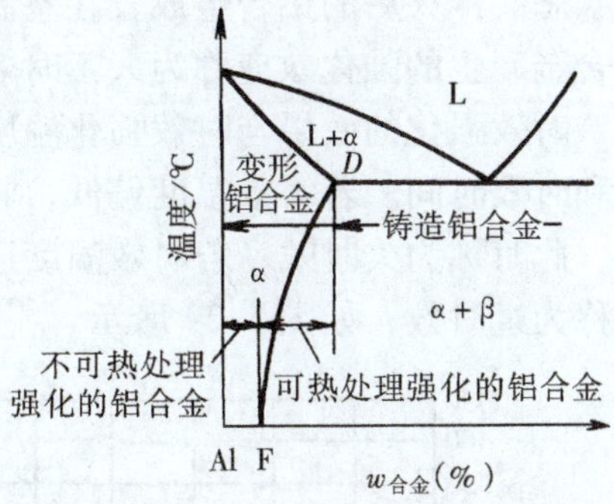

图 5-27　二元铝合金分类示意图

（1）变形铝合金　合金加热到固溶线以上时，可得到均匀的单相固溶体，其塑性变形能力很好，适宜于压力加工，因此这种铝合金称为变形铝合金。

根据变形铝合金的强化特点，可将其分为两类，即可热处理强化的变形铝合金和不能热处理强化的变形铝合金。成分在 F 点以左的铝合金，因其固溶体成分不随温度而变化，不能通过时效处理强化，称为不可热处理强化的变形铝合金。成分在 F、D 之间的合金，其固溶体的成分将随温度而变化，可以进行时效处理强化，称为可热处理强化的变形铝合金。

（2）铸造铝合金　成分位于 D 点以右的合金，由于有共晶组织存在，具有良好的铸造性能，但压力加工性能很差，这类合金称为铸造铝合金。铸造铝合金用于直接铸成各种形状复杂的部件，不适合压力加工。

3. 铝合金的强化

固态铝无同素异构转变，因此不能象钢一样借助于热处理相变强化。在铝中加入适量的合金元素，如 Cu、Zn、Mg、Ti 等配制成铝合金，可以改变铝的组织结构，提高其力学性能。合金元素对铝的强化作用主要表现为固溶强化、时效强化和细化组织强化。

（1）固溶强化　铝中的合金元素与铝形成有限固溶体，导致晶格畸变，增加位错运动阻力，提高了铝合金的强度，但这种固溶强化的效果是有限的。

（2）时效强化　铝合金淬火固溶处理后再进行时效处理，可以大幅度提高铝合金的强度。

时效处理的铝合金中的合金元素应在铝中有较高的极限溶解度，并且该溶解度能随温度的降低而显著减小，使淬火后形成过饱和固溶体。在随后的时效处理过程中，从过饱和的固溶体中析出均匀、弥散的共格或半共格过渡的强化相。

图 5-28 是 Al-Cu 合金二元相图。由图可见，铜在铝中有较大的固溶度（548℃时为 5.65%），且固溶度随温度下降而骤减（室温时为 0.05%）。以 Al—4% Cu 合金为例，将其加热到固溶线与固相线之间保温，使 θ 相（$CuAl_2$）溶入 α 固溶体中，然后快速淬火冷至室温，获得铜在铝中的过饱和的单相 α 固

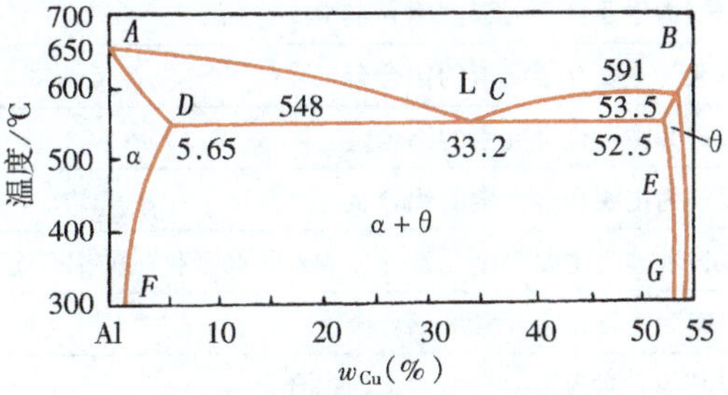

图 5-28　Al-Cu 合金二元相图

溶体。α 相属于亚稳态组织，在一定的温度和时间条件下可以分解析出强化相，过渡到稳定状态。淬火后的铝合金放置在室温下产生的强化效应称为自然时效；在低温加热过程中使合金产生的强化效应称为人工时效。

时效强化的效果与时效强化温度和保温时间有关。每一种铝合金都有其最佳的时效温度和时效时间。若时效温度偏低，同时时效时间又短，铝合金就达不到时效强化的最佳效果，此时称为欠时效；若时效温度过高，同时时效时间过长的话，铝合金就开始软化，此时称为过时效，如图 5-29 所示。一般时效温度越高，时效强化速度就越快。

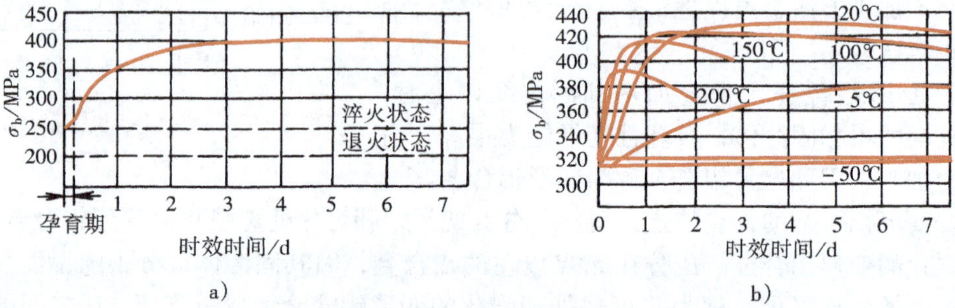

图 5-29 铝合金时效硬化曲线示意图

a）自然时效曲线 b）不同温度下的时效曲线

（3）细化组织强化 对于不能时效强化或时效强化效果不大的铝合金，常采用加入微量合金元素（称为变质剂）进行变质处理，利用细化组织的方法来提高合金的强度和塑性。在铝合金中加入微量元素 Ti、Zr、Be、RE 等合金元素后，可形成一些难熔化合物，在合金结晶时作为非自发晶核，起到细化晶粒的目的。

4. 变形铝合金

根据国家标准 GB/T 16474—2011 规定，变形铝合金的牌号由四位字符体系组成，见表 5-20。牌号的第一位数字表示铝及铝合金的组别。第二位为英文大写字母或数字，如果是字母 A，则表示为原始合金；如果是字母 B ~ Y，则表示为原始合金的改型合金。最后两位数字用以标识同一组中不同的铝合金或表示铝的纯度。

表 5-20 铝及变形铝合金牌号新标准规定的表示方法（GB/T16474-2011）

组别	牌号
纯铝（$w_{Al}>99.00\%$）	1×××
以铜为主要合金元素的铝合金	2×××
以锰为主要合金元素的铝合金	3×××
以硅为主要合金元素的铝合金	4×××
以镁为主要合金元素的铝合金	5×××
以镁和硅为主要合金元素并以 Mg2Si 为强化相的铝合金	6×××
以锌为主要合金元素的铝合金	7×××
以其他元素为主要合金元素的铝合金	8×××

变形铝合金按性能和用途可分为：防锈铝合金、硬铝合金、超硬铝合金和锻铝合金

等。表5-21是常用变形铝合金的牌号、代号、化学成分和力学性能。

表5-21 常用变形铝合金的牌号、代号、化学成分、力学性能和用途

组别	牌号	代号	化学成分（%）					热处理状态	力学性能			用途
			w_{Cu}	w_{Mg}	w_{Mn}	w_{Zn}	w_{Al}		R_m/MPa	A(%)	HBW	
防锈铝	5A05	LF5		4.5～5.5	0.3～0.6		余量	T1①	270	23	70	中载零件、铆钉、焊接油油管
	3A21	LF21			1.0～1.6		余量		130	23	30	管道、容器、铆钉及轻载零件
硬铝	2A01	LY1	2.2～3.0	0.2～0.5			余量	T2②	300	24	70	工作温度＜100℃，常用作铆钉
	2A11	LY11	3.8～4.8	0.4～0.8	0.4～0.8		余量		420	18	100	中等强度构件和零件
	2A12	LY12	3.8～4.9	1.2～1.8	0.3～0.9		余量		480	11	131	高强度构件及150℃下工作零件
超硬铝	7A04	LC4	1.4～2.0	1.8～2.8	0.2～0.6	5.0～7.0	余量	T3③	600	12	150	飞机主要受力构件及高载荷零件
	7A06	LC6	2.2～2.8	2.5～3.2	0.2～0.5	7.6～8.6	余量		680	7	190	同上
锻铝	2A50	LD5	1.8～2.6	0.4～0.8	0.4～0.8		余量	T3	420	13	105	形状复杂、中等强度的锻件
	2A70	LD7	1.9～2.5	1.4～1.8			余量		440	13	120	高温下工作的复杂锻件和结构件
	2A14	LD10	3.9～4.8	0.4～0.8	0.4～1.0		余量		480	10	135	承受重载荷的锻件

① 退火；

② 固溶处理＋自然时效；

③ 固溶处理＋人工时效

（1）防锈铝合金　防锈铝合金的代号为“L”“F”，是“铝”“防”的汉语拼音字首。

防锈铝合金主要有Al-Mn系和Al-Mg系两种合金，属于不能热处理强化的变形铝合金，只能通过加工硬化方法来提高强度。这类铝合金塑性高，强度低，焊接性好，且有优良的抗蚀性能，因此称为防锈铝。

（2）硬铝合金　硬铝合金的代号为“L”“Y”，是“铝”“硬”的汉语拼音字首。

硬铝合金属Al-Cu-Mg系合金，根据硬铝合金的特性和用途，可将其分为低强度硬铝（LY1、LY10）、中强度硬铝（LY11）、高强度硬铝（LY12、LY6）、耐热硬铝（LY2）等。

硬铝合金属于可热处理强化的变形铝合金，可以通过时效处理进行强化。但是硬铝固溶处理的加热温度范围很窄，一般温度范围不超过±5℃。若淬火加热温度过高，零件容易过烧；若淬火加热温度过低，则固溶体过饱和程度不足，不能获得良好的时效强化效果。

硬铝的耐蚀性比较差，在海水中使用时尤为严重。为了提高硬铝在海水中的耐蚀性，通常在硬铝的外面包上一层纯铝进行保护。

(3) 超硬铝合金　超硬铝合金的代号为“L”“C”，是“铝”“超”的汉语拼音字首。

超硬铝合金属 Al-Zn-Mg-Cu 系合金。它的强度在变形铝合金中最高，可达 600～700MPa，超过高强度的硬铝 LY12，故称之为超硬铝。

在超硬铝合金中有 θ 相（$CuAl_2$）、S 相（$CuMgAl_2$）、η 相（$MgZn_2$）和 T 相（$Al_2Mg_3Zn_3$）等四种强化相，因而具有显著的时效强化效果。

超硬铝合金经时效处理后强度和硬度都很高，但耐热、耐蚀性较差，一般也采用包铝的办法提高其耐蚀性。

(4) 锻造铝合金　锻造铝合金的代号为“L”“D”，是“铝”“锻”的汉语拼音字首。

锻造铝有 Al-Cu-Mg-Si 系合金，这类合金加入的合金元素种类多，但含量少，因而具有良好的热塑性，适于锻造，故称之为锻铝。

锻造铝的主要强化相为 Mg_2Si，有较好的锻压性能和耐蚀性能，力学性能与硬铝相似。热处理常采用淬火＋人工时效处理，淬火后在室温停留的时间不宜过长，否则会显著降低人工时效强化效果。

5. 铸造铝合金

铸造铝合金具有良好的铸造性能、抗腐蚀性能和切削加工性能，可制成各种形状复杂的零件，并可通过热处理改善铸件的力学性能。

根据主加合金元素的不同，铸造铝合金一般分为四大类，即 Al-Si 系、Al-Cu 系、Al-Mg 系和 Al-Zn 系，其牌号用“铸”“铝”二字的汉语拼音字首“Z”“L”加三位数字表示，第一位代表合金系，后两位为顺序号。表5-22是铸造铝合金的牌号、化学成分、性能和用途。

表5-22　常用铸造铝合金的主要牌号、化学成分、力学性能及用途

组别	牌号	代号	化学成分（%）		力学性能				用途
			第一主加元素	其他	铸造方法与合金状态[①]	R_m/MPa	A（%）	HBW	
铝硅合金	ZAlSi7Mg	ZL101	w_{Si} 6.0～8.0	w_{Mg}0.2～0.40 Al 余量	S，T3 J，T3	190 210	4 2	50 60	飞机、仪器零件
	ZAlSi12	ZL102	w_{Si} 11.0～13.0	Al 余量	SB JB	143 153	4 2	50 50	形状复杂的铸件，抽水机壳体
	ZAlSi9Mg	ZL104	w_{Si} 8.0～10.5	w_{Mg}0.17～0.30 w_{Mn}0.2～0.50 Al 余量	J，T3 J，T4	200 240	1.5 2	70 70	电动机壳体、汽缸体等
	ZAlSi5Cu1Mg	ZL105	w_{Si} 4.5～5.5	w_{Cu}1.0～1.50 w_{Mg}.35～0.60 Al 余量	J，T3 J，T4	240 180	0.5 1	70 65	风冷发动机汽缸头、油泵壳体
	ZalSi12Cu1Mg1Ni1	ZL109	w_{Si} 11.0～13.0	w_{Cu}0.50～1.50 w_{Mg}0.80～1.30 Al 余量	J，T3 J，T4	200 250	0.5 —	90 100	活塞及高温下工作的零件

（续）

组别	牌号	代号	化学成分（%）		力学性能				用途
			第一主加元素	其他	铸造方法与合金状态①	R_m/MPa	A（%）	HBW	
铝铜合金	ZAlCu5Mn	ZL201	w_{Cu} 4.5～5.3	w_{Mn}0.60～1.0 w_{Ti}0.15～0.35 Al余量	S，T2 S，T3	300 340	8 4	70 90	内燃机气缸头、活塞
	ZAlCu10	ZL202	w_{Cu} 9.0～11.0	Al余量	S，T4 J，T4	170 170	— —	100 100	高温下工作不受冲击的零件
铝镁合金	ZAlMg10	ZL301	w_{Mg} 9.5～11.5	Al余量	S，T2	280	9	60	海水中工作的零件，如舰船配件
铝锌合金	ZAlZn10Si7	ZL401	w_{Zn} 9.0～13.0	w_{Si}6.0～8.0 Al余量	J，T1	250	1.5	90	结构形状复杂的汽车、仪表配件

① J—金属模；S—砂模；B—变质处理；T1—人工时效；T2—淬火＋自然时效；T3—淬火＋不完全时效；T4—淬火＋人工时效。

（1）Al-Si系铸造铝合金　Al-Si系铸造铝合金俗称硅铝明，是一种应用最广的铸造铝合金。这类合金具有优良的铸造工艺性能，收缩率较小，强度中等，并可以焊接，适于铸造在常温下工作形状复杂的零件。

图5-30是Al-Si二元合金相图，合金的共晶成分为w_{Si}＝11.7%，共晶温度557℃。其中α相为硅溶入铝中形成的固溶体。含有w_{Si}＝11%～13%的Al-Si合金称为简单硅铝明（ZL102），具有优良的铸造性能，铸造后几乎全部得到共晶体组织（α＋Si）。但在一般情况下，ZL102的共晶体由粗大针状硅晶体和α固溶体组成（见图5-31a），合金的力学性能不高。通常要对ZL102合金进行变质处理，浇注前向合金液中加入质量分数为2%～3%的变质剂，使硅的形状发生变化。常用的变质剂是40% NaF ＋ 45% NaCl ＋ 15% Na_3AlF_6钠盐混合物。经变质处理后的组织是细小均匀的共晶体加初生α固溶体（见图5-31b）。另外，由于硅在铝中的溶解度变化很小，所以ZL102合金不能采用热处理进行强化。但可以在Al-Si二元合金中添加合金元素Cu、Mg、Mn，即可以进行固溶时效强化处理，这类合金称为特殊硅铝明。

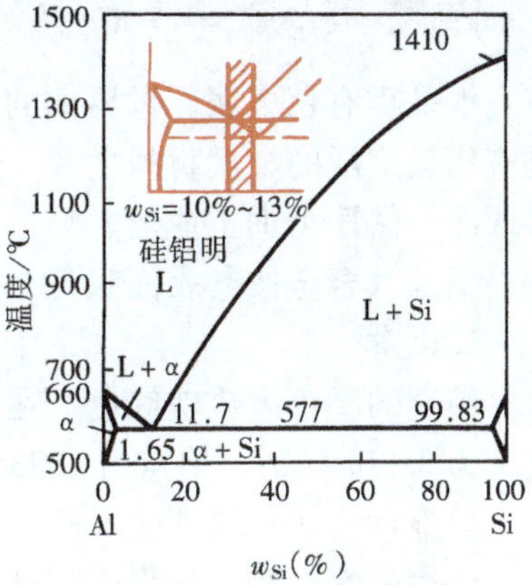

图5-30　Al-Si二元合金相图

（2）Al-Cu系铸造铝合金　这类合金的耐热性高，但铸造性能和耐蚀性较差，易产生热裂和缩松倾向。由于铜在铝中具有较大固溶度，并随着温度变化而变化，因此这类合金可以通过固溶时效强化提高其强度。由于随着铜的质量分数的增加，合金的脆性增加，因此w_{Cu}一般不超过14%。一般多用来制造在200～300℃条件下工作，要求强度比较高的零件，如内燃机汽缸头、活塞等。

（3）Al-Mg系铸造铝合金　这类合金又称耐蚀铸造铝合金。特点是密度小，强度高，

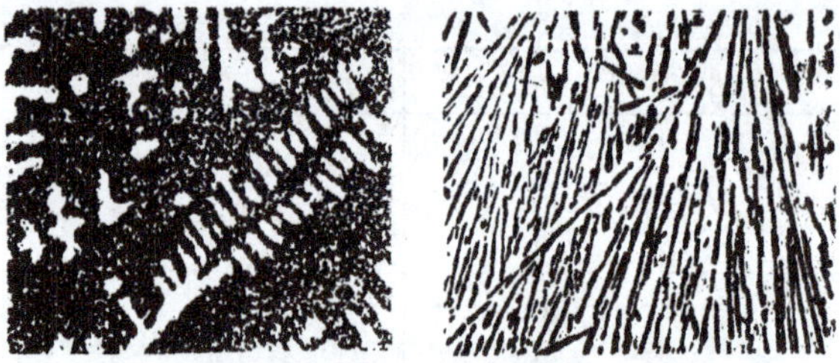

a) b)

图 5-31 Al-Si 二元合金的显微组织
a）未经变质处理 b）变质处理

耐蚀性好，具有良好的切削性能；缺点是铸造性能和耐热性能差。

铝镁系合金一般不在铸态下使用，而是经过淬火处理。因为在淬火状态下，镁可以全部溶入固溶体，使合金获得最佳的强度和抗蚀性。该合金多用于制造在腐蚀介质条件下承受较大载荷的零件，也可用来代替某些耐酸钢及不锈钢。

（4）Al-Zn 系铸造铝合金　Al-Zn 系铸造铝合金是最便宜的一种铸造铝合金，常用的牌号 ZL401。这类合金的主要特点是具有良好的铸造性能和固溶时效强化能力，在铸态下有较高的机械强度，缺点是耐蚀性差。这类合金可以在铸态下不经热处理直接使用，多用于制造工作温度低于 200℃，形状复杂的压铸件及模具、型板、设备支架等。

二、铜及其铜合金

铜是重有色金属，世界铜的产量仅次于钢和铝。铜及其合金是人类最早使用、至今也是应用最广泛的金属材料之一。铜的导电性和导热性好，耐腐蚀，有优良的塑性，可以焊接或冷、热压力加工成形。

铜及其合金按其表面颜色，分为纯铜、黄铜、青铜和白铜。

1. 纯铜

纯铜的颜色为玫瑰红色，在大气中表面形成的氧化亚铜呈紫色，故称为紫铜。纯铜的密度为 8.96g/cm^3，熔点为 1083℃，具有面心立方晶格，塑性极好，无同素异晶转变。**纯铜的导电性和导热性能仅次于银而居第二位**。

纯铜的塑性好，但强度、硬度低。冷塑变形可以使铜的强度提高到 400～500MPa，但伸长率降为 6% 左右。退火可消除铜的冷加工硬化，工业纯铜的退火温度范围在 500～700℃。

工业纯铜中常含有 0.1%～0.5% 的杂质元素（Pb、Bi、O、S、Se、P 等），使铜的导电性下降。另外，Pb、Bi 等杂质能与铜形成低熔点共晶体，在铜加热时，这些共晶体脆化，破坏了晶界的结合，容易造成热脆。S、O 也能与铜形成共晶体，冷加工时易产生破裂，造成冷脆。因此，铜材中 w_S 和 w_O 应分别控制在 0.01% 和 0.05% 以下。

工业纯铜有 T1、T2、T3 三个牌号，“T”为“铜”的汉语拼音字首，后面的数字越大表示铜的纯度越低。

2. 铜合金的分类和牌号

纯铜的强度低，不宜直接用作结构材料，常加入合金元素来改善其性能。根据铜合金的表面颜色，铜合金分为黄铜、青铜和白铜三大类。

黄铜是以锌为主加元素的铜合金，加锌后呈金黄色，故称为黄铜。根据黄铜中所含其他元素的种类，黄铜分为普通黄铜和特殊黄铜。只含锌的黄铜称为普通黄铜，用“黄”字汉语拼音字首“H”表示，其后数字表示平均铜的质量分数。如H62，表示平均铜的质量分数为62%的普通黄铜。特殊黄铜的牌号表示方法是“H”加上除锌以外的主加元素符号，再加上铜的质量分数和主加元素的质量分数。如HSi80-3表示w_{Cu}为80%、w_{Si}为3%、其余为锌的硅黄铜。

白铜是以镍为主加元素的铜合金，以“白”字的汉语拼音字首“B”表示，后面的数字为镍的平均质量分数，如B19表示w_{Ni}为19%的普通白铜。

青铜是除锌和镍以外的其他元素作为主加元素的铜合金。根据添加的元素不同，青铜分为锡青铜、铝青铜、铍青铜等。青铜的牌号表示方法是用“青”字的汉语拼音字首“Q”，加上主加元素的化学符号和其质量分数来表示。如QAl5表示w_{Al}为5%的铝青铜。

按成形方法可将铜合金分为变形铜合金和铸造铜合金。铸造铜合金的牌号表示方法与上述变形铜合金的方法基本相同，仅在牌号的前面冠以“铸”字的汉语拼音字首“Z”表示。如ZH62表示w_{Cu}为62%的铸造黄铜；ZQSn10-1表示为w_{Sn}为10%，其他合金元素的质量分数为1%的铸造锡青铜。

3. 黄铜

黄铜分为**普通黄铜**、**特殊黄铜**和**铸造黄铜**三大类。表5-23是常用黄铜的牌号、成分、力学性能及用途。

表5-23 常用黄铜的牌号、成分、力学性能及用途

类别	代号	化学成分（%）		力学性能				用途
		w_{Cu}	$w_{其他}$	铸造方法①	R_m/MPa	A(%)	(HBW)	
普通黄铜	H70	68.5~71.5	Zn余量		660	3	150	弹壳、机械及电器零件
	H62	60.5~63.5	Zn余量		500	3	164	螺母、垫圈、散热器
	H59	57.0~60.0	Zn余量		500	10	103	热轧及热压零件同上
特殊黄铜	HPb59-1	57.0~60.0	Pb0.8~1.90 Zn余量		650	16	140	销子、螺钉等冲压或加工件
	HAl59-3-2	57.0~60.0	Al2.5~3.50 Ni2.0~3.0 Zn余量		650	15	150	船舶、化工机械等常温下工作的高强度耐蚀零件
	HMn58-2	57.0~60.0	Mn1.0~2.0 Zn余量		700	10	175	船舶零件及轴承等耐磨零件

（续）

类别	代号	化学成分（%）		力学性能				用途
		w_{Cu}	$w_{其他}$	铸造方法①	R_m/MPa	A(%)	(HBW)	
铸造黄铜	ZCuZn38	60.0～63.0	Zn余量	S J	295 295	30 30	590 685	机械、热轧制零件
	ZCuZn33Pb2	63.0～67.0	Pb1.0～3.0 Zn余量	S	180	70	490	
	ZCuZn40Pb2	58.0～63.0	Pb0.50～2.50 Al0.20～0.80 Zn余量	S J	220 280	150 20	785 885	制作化学稳定的零件
	ZCuZn16Si4	79.0～81.0	Si2.50～4.50 Zn余量	S J	345 390	15 20	885 980	轴承、轴套

① J—金属模；S—砂模

（1）普通黄铜　普通黄铜是铜和锌的二元合金。该合金中的α相是锌在铜中的固溶体，晶格类型与纯铜相同，为面心立方晶格。α相具有优良的塑性、焊接性和锻造性，适宜于冷加工。β相是以电子化合物CuZn为基的固溶体，呈体心立方晶格，β相在453～468℃时，将发生有序化转变，成为有序固溶体β′。β相塑性良好，适于热压力加工，但β′相塑性低，硬而脆，冷加工困难。

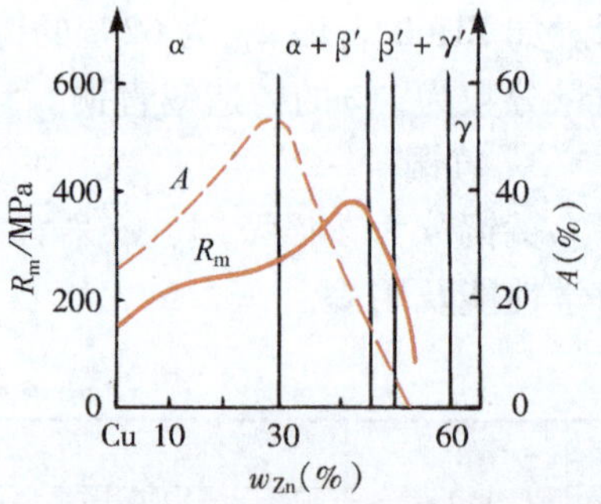

图5-32　黄铜中锌的质量分数与力学性能的关系

黄铜中锌的质量分数对铜合金的力学性能有很大影响（见图5-32）。当$w_{Zn}<32\%$时，由于锌完全融入α固溶体中，产生固溶强化，使黄铜的强度和塑性都随着锌的质量分数的增加而增加；当$w_{Zn}>32\%$时，由于组织中出现硬脆的β′相，使塑性降低，但强度继续升高；当$w_{Zn}>45\%$时，由于组织全部为硬脆的β′相，因而强度和塑性急剧降低。

工业上应用的黄铜按组织可分为α单相黄铜、β′单相黄铜和α+β双相黄铜（见图5-33）。α单相黄铜抗蚀性和室温塑性好，但强度低，适宜进行冷变形加工；α+β双相黄铜和β′单相黄铜室温塑性较差，需要加热到高温后再进行热加工。

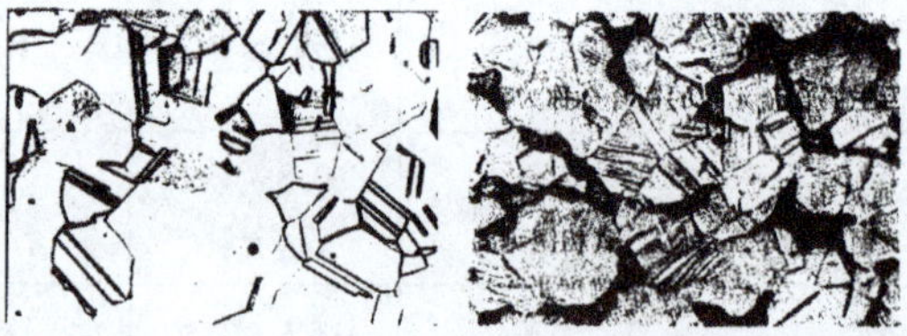

a)　　b)

图5-33　铜锌合金的显微组织
a）单相黄铜　b）双相黄铜

黄铜在干燥的大气和一般的介质中的抗蚀性比铁和钢好。但是，经过冷变形的黄铜制品在潮湿的大气中，特别是在含有氨气的大气或海水中容易发生自动破裂，这种现象称为黄铜的“季裂”。黄铜的季裂是冷加工变形后的黄铜制品中存在残余应力，在介质的作用下，腐蚀沿着应力分布不均匀的晶粒边界进行，导致制品破裂，所以季裂又称为“应力破裂”。黄铜的季裂倾向随着锌的质量分数的增加而增大，特别是在 $w_{Zn}>20\%$ 时危险性更大。防止季裂的方法有低温去应力退火或加入适量的 Si、Al 等合金元素以降低黄铜季裂的敏感性。

（2）特殊黄铜　在铜锌二元合金的基础上再加入 Al、Si、Pb、Sn、Ni、Mn 等合金元素就形成特殊黄铜，分别称为铝黄铜、硅黄铜、铅黄铜等。加入 Al、Sn、Ni、Mn 可以提高耐蚀性和耐磨性，Mn 能提高耐热性，Pb 可以改善切削性能，Si 能改善铸造性能。

4. 青铜

根据添加的元素不同，青铜分为**锡青铜**、**铝青铜**和**铍青铜**等。表 5-24 是常用青铜的牌号、成分、力学性能及用途。其中，工业用量最大的是锡青铜和铝青铜，强度最大的是铍青铜。

表 5-24　常用青铜加工产品牌号、成分、力学性能及用途

组别	代号	化学成分（%）		力学性能				用途
		第一主加元素	$w_{其他}$	加工状态	R_m/MPa	A(%)	硬度（HBW）	
锡青铜	QSn6.5-0.4	w_{Sn} 6.0~7.0	P0.26~0.40 Cu 余量	软	400	65	80	精密仪器中的耐磨零件和抗磁元件、弹簧、艺术品
				硬	750	10	180	
	QSn4-3	w_{Sn} 3.5~4.5	Zn2.7~3.3 Cu 余量	软	350	40	60	弹簧、化工机械耐磨零件和抗磁零件
				硬	550	4	160	
铝青铜	QAl10-3-1.5	w_{Al} 8.5~10.0	Fe2.0~4.0 Mn1.0~2.0 Cu 余量	退火	600~700	20~30	125~140	飞机、船舶用高强度、高耐磨性抗蚀零件，齿轮、轴承
				冷加工	700~900	9~12	60~200	
	QAl7	w_{Al} 6.0~8.5	Cu 余量	退火	470	70	70	重要的弹簧及弹性元件
				冷加工	980	3	154	
铍青铜	QBe2	w_{Be} 1.8~2.1	Ni0.2~0.5 Cu 余量	淬火	500	35	100	重要的弹簧及弹性元件，耐磨零件，高压高速高温轴承，钟表齿轮，罗盘零件
				时效	1250	2~4	330	
铸造青铜	ZQSn10-2	w_{Sn} 9.0~11.0	Zn1.5~3.5 Cu 余量	S①	200	10	70	阀门、泵体等载荷零件
				J①	250	6	80	
	ZQAl10-3-15	w_{Al} 9.0~11.0	Fe2.0~4.0 Mn1.0~2.0 Cu 余量	S	450	10	110	较高载荷的轴承、轴套和齿轮
				J	500	20	120	
	ZQPb10-10	w_{Pb} 8.0~11.0	Sn8.0~11.0 Cu 余量	S	150	3	65	冷轧机轴承、中等载荷轴承、双金属耐磨零件、耐酸铸件
				J	200	5	70	

① 铸造：S—砂模；J—金属模

(1) 锡青铜 锡青铜中的 α 相是锡溶于铜中形成的固溶体，晶格类型为面心立方晶格，具有优良的塑性，适宜于冷、热加工变形。δ 相是以 $Cu_{31}Sn_8$ 为基的固溶体，具有复杂立方晶格，它在常温下是硬脆相。

锡的质量分数对锡青铜的力学性能的影响如图 5-34 所示。由图可见，w_{Sn} 小于 6%～7% 时，随着锡的质量分数增加，强度和塑性增加。当 w_{Sn} 超过 6%～7% 时，由于组织中出现了硬脆相 δ，塑性急剧下降，但由于少量 δ 相的弥散强化作用，强度仍然上升。当 w_{Sn} 大于 20% 时，由于出现过多的 δ 相而使强度显著下降，塑性极低，合金变得硬而脆无使用价值。因此，工业上用的锡青铜的 w_{Sn} 一般在 3%～14% 范围内，w_{Sn} 小于 7% 的锡青铜适用于压力加工，w_{Sn} 大于 10% 的锡青铜适用于铸造。

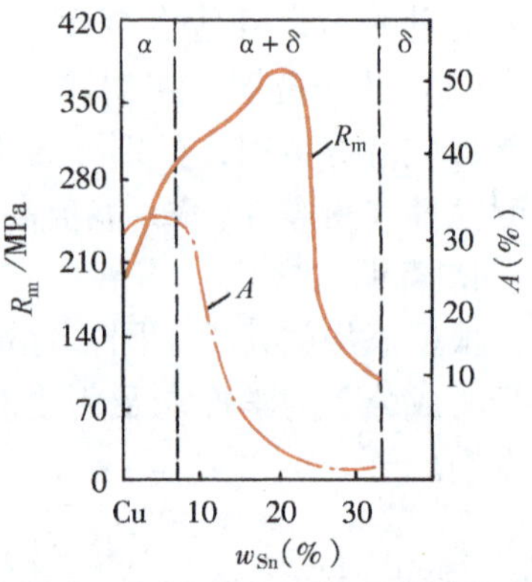

图 5-34 锡质量分数对锡青铜力学性能的影响

锡青铜铸造时的特点是体积收缩小，这有利于制造尺寸要求精确的复杂铸件和花纹清晰的工艺美术品。锡青铜凝固时不形成集中缩孔，只形成沿铸件断面均匀分布枝晶间的分散缩孔。所以，铸件致密性差，在高压下易渗漏，不适于铸造密度要求高的零件。锡青铜的耐蚀性比纯铜和黄铜都高，在湿气、蒸汽、海水和淡水中都具有良好的抗蚀性。

为了改善锡青铜的工艺性能和使用性能，常加入 P、Zn、Pb 等元素，成为多元锡青铜。P 可提高合金的流动性和耐磨性；Zn 可改善合金强度和铸造性能。

锡青铜具有良好的力学性能和抗蚀性能，可用于制造弹簧等弹性元件和化工器件等。锡铅青铜可以提高耐磨性和切削加工性，用于制造轴套、轴承内衬等零件。

(2) 铝青铜 它是以铝作为主加元素的铜基合金。工业上使用的铝青铜 w_{Al} 一般不超过 12%，铸造性能也很好。但铸件收缩率大，且在过热蒸汽中不稳定。

铝青铜的强度、硬度、耐磨性和抗腐蚀性能都超过锡青铜和黄铜。铝青铜流动性好，几乎不生成分散缩孔，但容易产生集中缩孔，形成粗大柱状晶，使压力加工变得困难。为防止铝青铜晶粒粗大，除严格控制铝的质量分数外，同时加入复合变质剂（如 Ti+V+B 等），使晶粒细化。铝青铜中加入 Fe、Mn、Ni 等元素，可进一步提高合金的强度、耐磨性及耐腐蚀性能。

铝青铜主要中来制造耐磨、耐腐蚀和弹性零件，如齿轮、蜗轮、弹簧等。

(3) 铍青铜 它是以铍作为主加元素的铜基合金。工业用铍青铜的 w_{Be} 一般在 1.7%～2.5% 范围内。铍青铜是铜合金中性能最好的一种，除具有很高的强度和弹性外，还具有很好的耐磨性、耐蚀性及耐低温等特性，且导电性、导热性能优良，无磁性，受冲击时不产生火花。

铍青铜的淬火温度为 780～800℃，淬火介质为水，时效温度为 300～350℃。铍青铜淬火后得到的过饱和固溶体很软，在室温下放置不会发生自然时效过程，可以方便地进行拉拔、轧制等冷加工，因此铍青铜的半成品多在淬火态供应，制成零件后不需再淬火，直接进行时效。淬火态铍青铜的塑性较高，切削性能不好，有时为改善切削性能，可在淬火后先进行一次半时效处理，切削加工后再进行完全时效。

铍青铜在工业上用来制造高级弹簧、膜片、膜盒等弹性元件的重要材料，还可用于制作高速、高温和高压下工作的轴承、衬套、仪表齿轮等耐磨零件及换向开关、电接触器和防爆工具等。由于铍是稀有元素，故铍青铜的价格比较高，使用受到限制。

5. 白铜

白铜是以铜镍为主加元素的铜合金。白铜分为简单白铜和特殊白铜，Cu-Ni 二元合金称为简单白铜，在简单白铜合金的基础上添加其他合金元素的 Cu-Ni 基合金称为特殊白铜。简单白铜具有较高的耐蚀性和抗腐蚀疲劳性能，冷、热加工性能优良，主要用于制造蒸汽和海水环境中工作的精密仪器、仪表零件、冷凝器和热交换器。特殊白铜主要为锌白铜和锰白铜，锰白铜的电阻率高，电阻温度系数小，是制造低温热电偶、热电偶补偿导线及电阻器的理想材料。

三、滑动轴承合金

与滚动轴承相比，**滑动轴承具有承压面积大、工作平稳、无噪声以及拆卸方便等优点**，广泛用于机床主轴、发动机轴承以及其他动力设备的轴承。

1. 滑动轴承对材料性能的要求

滑动轴承合金是用来制造滑动轴承中的轴瓦及内衬的合金。当轴在滑动轴承内旋转时，轴承内表面承受周期性的交变载荷，并发生强烈摩擦，造成轴与轴承的磨损。由于轴是机器的重要零部件，加工复杂，价格较贵，并且更换困难，所以要求轴承合金的硬度要比轴颈的硬度低得多，使轴承对轴的磨损最小，同时要尽可能提高轴承合金的耐磨性。为此，轴承合金应具备以下基本性能。

1）常温下具有足够的强度、硬度、冲击韧性和疲劳极限，以承受周期性交变载荷，并抵抗冲击和震动。

2）耐磨性好，与轴的摩擦因数小，热膨胀系数小，导热性能好，以免因工作温度升高而与轴咬合。

3）有良好的磨合性和抗蚀性能，能耐润滑油中有机酸的腐蚀。

为了使轴承合金具备上述性能，轴承合金的组织特点应是在软基体上均匀分布着硬质点或硬基体上分布着软质点。这样，当轴在轴承中转动时，软基体（或软质点）被磨损形成凹坑，可以储存润滑油，降低摩擦因数，减小磨损。同时，软基体（或软质点）还能嵌藏外来硬质点，以避免这些外来硬质点擦伤轴颈。软基体（或软质点）下凹后，轴承的硬质点（或硬基体）凸起，支承轴所施加的压力，减少轴与轴瓦的接触面积，阻止轴承进一步的磨损。图 5-35 是轴与轴承滑动面的结构示意图。

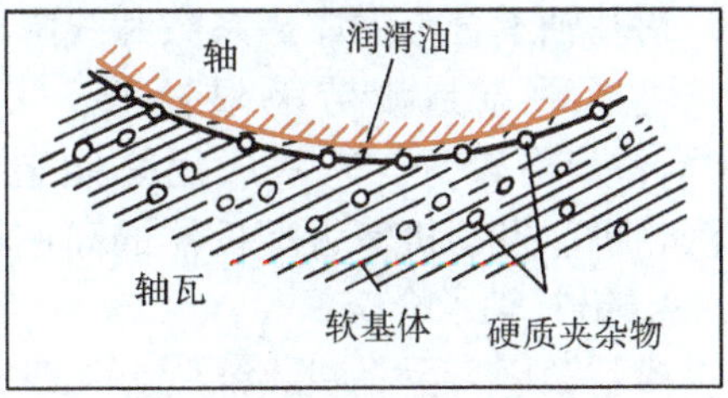

图 5-35 轴与轴承滑动面的结构示意图

2. 滑动轴承的分类及牌号

滑动轴承按其主要化学成分可分为锡基、铅基、铝基、铜基和铁基轴承合金。以锡或铅为基的轴承合金又称为巴氏合金，应用最为广泛。

轴承合金的牌号为：**ZCh + 基本元素符号 + 主加元素符号 + 主加元素质量分数 + 辅加元素质量分数**，其中“Z”和“Ch”分别是“铸”和“承”的汉语拼音首字，如

ZChSnSb11-6表示 w_{Sb}11% 和 w_{Cu}6% 的锡基铸造轴承合金。

表5-25是常用的滑动轴承合金的牌号、成份与用途。

表5-25 常用的滑动轴承合金的牌号、成份与用途

组别	代号	化学成分（%）					力学性能			用途
		w_{Sn}	w_{Sb}	w_{Pb}	w_{Cu}	$w_{其他}$	R_m/MPa	A(%)	硬度（HBW）	
锡基	ZChSnSb11-6	余量	10～12		5.5～6.5		90	6	30	较硬，适用于1500kW以上的高速汽轮机，400kW的涡轮机，高速内燃机轴承
	ZChSnSb8-4	余量	7.8～8.0		3.6～4.0		80	10.6	24	大型机械轴承及轴套
铅基	ZChPb16-16-2	15.0～17.0	15.0～17.0	余量	1.5～2.0		78	0.2	30	汽车、轮船、发动机等轻载荷高速轴承
	ZChPb15-5-3	5.0～6.0	14.0～16.0	余量	2.5～3.0				32	机车车辆、拖拉机轴承
铜基	ZCuPb30			27.0～33.0	余量		60	4	25	高速高压航空发动机、高压柴油机轴承
	ZCuSn10P1	9.0～11.0			余量	P0.6～1.2	250	5	90	高速高载荷柴油机轴承

3. 锡基轴承合金

锡基轴承合金是在锡锑合金的基础上添加铜而形成的一种合金，又称锡基巴氏合金。它是以锑在锡中形成的 α 固溶体作为软基体，以化合物 SnSb 为基的 β′固溶体和化合物 Cu_3Sn 作为硬质点的一种典型软基体、硬质点的轴承合金，其主要牌号有 ZChSnSb11-6，ZChSnSb8-4 等。

锡基轴承合金的摩擦系数和线膨胀系数小，有良好的加工性、耐蚀性、导热性和镶嵌性。主要缺点是疲劳极限较低，工作温度不能超过150℃，价格较贵。它一般用来制造比较重要的轴承，如汽轮机、发动机等大型机器的高速轴承。

4. 铅基轴承合金

铅基轴承合金是在铅锑合金的基础上加入锡、铜等元素形成的合金，又称为铅基巴氏合金。图5-36为铅锑合金的显微组织。它是以(α+β)共晶体作为软的基体（图中暗黑色部分），以初生的 β 相（图中白色块状）和化合物 Cu_2Sb（图中白色针状）为硬质点所形成的一种软基体硬质点轴承合金。

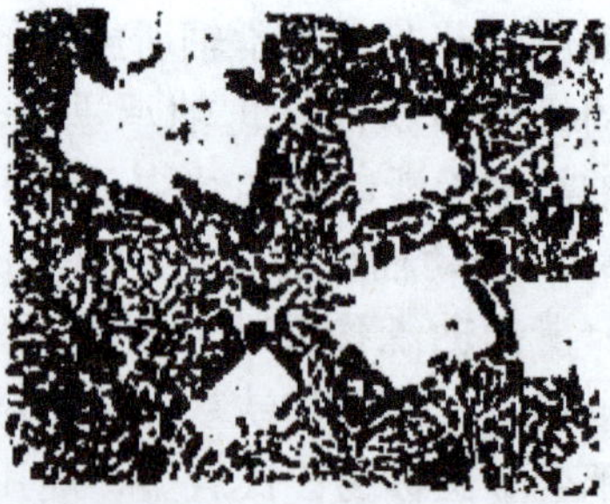

图5-36 铅基轴承合金显微组织

虽然铅基轴承合金的强度、硬度、耐磨性以及冲击韧性都不如锡基轴承合金，工作温度一般不能超过120℃，但价格便宜。铅基轴承合金一般用来制造速度比较低，负载比较小的轴承，如汽车、拖拉机曲轴的轴承以及电动机的轴承等。

由于锡基轴承合金和铅基轴承合金的强度比较低，不能承受大的压力。为了提高其强度和寿命，可采用离心浇注的办法将它们镶铸在钢质轴瓦套的内壁上。这种结构的轴承能承受较大的压力，并可节省大量昂贵的轴承合金。

5. 铜基轴承合金

铜基轴承合金有锡青铜、铅青铜等铸造铜基合金。锡青铜是以锡溶入铜中所形成的α固溶体为软基体，以δ相和其他化合物为硬质点的一种软基体硬质点轴承合金。这种合金的强度高，承受载荷较大，一般用来制作中速、高载荷下工作的轴承，如电动机轴承等。锡青铜的强度高，使用时可直接制作成轴承。

铅青铜是以铜为硬基体，以铅粒为软质点的一种硬基体软质点合金。这种合金的耐磨性和导热性好、摩擦系数小、疲劳极限高、承载能力大，可在较高的工作温度下正常工作。铅青铜一般用来制造高速、大载荷下工作的轴承，如航空发动机、高速柴油机的轴承，使用时一般与钢复合制成双金属结构。

四、钛及其合金

钛在地球中的储藏量居铝铁镁之后占第四位，钛及其合金的主要特点是比强度高、耐腐蚀，在航空、化工、电力、医疗等领域得到日益广泛的应用。

1. 工业纯钛

钛是一种银白色金属，熔点为1668℃，相对密度4.5g/cm^3，导热性能差。钛具有同素异构转变，在882.5℃以下为密排六方晶格的α-Ti相，在该温度以上为体立方晶格的β-Ti相。

钛具有优良的耐蚀性能，在大气、海水、氧化性酸和大多数有机酸中，其抗蚀性能超过不锈钢。但钛不耐热强碱、氢氟酸以及还原性酸（硫酸、盐酸等）的腐蚀。

工业纯钛中含有少量的氧、氮、碳等杂质，提高了钛的强度，但塑性急剧下降。根据杂质含量的不同，工业纯钛分为**TA1、TA2、TA3**三种牌号。“T”为“钛”字的首写拼音字母；A表示其退火组织为α单相组织；后面的数字为顺序号，顺序号越大，杂质含量越高。

工业纯钛的强度很低，但耐蚀性最好。主要用于热交换器、管道、反应器和一些在350℃以下工作的受力小的零件和冲压件。

2. 钛合金

钛中的合金元素可提高钛的强度，也影响到钛的同素异晶转变温度。根据钛在室温下的组织，钛合金可以分为三大类：**α钛合金；β钛合金和（α+β）钛合金**。表5-26是部分钛及其合金的牌号、成分和性能。

（1）钛合金　当钛中加入Al、O、N、C等α相稳定化合金元素时，可以提高钛的同素异晶转变温度，扩大α相区，使钛合金在室温为单相α固溶体组织，故称为α钛合金。

α钛合金的稳定性好，耐热性高，焊接性能好。但常温强度没有其他两种钛合金高，并且不能进行热处理强化。

表 5-26 钛和部分钛合金的牌号、成分和力学性能

组别	代号	化学成分	室温力学性能			高温力学性能		
			热处理①	R_m/MPa	A(%)	试验温度/℃	R_m/MPa	R_{100}/MPa
工业纯钛	TA1	Ti（杂质极微）	T1	300～500	30～40			
	TA2	Ti（杂质微）	T1	450～600	25～30			
	TA3	Ti（杂质微）	T1	550～700	20～25			
α钛合金	TA4	Ti-3Al	T1	700	12			
	TA5	Ti-4Al-0.005B	T1	700	15			
	TA6	Ti-5Al	T1	700	12～20	350	430	400
β钛合金	TB1	Ti-3Al-8Mo-11Cr	T1	1100	16			
			T2	1300	5			
	TB2	Ti-5Mo-5V-8Cr-3Al	T1	1000	20			
			T2	1350	8			
α+β钛合金	TC1	Ti-2Al-1.5Mn	T1	600～800	20～25	350	350	350
	TC2	Ti-3Al-1.5Mn	T1	700	12～15	350	430	400
	TC3	Ti-5Al-4V	T1	900	8～10	500	450	200
	TC4	Ti-6Al-4V	T1	950	10	400	630	580

① T1— 退火；T2—退火＋时效

α 钛合金的牌号用“TA”加顺序号表示，A 表示室温下合金的组织为 α 单相组织。α 钛合金主要用来制作超音速飞机的涡轮机匣以及使用温度不超过 500℃的其他部件。

（2）β 钛合金　当钛中加入 Cr、Mo、V、Fe、Ni 等 β 稳定化合金元素时，可以降低钛的同素异晶转变温度，扩大钛的 β 相区，合金在退火或淬火状态下的组织为单相的 β 固溶体，故称之为 β 钛合金。

β 钛合金具有良好的塑性，易于冲压加工成型。β 钛合金的焊接性能好，但热稳定性较差。β 钛合金都要经过固溶处理，淬火时效后具有很高的强度。

β 钛合金的牌号用“TB”加顺序号表示，B 表示室温下合金的组织为 β 单相组织。β 钛合金主要用于压气机叶片、轴等重载荷的旋转件及构件等。

（3）（α＋β）钛合金　（α＋β）钛合金的室温组织为 α 固溶体和 β 固溶体的混合组织，故称为（α＋β）钛合金。（α＋β）钛合金具有较高的力学性能和优良的高温抗变形能力，并可进行淬火时效强化，是应用最广泛的一种钛合金。

（α＋β）钛合金的牌号用“TC”加顺序号表示，“C”表示室温下合金的组织为（α＋β）两相组织。TC4 是当前国内外应用最多的 α＋β 型钛合金，其名义成分为 Ti-6Al-4V。钒不仅在 β 相中能完全固溶，而且在 α 相中也有较大固溶度，提高钛合金的强度和塑性。TC4 合金可以在 －196～400℃范围内使用，可用于制造火箭发动机外壳、航空发动机压气机叶片和在低温下使用的压力容器。

3. 钛合金的热处理

常用的钛合金的热处理方法有**退火**、**淬火+时效**和**化学热处理**等。

(1) 退火 钛合金退火目的是为了稳定组织，消除内应力，降低硬度和提高塑性。退火的形式有去应力退火、再结晶退火和真空去氢退火。

1) 去应力退火 目的是消除复杂零件的加工和焊接应力，退火温度一般在450~650℃范围内，保温时间对机械加工工件一般为0.25~2h，对焊接工件一般为2~3h，然后空冷。去应力退火对钛合金的强度和塑性影响不大。

2) 再结晶退火 目的是消除加工硬化，恢复塑性，得到稳定的组织和均匀的力学性能。工业纯钛的再结晶退火温度一般为550~690℃，钛合金的退火温度一般为750~800℃。保温时间应根据工件尺寸大小和装炉量多少来定，一般为1~3h，然后空冷。

3) 真空去氢退火 目的是消除钛合金的氢脆。由于氢在钛合金中可形成TiH_2化合物或在位错等缺陷处富集形成柯垂尔气团，使钛合金的塑性及冲击韧性显著降低。真空退火可以降低钛中的氢浓度，退火的温度一般为650~850℃，保温时间为1~6h，真空度一般不低于133帕。

(2) 淬火+时效 淬火+时效是钛合金的主要热处理强化方法。它利用加热后快速冷却（淬火），使β相转变成介稳定相，然后在时效过程中，介稳定相分解析出α相弥散质点，从而达到强化的目的。在钛合金中，只有β钛合金和（α+β）钛合金可进行淬火时效处理。

（α+β）钛合金淬火温度一般选在两相区的上部温度范围，但未达到β单相区，以防止晶粒粗大，导致合金的韧性、塑性下降。对于β型钛合金，淬火加热温度一般选择在临界温度附近，若加热温度过低，β相固溶合金元素不够充分，原始α相多，合金经时效后的强度低；温度过高，则晶粒粗大，导致合金时效后的强度、韧性降低。β钛合金的淬火温度一般为850~950℃，保温时间一般都为15~60min，然后在水中冷却。

钛合金的时效温度一般在425~550℃范围内。温度过低会产生ω相，导致塑性下降，使合金脆化；温度过高，则会从β相直接分解的α相粗大，使合金的强度降低，强化效果不好。具体的时效温度应根据合金成分以及零件性能要求来进行调整。

(3) 化学热处理 钛合金渗氮可以改善钛合金的耐磨性和耐蚀性，渗氮后的表层组织为钛的氮化物，硬度提高7~9倍，耐蚀性提高2~4倍，但塑性和疲劳性能降低。

思考题

5-1 合金元素在钢中的基本作用有哪些？按其与碳的作用如何分类？

5-2 钢中S、P的质量分数对钢的质量有何影响？

5-3 下列牌号是何材料？说明其符号、数字所代表的意义。
T10A、55、Q235、ZG270—550、40Cr、20CrMnTi、60Si2Mn、9CrSi、GCr15、W6Mo5Cr4V2、Cr12MoV、12Cr13、06Cr19Ni9、5CrMnMo

5-4 合金结构钢按其用途和热处理特点可分为哪几种？试说明它们的碳质量分数范围及主要用途。

5-5 试比较碳素工具钢、低合金工具钢和高速钢的热硬性，并说明高速钢热硬性高的主要原因。

5-6 高速钢经铸造后为什么要反复锻造？为什么选择高的淬火温度和三次560℃回火的最终热处理工艺？

5-7 常见的不锈钢有哪几种？其用途如何？

5-8　白口铸铁、灰铸铁和钢，这三者的成分、组织和性能有何主要区别？

5-9　为什么一般机器的支架、机床的床身常用灰铸铁制造？

5-10　举例说明灰铸铁、可锻铸铁和球墨铸铁的牌号。

5-11　下列工件宜选择何种特殊铸铁制造？

（1）磨床导轨；（2）1000～1100℃加热炉底板；（3）盛硝酸的容器。

5-12　不同铝合金可通过哪些途径达到强化目的？

5-13　何谓硅铝明？它属于哪一类铝合金？为什么硅铝明有良好的铸造性能？

5-14　黄铜属于什么合金？举例说明简单黄铜和复杂黄铜的牌号。

5-15　轴瓦材料必须具有什么特性？对轴承合金的组织有什么要求？

第六章 非金属材料

第一节　高分子材料

一、高分子材料的基本概念

1. 高分子化合物的化学组成及相对分子质量

高分子材料是由相对分子质量为 10^4 以上的化合物构成的材料，它是以聚合物为基本组分的材料，所以又称为聚合物材料或高聚物材料。

高分子化合物的相对分子质量虽然很大，但其化学组成并不复杂。高分子化合物都是由一种或几种简单的低分子化合物，经过化学键的重复连接发生聚合反应而形成的。这种简单的低分子化合物称为“单体”，而经聚合反应所形成的高分子化合物称为“高聚物”或“聚合物”。单体是用来合成聚合物的原料。

高聚物是由特定的结构单元多次重复连接而成的，这种结构单元称为“链节”。聚乙烯的链节是 $-CH_2-CH_2-$。在一个大分子中这种链节重复的次数 n 称为“聚合度”。

高分子化合物的相对分子质量与聚合度有关。在聚合反应中，所形成的是许多不同聚合度的高分子化合物的混合物。由于每个分子的聚合度不同，所以高聚物的相对分子质量通常是指其平均相对分子质量。高聚物的平均分子质量可按下式计算：

$$M = m \times n$$

式中，M 为高聚物分子的平均相对分子质量；m 为高聚物分子结构单元的相对分子质量；n 为高聚物的平均聚合度。

高聚物平均分子质量的大小及相对分子质量分布情况，是影响其性能的重要因素。

2. 聚合反应的类型

高聚物是由一种或几种单体化合物聚合而成。聚合反应有两种类型，加聚反应和缩聚反应。

（1）加聚反应　由一种单体或几种单体径聚合的反应而形成高聚物的反应称为加聚反应。加聚反应又可分为均聚和共聚两种：由一种单体进行聚合的反应称为均聚反应，如聚乙烯是由乙烯发生均聚反应而形成的；而由两种或两种以上的单体进行聚合反应称为共聚反应，如 ABS 塑料是由丙烯腈（A）、丁二烯（B）、苯乙烯（S）三种单体发生共聚反应而形成的共聚物。

（2）缩聚反应 它也是由一种或几种单体之间发生的聚合反应，但在生成高聚物的同时，还析出水、氨、醇等低分子物质，故高聚物的结构单元与单体原料不完全相同。与加聚反应相类似，由一种单体进行的缩聚反应称为均缩聚反应；由两种或两种以上的单体进行的缩聚反应称为共缩聚反应。

3. 高分子材料的分类和命名

高分子材料可以按照材料的来源、性能、结构和用途等进行分类。

按照高分子材料的不同来源可分为天然高分子材料与合成高分子材料。

按照高分子材料的性能和产品用途的不同，可分为塑料、橡胶、纤维、高分子合金、粘合剂及涂料等。

按照高分子材料的热行为及成型工艺特点分为热塑性高分子材料和热固性高分子材料。

按照高分子的几何构型分为线型高聚物、支链型高聚物和网体型高聚物。

目前常用的高分子材料命名方法主要有两种：**一种是根据商品的来源或性质确定它的名称**，例如，电木、有机玻璃、维尼纶、塑料王等。这种命名方法的优点是简短、通俗，但不能反映高分子化合物的分子结构和特性。**另一类是根据单体原料名称进行命名，并在单体名称的前面加一个“聚”字**。如由乙烯加聚反应生成的聚合物就叫聚乙烯。由氯乙烯加聚反应生成的聚合物就叫聚氯乙烯。对于缩聚反应和共聚反应生成的聚合物，在单体名称后面加“树脂”或“橡胶”。例如，（苯）酚（甲）醛树脂、丁（二烯）腈（丙烯腈）橡胶。有一些工程塑料，如环氧树脂、聚氨酯、聚酯等，是以该类材料的特征化学单元环氧基、氨基、酯基等为基础来命名的。许多聚合物化学名称的英文缩写简单易记，也被广泛使用。表6-1是常用高分子材料的名称和分子结构。

4. 高分子链的组成与构型

无机化合物和基本有机化合物，如碳酸钙、正辛醇等，其相对分子质量一般均在数百以下，属于低分子物质。而高聚物的分子是由许多原子通过共价键连接而成的高分子化合物。如果把一般的低分子化合物看作为“点”分子，则高分子恰似“一条链”。这条贯穿于整个分子的链称之为高分子的主链。高分子的主链是由碳-碳原子形成的共价键或由碳与氧、氮、硫等原子所形成的共价键。

与其他物质的分子一样，聚合物的大分子链也在不停地运动，这种运动是由单键内旋转引起的。高分子链是由成千上万个原子通过共价键连接而成的，其中以单键连接的原子由于热运动可以在保持键角、键长不变的情况下作相对旋转运动，这称为“**单键内旋转**”。图6-1为碳—碳键高分子链的内旋转示意图。

图6-1中 C_1—C_2—C_3—C_4 为碳链中的一段。在保持键角（109.5°）和键长（0.154nm）不变的情况下，当 b_1 键内旋转时，b_2 键将沿着以 C_2 为顶点的圆锥面旋转。同样，b_2 键内旋转时，b_3 键可在以 C_3 为顶点的圆锥面上旋转。这样，三个键组成的链段就会出现许多空间构象。正是这种极高频率的单键内旋转随时改变着大分子链的空间形象，使线型高分子链在空间呈现部分伸展、折叠、螺旋状、甚至缠结的线团状等多种构型。在拉力作用下，呈卷曲状的线型高分子链可以伸展拉直，而外力去除后，又回缩到原来的卷曲状。这种能拉伸、能回缩的性能称为高分子链的“柔性”。高分子主链构象的多变性是

表 6-1　常用高分子材料的名称和分子结构

英文代号	中文名称	分子结构
PE	聚乙烯	$+CH_2CH_2+_n$
PF	酚醛树脂	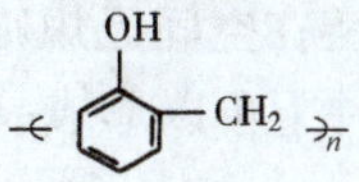
PMMA	聚甲基丙烯酸甲酯(有机玻璃)	$+CH_2-C(CH_3)(COOCH_3)+_n$
POM	聚甲醛	$HO+CH_2O+_nH$
PP	聚丙烯	$+CH_2-CH(CH_3)+_n$
PS	聚苯乙烯	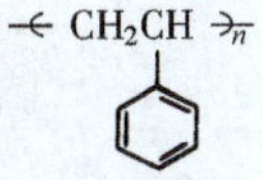
PTFE	聚四氟乙烯	$+CF_2CF_2+_n$
PVAC	聚醋酸乙烯酯	$+CH_2CH(OCOCH_3)+_n$
PVC	聚氯乙烯	$+CH_2CH(Cl)+_n$
EP	环氧树脂	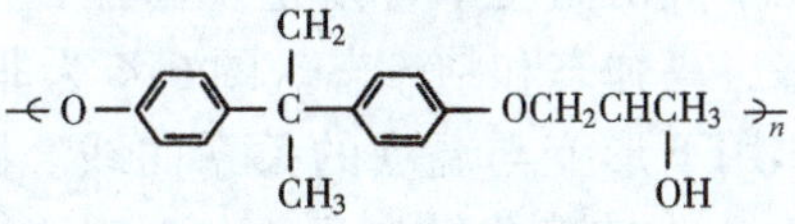

其具有高弹性的本质因素。

按照大分子链节在空间排列的几何形状，可分为**线形**、**支链型**和**网体型**三种高分子形状，如图 6-2 所示。线型和支化聚合物，具有加热能变软、而冷却能变硬的可逆物理特性，这种性质称为“热塑性”。经交联的三维网状（又称网体型结构）聚合物，分子链之间有许多短链节把它们相互交联起来，形成立体结构形态，像不规则的网，故称网状结构。这种结构稳定性很高，故网状结构的聚合物不易溶于溶剂，加热时不熔融，具有良好的耐热性和强度，但其弹性差，塑性低，脆性大，只能在形成网状结构之前进行一次成型，不能重复使用。这种性质称为“热固性”。

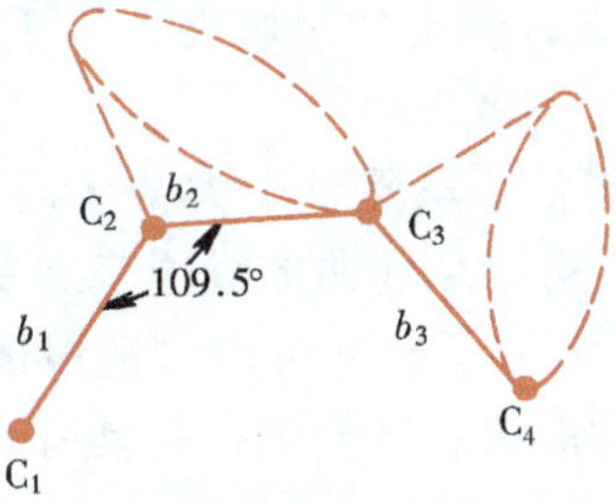

图 6-1　分子链的内旋转示意图

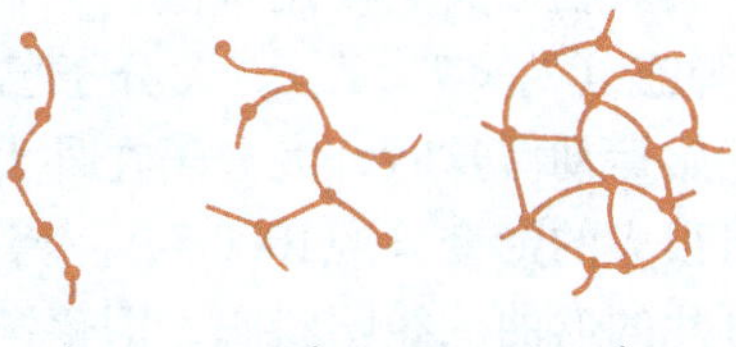

a)　b)　c)

图 6-2　高分子化合物的三种形式

a) 线形　b) 支链型　c) 网体型

5. 高分子化合物聚集态结构

高聚物是由许多个大分子借分子间作用力而聚集在一起的，根据其分子在空间的排列状态，可分为晶态（分子链在空间规则排列）、部分晶态（分子链在空间部分规则排列）和非晶态（分子链在空间无规则排列，亦称玻璃态）三种形态，如图6-3所示。通常线型聚合物在一定条件下可以形成晶态或部分晶态，而网体型聚合物为非晶态（玻璃态）。

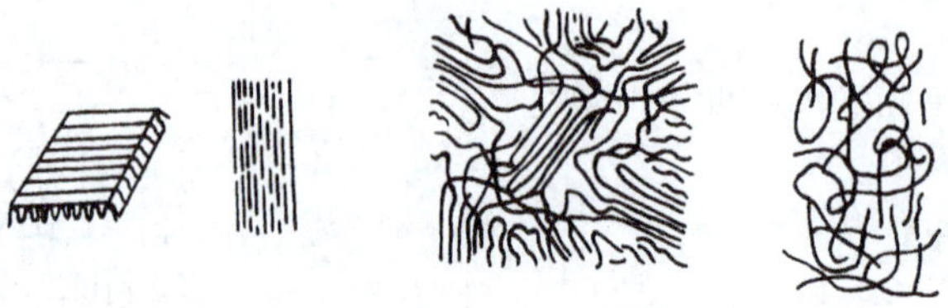

a） b） c）

图6-3 聚合物三种聚焦态结构示意图

a）晶态 b）部分晶态 c）非晶态

6. 高分子合成材料的力学状态

聚合物在外力作用下发生形变的状态称为高分子的力学状态。高分子的力学状态是聚合物分子微观运动的宏观表现，非晶态和晶态聚合物有着不同的力学状态。

（1）线型无定形非晶态聚合物的力学状态 非晶态聚合物在不同的温度下可以呈现出三种不同的力学状态，即玻璃态、高弹态和粘流态。图6-4为非晶态聚合物在恒定应力作用下形变与温度的关系曲线。图中 T_x 称为脆性温度；T_g 称为玻璃化转变温度；T_f 称为粘流温度；T_d 称为分解温度。

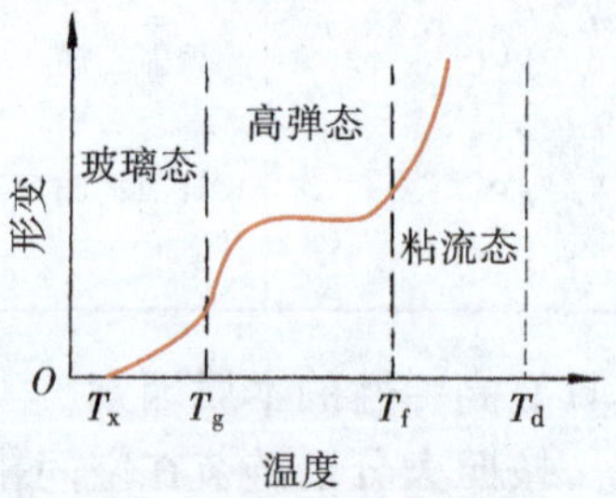

图6-4 非晶态聚合物形变—温度曲线

1）玻璃态（$T_x < T < T_g$）。聚合物分子运动的能量很低，不足以克服分子内的旋转势垒，大分子链段（约由40～50个链节组成）和整个分子链的运动是冻结的，或者说松弛时间无限大。聚合物中只有小的运动单元可以运动。此时，聚合物的力学性质与玻璃相类似，因此称为玻璃态。在外力的作用下，玻璃态的形变很小，且形变与外力的大小成正比。外力除去后，形变能立即回复，符合胡克定律。当温度降低到 T_x 以下时，由于温度太低，连分子的热振动都不能进行，即支链键长和键角都不能变化，此时施加外力会导致大分子链断裂，聚合物呈脆性，故 T_x 称为脆化温度，此时高聚物已失去使用价值。

2）高弹态（$T_g < T < T_f$）。大分子已具有足够的能量，虽然整个大分子尚不能运动，但链段已开始运动。这时，大分子在外力拉伸作用下，可以从卷曲的线团状态变为伸展状态，表现出很大的形变（～1000%）。当外力去除后，大分子链又可通过链段的运动逐渐回复到最可几的卷曲的线团状态，即逐渐回复到原来的形状。高分子材料具有高弹性特征是它区别于低分子材料的重要标志之一。

3）粘流态（$T_f < T < T_d$）。高分子具有很高的能量，这时不仅链段能够运动，而且整个大分子链都能运动，聚合物呈现出可流动的粘液状态，称之为粘流态。粘流态聚合物在

外力的作用下，大分子链之间产生相对滑移，发生不可逆的永久变形。粘流态是高聚物成型加工的状态，将高聚物原料加热至粘流态后，可通过注射、挤压、模铸等方法加工成各种形状的零件。

(2) 线型晶态聚合物的力学状态　晶态聚合物中的“晶区”部分不会有链段运动，所以没有高弹态。当升温至某一温度时，结晶区熔化，该温度称为熔点，用 T_m 表示，如图 6-5 所示。

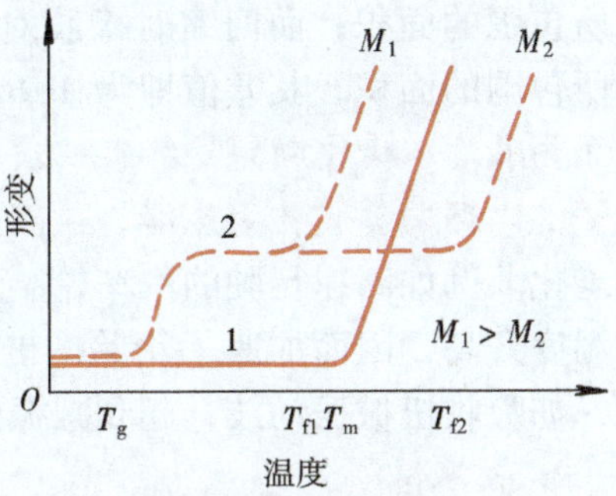

图 6-5　晶态聚合物形变—温度曲线

1—全部结晶　2—部分结晶

从图中看出，晶态聚合物在 T_m 以下的状态与非晶态聚合物的玻璃态相似，可作为塑料或纤维使用；当温度高于 T_m 时，晶态聚合物处于粘流态，可以进行成型加工。

实际上的晶态聚合物一般都是部分晶态聚合物，其中存在的无定形部分使得在 $T_g \sim T_m$ 范围内非晶区的链段已能运动，而晶区部分尚未熔化。所以，聚合物既有一定的柔顺性，又有一定的刚性，这种状态常称为“皮革态”。处于这种状态的塑料为韧性塑料，T_m 为其上限使用温度；在 T_m 以下为性能刚硬的硬性塑料，T_g 为其下限使用温度。

二、高分子材料的性能

1. 高弹性和粘弹性

(1) 高弹性　高聚物与金属相比，弹性模量只有金属的 1/1000，而弹性变形量却超过金属的 1000 倍。高聚物的高弹性取决于其大分子链的柔性。在外力作用下，柔性好的大分子链之间容易产生滑动。为了在不降低高弹性的基础上，适当减小大分子链之间的滑动，通常使分子链之间通过交联键产生适度的交联结构，譬如橡胶生产中的硫化就是这个目的。

(2) 粘弹性　弹性材料在外力作用下，其形变随着时间呈现出一定的变化规律，表现出蠕变、应力松弛、滞后及内耗等现象，这种弹性材料称为粘弹性材料。

蠕变是指材料在一定温度和在恒定载荷的作用下，随着时间的延长，形变逐渐增加的现象。对于高聚物来说，发生蠕变的原因是由于高聚物在长时间受力的作用下，一部分分子由卷曲状被拉直，大分子链之间逐渐发生相对位移，甚至有的分子链发生断裂，而导致的不可逆的塑性变形。

在恒温下，保持高聚物的变形量不变，高聚物中的内应力随着时间的延长而逐渐衰减的现象称为“应力松弛”。应力松弛是由于大分子链在外力的长期作用下，逐渐改变了分子链构象的缘故。例如，连接管道法兰盘的橡胶密封圈，经过较长时间工作后，橡胶的回弹力减小，发生渗漏现象，就是应力松弛的原因。

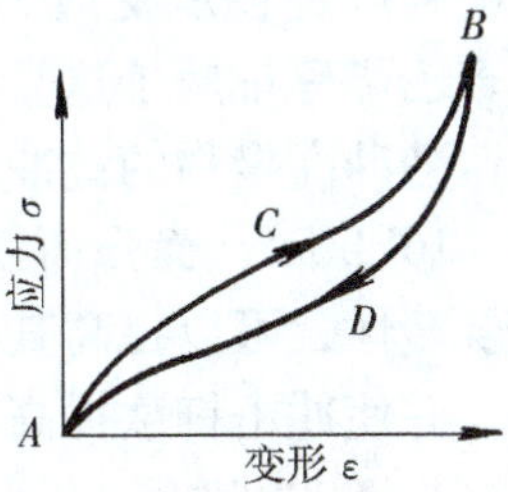

图 6-6　拉伸-回缩过程的应力-应变曲线

高聚物受到交变载荷作用时，会出现应变落后于应力变化的滞后现象。图 6-6 为橡胶在拉伸-回缩过程中的应力-应变的关系曲线。拉伸时，应变随应力沿 ACB 线变化；卸载回缩时，

沿着 *BDA* 线变化。由此可见，在相同的应力作用下，回缩与拉伸时的形变值不一样，回缩时的形变值大于拉伸时的形变值。拉伸时外力对橡胶变形所做的功等于 *ACB* 曲线与横坐标所包围的面积；而回缩时橡胶对外界所释放的能量——回缩功，等于 *BDA* 曲线与横坐标所包围的面积，其差值即为 *ACBDA* 封闭曲线所包围的面积。这一封闭曲线称为滞后圈。**滞后圈的面积大小就是橡胶在一次拉伸—回缩循环过程中实际接受的能量。该能量消耗于分子的内摩擦，转化为热能，这部分热能称为内耗。**内耗的存在导致物体温度升高，加速其老化。例如高速行驶的汽车轮胎承受着交变应力，由于滞后而产生内耗，致使橡胶轮胎的温度升高，因而加速了轮胎的老化。但是在工程上也常利用高分子材料内耗的有利一面，如吸收机械振动波，起到减振的作用。

2. 力学性能

高聚物的力学性能与其分子链中的化学键、相对分子质量及结晶度等有关。对同一种高聚物来说，影响其力学性能的主要因素是平均相对分子质量（或聚合度）和结晶度。

高聚物的聚合度越大，相对分子质量就越大，分子链也就越长，因而分子链间就增加了相互纠缠的内聚作用，增加了分子链间的作用力，从而阻碍了分子的自由活动，不容易发生变形，提高了高聚物的机械强度。因此，高聚物的一些力学性能，如抗拉强度、抗冲击强度、弹性模量、硬度等，都随相对分子质量的增加而增加。例如聚乙烯的相对分子质量为5000左右时，强度非常低，只能用作润滑剂或涂料；当相对分子质量为10～20万时，就可用作包装材料；而当分子量大于100万时，聚乙烯的机械强度就可以满足工程结构材料的使用要求。

结晶度对高聚物的力学性能影响也很大。结晶度越高，分子链排列越紧密，分子间的作用力就越强，因此，高聚物的硬度、强度和弹性模量增加，但伸长率相应减小。

线型高聚物的应力—应变曲线如图6-7所示。高聚物的应力—应变特性可分为四种类型。曲线 *a* 为硬而脆的高聚物，强度较高，伸长率很低，容易发生脆性断裂，如聚苯乙烯塑料。曲线 *b* 为硬而强的高聚物，强度高，有一定的伸长率，在承受较大的应力时，容易产生脆性断裂，如有机玻璃、增强环氧塑料等。曲线 *c* 为强而韧的高聚物，强度高，在承受较大的应力时，易产生韧性断裂，如聚碳酸酯、聚酰胺等；曲线 *d* 为软而韧的高聚物，弹性模量和屈服强度比较低，有较大的伸长率和一定的强度，在承受应力时，发生韧性变形，如橡胶、高压聚乙烯等都属于这类材料。

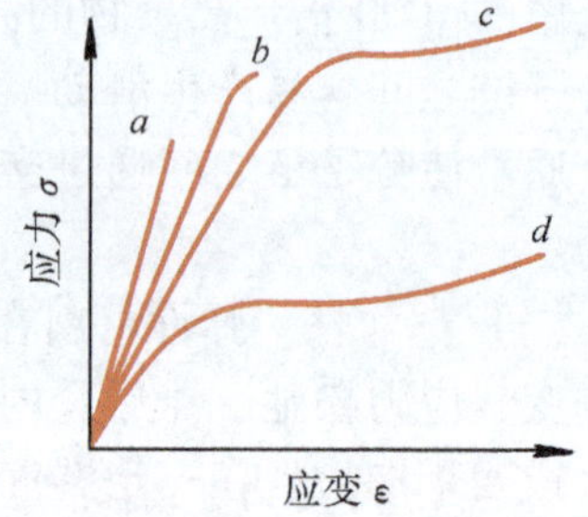

图6-7 几种典型线型高聚物的应力—应变曲线

各种高聚物的抗冲击强度有明显的差别，例如聚苯乙烯是脆性高聚物，其冲击强度为12～16kJ/m²，而强而韧的聚碳酸酯等的冲击强度为65～175kJ/m²。提高高聚物材料的强度及塑性，可以提高其冲击强度。如将橡胶与脆性的聚苯乙烯共混，可提高共混物的伸长率，并使冲击韧度提高5～10倍。

3. 耐磨性能

高聚物的硬度比金属低，但其耐磨擦性能却优于金属。而且大多高聚物材料都有自润滑功能，摩擦因数低，尤其是适合制造在干摩擦条件下工作的耐磨件，是制造耐磨件的好材料。如用聚四氟乙烯制作密封圈，用尼龙或聚甲醛制造齿轮、轴承等。

4. 热性能

大多数塑料在高温下受力时会变软或产生变形。因此，必须测定其耐热性，以便确定其允许使用的温度范围。高聚物的热导率低，仅为金属的1/500～1/600，故在用于结构件时必须考虑其影响。高聚物的热膨胀系数比金属大3～10倍。因此，与金属结合的塑料制品，常会因为膨胀系数相差过大而造成塑料开裂或金属件脱落、松动等现象。

5. 电性能

多数塑料是良好的电绝缘材料，如聚乙烯、聚四氟乙烯、酚醛树脂、橡胶等，它们的电绝缘性能可与陶瓷相媲美。

6. 化学性能

一般塑料都具有良好的化学稳定性，能够耐酸、碱和大气的腐蚀。如聚四氟乙烯在极强的无机酸或碱中都不会被腐蚀，素有塑料王之称。硬质聚氯乙烯能耐浓硫酸和浓盐酸的腐蚀。但是，聚酯、聚酰胺类塑料在酸、碱的作用下会发生水解，使用时应当注意。

7. 老化

高聚物在长期贮存和使用过程中，由于受到氧、光、热等因素的综合作用，使分子链发生降解或者交联，表现出变硬、变脆、发粘、发软或失去弹性等现象，这些现象称为高聚物的老化。目前，防止高聚物老化的办法是在其中添加防老化剂，提高其稳定性，或者在高聚物表面涂覆保护层等。

三、常用高分子材料

1. 工程塑料

塑料制品是指以有机合成树脂为主要成分，添加多种起不同作用的添加剂，然后经过加热、加压而制成的产品。

塑料的品种很多，产量最大的是聚氯乙烯、聚乙烯、聚苯乙烯、酚醛塑料和氨基塑料等通用塑料，主要应用于日常生活用品和包装材料。随着科学技术的发展和对新材料的需求，出现了一些力学性能、耐热耐寒性能、耐蚀、绝缘等综合工程性能良好的新型塑料。为了与通用塑料有所区别，称这类新型塑料为工程塑料，如聚酰胺、聚甲醛、聚碳酸酯、ABS塑料、氟塑料等，可用于工程结构、机械零部件、工业容器等新型结构材料。

（1）塑料的组成

1）树脂。树脂在塑料中是作为基体，然后再加入其他的一些添加剂组合成一个整体。树脂在塑料中的占有量为30%～100%。因此，塑料的性能主要取决于树脂的种类、性能和用量，而且绝大多数塑料是以所用的树脂名称命名的。

2）添加剂。为了对塑料进行改性而特意加入的物质称为塑料添加剂。常用的添加剂有：

① 填料。又称填充剂，填料按其形状可分为粉状、纤维状和片状，用量一般为20%～50%。加入填料的主要目的是调整塑料的性能，提高机械强度，节约树脂用量、降低塑料制品的成本。例如，加入纤维可提高塑料的机械强度；加入铝粉可提高塑料的反光和防老化能力；加入石棉可提高塑料的耐热性；加入荧光剂可制成荧光塑料。

② 增塑剂。为了提高塑料的可塑性，便于成型加工，常向树脂内加入一些相对分子

质量比较小，难以挥发的低熔点固体或高沸点粘稠液体有机物作为增塑剂。加入增塑剂后，降低了塑料的软化温度，并且使塑料的塑性、韧性和弹性提高，硬脆性降低。常用的增塑剂有邻苯二甲酸酯类、磷酸酯类等。

③ 固化剂。又称硬化剂或交联剂。固化剂的主要作用是使聚合物形成横跨链以彼此交联，由热塑性线型结构变为热固性网体型结构，使固化后的塑料制品更加坚硬。常用的固化剂有胺类、酸酐类等。

④ 稳定剂。又称防老化剂。为了防止和延缓塑料制品的老化，常根据塑料的品种、结构特征、性能要求和使用条件等加入少量的稳定剂，以削弱外界因素对聚合物的老化作用，控制大分子的裂解或交联反应的发生，提高聚合物大分子链结构的稳定性。如在聚氯乙烯中加入硬脂酸盐，可以防止热成型时的受热分解；在塑料中加入炭黑作吸收剂，可以提高其耐光辐射的能力。

⑤ 润滑剂。为了防止在成型加工过程中塑料与模具或其他设备之间的粘结，便于脱模，可以在塑料中加入少量硬脂酸或其他盐类作为润滑剂，确保塑料制品表面光洁美观。

⑥ 阻燃剂。在塑料中加入氧化锑、磷酸酯类或含溴化合物作为阻燃剂，可以阻止燃烧或使其自熄。

⑦ 着色剂。一些用于装饰或有装饰要求的塑料制品，可加入有机或无机染料作为着色剂。着色剂应着色能力强，耐候性好，色泽鲜艳，在树脂中能均匀分散。

此外，在塑料中还可加入发泡剂、抗静电剂或其他添加剂，以满足塑料制品的使用性能要求。各种添加剂除满足其使用性能要求外，还必须确保不和树脂或其他组成物发生有害的物理、化学反应，并能在塑料中分散均匀、稳定存在。

需要指出的是，塑料制品是否有毒主要取决于增塑剂和稳定剂。常用的邻苯二甲酸二辛酯、癸二酸二辛酯等增塑剂都是无毒或毒性极微，对人体是无害的，可用于制作日用塑料制品、玩具和食品袋等。工业上需要的一些特殊塑料，要求具有绝缘、耐寒、防火等性能时，就需要选用磷酸三甲酚酯等有害的增塑剂。尽管硬酯酸铅有毒，但由于其价廉，稳定效果好，同时还兼有耐光和抗老化的性能，所以在工业塑料制品中也得到应用。

（2）塑料的组成与分类　塑料按使用性能分为通用塑料和工程塑料。通用塑料的价格低、产量高，约占塑料总产量的80%以上。工程塑料是用于制造工程结构件的塑料，其强度高、韧性好。通用塑料经改性处理后，也可作为工程塑料使用。

塑料若按受热时的性能，可分为热塑性塑料和热固性塑料。热塑性塑料加热时可熔融，并可多次反复加热使用；热固性塑料经一次成型后，受热不变形，不软化，不能回用，只能塑压一次。

1）热塑性塑料

① 聚乙烯（PE）。按生产工艺不同，聚乙烯分成高压、中压和低压三种。高压聚乙烯是在100～120MPa压力下聚合而成，它的短链分枝多，密度、相对分子质量、结晶度低，所以质地柔韧，适宜制造薄膜。低压聚乙烯是在0.1～0.5MPa压力下聚合而成，它的分子中含支链少，相对分子质量、密度和结晶度较高，因而质地坚硬，有良好的耐磨性、耐蚀性及绝缘性。适用于化工设备、管道以及电缆、电线的包皮等。聚乙烯无毒，可制造茶杯、奶瓶、食品袋等。

② 聚氯乙烯（PVC）。聚氯乙烯是由氯乙烯经聚合反应而成的聚合物。按其加入增塑

剂量的不同，分为硬质和软质两种类型。纯的聚氯乙烯质地硬，为改变其性能，加入少量增塑剂，制成硬质聚氯乙烯塑料。这种塑料强度高，耐蚀性好，可用来制造离心泵、水管接头、建筑材料等，使用温度为 -15 ~55℃。当增塑剂加入量达到30% ~40%时，可制成软质聚氯乙烯。软质聚氯乙烯的强度低，但伸长率较高，耐蚀性和绝缘性好，不易老化。可制作薄膜、电线电缆的绝缘层等。加入适量的发泡剂，可制成泡沫塑料，用于制作人造革衣服、垫衬、包装袋等。

③ 聚丙烯（PP）。聚丙烯密度小（约为0.9 ~0.92g/cm^3），其强度、刚性、硬度都优于聚乙烯。它具有良好的耐蚀性、电绝缘性和无毒、无味等特点，并有良好的耐热性，可在100 ~120℃温度下使用，可用于制作医疗用品，能经水煮消毒。聚丙烯原料易得，价格便宜，可用做各种机械零件、医疗器械、生活用具等。它还有良好的耐曲折性，可用于制作包装带。

④ 聚苯乙烯（PS）。聚苯乙烯具有良好的耐蚀性和绝缘性，尤其是高频绝缘性。但是耐冲击性和耐热性能比较差，易燃、易脆裂，最高使用温度小于80℃。聚苯乙烯无色、透明，透光率仅次于有机玻璃，着色性好，吸水性极小，常用于制作绝缘件、仪表外壳、日用装饰品、食品盒等。

⑤ ABS 塑料。ABS 塑料是丙烯腈、丁二烯、苯乙烯三种单体的共聚物，它是在聚苯乙烯改性的基础上发展起来的工程塑料。它具有三元组分的特性：丙烯腈使 ABS 耐化学腐蚀，并有一定的表面硬度；丁二烯使 ABS 呈橡胶状韧性；苯乙烯使 ABS 具有良好的刚性、加工工艺性及着色性。这三种单体的配比不同，ABS 塑料的性能也不同。总的来说，ABS 塑料具有良好的综合性能，表面硬度高，耐磨性好，抗冲击强度高，即使在低温下也不会快速降低，其加工工艺性和尺寸稳定性也比较好，但耐候性和耐热性较差，有待进一步改性提高。ABS 塑料的用途较广泛，在机械工业中可制作齿轮、叶轮，化工行业中的各种容器、管道，电气工业中的仪表配件等，在航空、运输工业中也都得到广泛的应用。

⑥ 聚酰胺（PA）。它的商业名称为尼龙或锦纶，是应用较广的工程材料之一。聚酰胺是含有极性较强的酰胺基 - CONH - 的线型结构的合成树脂。因此，尼龙具有良好的强度、韧性和耐磨性，其吸振性和耐蚀性也好。但尼龙有较大的吸水性，尺寸稳定性低，这对它的强度有一定影响。尼龙有良好的力学性能，尤其是具有优越的耐磨性和自润滑性，是制造轴承、齿轮等零件的良好材料。

⑦ 聚甲醛（POM）。聚甲醛是无侧链的线型高聚物，具有高密度和高结晶性。聚甲醛的许多性能都优于尼龙，它的抗拉强度为70MPa左右，并有较好的抗冲击强度，而且温度对冲击值的影响小，它的疲劳强度是热塑性塑料中最好的一种。它的摩擦因数低（0.15 ~0.5），耐磨性好，吸水率极小，尺寸稳定性好，脆化温度 T_x 为 -40℃，最高工作温度可在100℃左右。它的缺点是成型收缩率较大，在成型温度下的热稳定性较差。聚甲醛可用于制作轴承、齿轮、凸轮以及仪表外壳、表盘等零件。

⑧ 聚碳酸酯（PC）。聚碳酸酯是由刚性的苯环和柔顺性的碳酸酯构成的，因此它具有许多优良力学性能。抗拉、抗弯强度高，尤其是它的抗冲击强度，有缺口试样的冲击强度可达64 ~75kJ/m^2，而无缺口的试样则冲不断。它的抗蠕变性能优于尼龙和聚甲醛，并具有良好的耐热、耐寒性，可在 -60 ~120℃温度范围内长期使用，因此可用来制造在高温、高负荷条件下尺寸稳定性要求高的机械零件。但其耐疲劳性不及尼龙和聚甲醛。它有

优异的电绝缘性能，在较宽的温度范围内（室温～125℃）和潮湿的环境下，介电常数几乎不变，可用来制造电容和高级绝缘材料。此外，它还有耐油、耐酸等性能。聚碳酸酯用途广泛，可用来制造齿轮、凸轮、蜗轮及电器仪表零件等。又由于它具有高达85%的透光率，可用作大型灯罩、防护玻璃、飞机驾驶室风档等。

⑨ 聚四氟乙烯（PTFE）。聚四氟乙烯有极优越的化学稳定性，能耐任何化学药物的腐蚀，优于陶瓷、不锈钢，甚至金、铂等，因此有“塑料王”之称。它的吸水性极低，摩擦因数小（0.04），是固体材料中摩擦因数最低的一种。其耐热性和耐寒性极好，可在-180～260℃温度下长期使用，是热塑性塑料中使用温度范围最宽的一种。此外它还有极好的电绝缘性，并且不受频率和温度的影响。它的主要缺点是加工成型性不好，在熔融状态时粘度高，没有足够的流动性，所以不能用注射法成型，只能采用类似粉末冶金的模压烧结成型工艺。另外在高温分解时，易放出有毒的氟化氢气体，因此在加工时必须避免分解。

⑩ 聚甲基丙烯酸甲酯（PMMA）。聚甲基丙烯酸甲酯又称有机玻璃。是一种无色透明的固体，质轻，密度为1.18g/cm^3，是目前最好的有机透明材料，透光率达92%。它能耐大气老化，易加工成型，可用机械切削加工，也可用丙酮、氯仿等溶剂进行自体粘结。有机玻璃有较好的绝缘性能。缺点是耐热性不高，热膨胀系数大，表面硬度不高，容易划伤，缺口敏感性很高。有机玻璃在化工行业中常用做透镜、防护罩、安全窗、控制板和设备的外罩，也常用作汽车仪表，医学和日用品上的零部件。

2）热固性塑料

① 酚醛树脂（PF）。酚醛树脂是由酚类和醛类化合物在酸性或碱性催化剂作用下缩聚而成。它由酚醛树脂和各种填料混合制成粉状（电木粉或胶木粉）供应，其成型工艺简单、价格低廉，是常用的热固性塑料。它的强度高、刚度大、变形小，并且具有耐热性（工作温度可在100℃以上），有良好的电绝缘性及耐蚀性。这种塑料广泛应用在机械、运输、电气等工业部门，如仪表外壳、灯头、插座等。酚醛树脂与纸、棉布、玻璃丝布等为填料制成的酚醛层压制品的强度高，可制作受力较高的机械零件，如齿轮、轴承等。这种齿轮弹性好，吸振能力强，噪声小，可提高运转速度。用它制造的轴承保持架，除上述优点外，还可储存润滑油，减少摩损，从而提高轴承的使用寿命。

② 氨基塑料。由氨基化合物脲素或以三聚氰胺与甲醛进行缩合而成的缩聚物，分别称为尿醛树脂及三聚氰胺甲醛树脂。以其中的一种树脂为基础，或以这两种树脂配合为基础而制成的塑料，叫做氰氨基塑料。脲醛塑料颜色鲜艳，半透明如玉，又有良好的电绝缘性，故有“电玉”之称。其缺点是耐水性和耐热性差，长期使用温度不能超过80℃。可制作日用装饰件和电气绝缘件，如电话机、钟表外壳、门把手、插头等。三聚氰胺甲醛塑料（又称密胺塑料），吸水率小，耐沸水煮，表面硬度高，耐磨，无毒，可制作餐具。它的纸质片状层压塑料表面光洁，色泽鲜艳，坚硬耐磨，并具有耐油脂、耐火灼、耐弱酸弱碱等优点，广泛用做“塑料装饰板”。

③ 环氧塑料（EP）。环氧塑料是由环氧树脂加入固化剂（有机胺类和酸酐类），发生交联反应形成的热固性塑料。环氧塑料强度高，韧性较好，并具有良好的化学稳定性、绝缘性、耐热性和耐寒性，长期使用温度为-80～155℃。它的成型工艺性好，可制作塑料模具、船体、电子工业中的零部件。

④ **呋喃塑料**。呋喃塑料是以呋喃树脂为基本组分的塑料，是一种线型高分子树脂，经固化后成为网体型高分子固体。呋喃树脂是以糠醛为基本原料制成的一类聚合物的总称。由于呋喃树脂具有突出的耐蚀性、耐热性以及其原料来源广泛，生产工艺简单，特别是在温度高、腐蚀强的环境中发挥了很大的作用。呋喃树脂能耐强酸、强碱和有机溶剂，并能适用于两种介质的结合或交替使用的场合，特别适用于有机氯化合物、农药、有机溶剂回收及废水处理系统等工程中。呋喃树脂的耐热温度可达到180~200℃，是现有耐蚀树脂中耐热性能最好的树脂之一。呋喃树脂还具有良好的阻燃性和稳定性，在常温下贮存1~2年粘度变化不大。

2. 常用橡胶

橡胶的突出特点是在很宽的温度（-40~150℃）范围内具有高弹性，所以又称高弹体，它还有较好的抗撕裂、耐疲劳特性，在使用中经多次弯曲、拉伸、剪切和压缩不受损伤，还具有不透水、不透气、耐酸碱和绝缘等性能。橡胶材料在工程装备中被广泛应用于密封、耐蚀、防渗漏、减振、耐磨、绝缘及安全防护等方面。但应注意到，除某些品种外，橡胶一般不耐油、不耐溶剂、不耐强氧化性介质，而且容易老化。另外，橡胶的性能受温度的影响比较大，在高温时发粘，低温时发脆。

若按照原料来源，橡胶可分为天然橡胶和合成橡胶两大类；若按照橡胶的使用性能和环境，橡胶又可分为通用橡胶和特种橡胶。通用橡胶主要用于生产各种工业制品和日用杂品，特种橡胶是在特殊环境（高低温、酸碱、油类、辐射等）条件下使用的橡胶。

常用橡胶的特性和用途见表6-2。

表6-2　常用橡胶的特性和用途

	品种（代号）	主要性能优点	主要性能缺点	主要用途
通用橡胶	天然橡胶（NR）	弹性很大，机械强度好，抗撕裂，抗折，耐磨，加工性能好，耐蚀性较好	易老化，耐热及耐油性差，不耐氧化性介质	制造通用橡胶制品，化工设备防腐蚀衬里
	丁苯橡胶（SBR）	一般性能优于天然橡胶，耐腐蚀性接近于天然橡胶	耐寒、耐油和加工性比天然橡胶差	代替天然橡胶
	顺丁橡胶（BR）	力学性能和耐蚀性能接近于天然橡胶	强力较低，抗撕裂性差	代替天然橡胶
	丁基橡胶（ⅡR）	耐热、耐老化优于一般通用橡胶，耐酸碱和溶剂，耐氧化性介质	弹性差，硫化慢、加工性差，不耐石油产品	化工设备防腐蚀衬里、减振制品、胶管、运输带
	氯丁橡胶（CR）	耐热、耐寒、耐老化、耐磨性超过天然橡胶、耐油性好，仅次于丁腈橡胶，耐酸碱	耐寒性差，存储稳定性差	用途广泛，制造耐油、耐蚀、耐热、耐燃、耐老化的橡胶制品和衬里
	丁腈橡胶（NBR）	耐油性优异，仅次于氟橡胶，耐热、耐磨、耐老化，耐碱及非氧化性酸	耐寒差，不耐强极性溶剂和氧化性酸	广泛用于耐油橡胶制品

（续）

	品种（代号）	主要性能优点	主要性能缺点	主 要 用 途
特种橡胶	乙丙橡胶（EPM，EPDM）	弹性、耐寒性、耐磨等与天然橡胶相同，耐热性好，一般耐腐蚀性能良好	不耐芳烃和石油产品，硫化慢，粘着性差	代替天然橡胶，制作耐热管和带、一般耐蚀衬里
	氯磺化聚乙烯橡胶（CSM）	耐腐蚀性好，对氧化性介质具有良好的耐腐蚀性，耐热性好	不耐芳烃和石油产品，价格高	耐蚀和耐热的制品和衬里
	丙烯酸酯橡胶（ACM）	坚韧、透明，耐热、耐油优良，耐老化，一般条件下耐腐蚀	不耐水和强极性溶剂，耐寒性、弹性、耐磨性和强度较差	制作耐油、耐热、耐老化制品
	聚氨酯橡胶（UR）	坚韧、耐磨性优于其他橡胶，耐老化、耐油	不耐热、耐腐蚀性不突出	制作耐磨或耐油制品
	氟橡胶（FPM）	耐高温达200℃以上，耐蚀性优良，性能全面佳	加工性差，价格高	用于耐高温和强腐蚀性环境
	硅橡胶（SR）	耐高温达300℃、耐低温（-100℃），耐磨、耐老化，电绝缘性能优良	只能耐稀的酸碱盐，不耐石油产品，强度较低，价格贵	制作耐高低温制品，制作耐高温电绝缘制品

此外，被称为第三代橡胶（SBS）的热塑性弹性体是指在高温下能塑化成型而在常温下又能显示橡胶弹性的一类高分子材料。这类材料具有类似硫化橡胶的物理力学性能，如弹性、强度和形变特性等，因此可代替一般硫化橡胶使用，另一方面它又具有类似热塑性塑料的加工成型特性。热塑性弹性体将成为一种极富竞争力的新型高分子材料。

3. 胶粘剂

凡能把同种的或不同种的固体材料连接在一起的媒介物质称为胶粘剂（或粘合剂）。胶粘剂可代替传统的铆接、焊接和螺纹连接等，使各种不同材质的零件或结构件牢固地连接在一起。

（1）胶粘剂的组成　当今的胶粘剂大都是采用合成高分子化合物作为主剂，配合各种固化剂、增塑剂、稀释剂、填料以及其他助剂等配制而成。

主剂也称为基料或粘料，是胶粘剂中的主要组分，对粘料的要求是对被粘合的固体物料表面有良好的润湿性和粘附性。用作粘料的材料有合成树脂、合成橡胶、天然高分子物质等，如热固性树脂、热塑性树脂、氯丁橡胶、淀粉、蛋白质等。

固化剂是使低分子化合物或线型高分子化合物交联成网体型网状结构，成为不溶不熔的坚固胶层的化学药剂。为了促进固化反应，有时加入促进剂以加速固化反应速度或降低固化反应温度。热固性树脂一般需要固化剂才能固化。

胶粘剂中加入增塑剂和增韧剂可以增加胶层的柔韧性，提高胶层的抗冲击强度，改善胶粘剂的流动性。但是用量过多会使胶层的机械强度和耐热性能有所降低。增塑剂为低熔点固体物，与粘料混容，但不参与固化反应。增韧剂为粘稠液体，参与固化反应。稀释剂是为了调节胶粘剂的粘度，便于涂胶。胶粘剂中加入适量的填料可以改善胶粘剂的力学性能并降低胶粘剂的成本。有时，为了改善胶粘剂某方面的性能，还需加入一些特定的添加剂，如防老化，防霉变助剂等。

（2）胶粘剂的粘合原理　胶粘剂能牢固地将两种相同或不同的固体材料的界面胶接起来，粘结力的产生包括以下几个方面：

1）化学键力。又称主价键力，存在于原子或离子之间。绝大多数有机化合物分子中的原子之间都是通过共价键连接的。主价键的键能高，不易断开。胶粘剂中的基料分子与固体材料的界面在合适的条件下，可以形成化学键。这是最主要的粘合力。

2）分子之间的作用力。又称次价键力，分子间的作用力包括范德华力和氢键力，这些力的大小与相互接触的分子的化学结构、分子极性有直接的关系，分子极性越大，这些力越大，但比主价键力要小得多。

3）界面静电引力。当金属材料与非金属材料（如高分子胶粘剂）密切接触时，由于金属对电子的亲合力低，容易失去电子，而非金属对电子的亲合力高，容易得到电子，故电子可从金属移向非金属，使界面两侧产生接触电势，形成双电层，产生静电引力，但这种力比较小。

4）机械作用力。胶粘剂充满被粘物表面的缝隙或凹凸之处，固化后在界面区产生啮合力。在粘合多孔性材料，如布、纸和木材等，机械连接力的作用是很重要的。

在产生粘接力的各种因素中，只有分子间作用力普遍存在于所有的粘接体系，其他作用力仅在特殊情况下才成为粘接力的因素。

（3）胶粘剂的选用　只有根据被粘合材质的性质选用正确的粘接剂和粘接工艺才能获得牢固的结合面。表6-3列出了常用的有机胶粘剂和适用于被粘接的材料。

表6-3　常用的有机胶粘剂和适用于被粘接的材料

被胶粘材料 胶粘剂	钢铁铝	热固性塑料	硬聚氯乙烯	软聚氯乙烯	聚乙烯、聚丙烯	聚酰胺	聚碳酸酯	聚甲醛	ABS	橡胶	玻璃、陶瓷	混凝土	木料	皮革
无机胶	可	—	—	—	—	—	—	—	—	—	优	—	—	—
聚氯乙烯-醋酸乙烯	可	—	良	优	—	—	—	—	—	—	—	—	良	可
α-氰基丙烯酸酯	良	良	可	可	可	可	良	—	良	良	良	—	—	—
聚氨酯	良	良	良	可	可	可	良	良	良	良	可	—	优	优
脲醛	—	可	—	—	—	—	—	—	—	—	—	—	优	—
环氧：胺类固化	优	优	—	—	可	可	—	良	良	可	优	良	良	可
环氧：酸酐固化	优	优	—	—	—	—	良	—	—	—	优	良	良	可
环氧-丁腈	优	良	—	—	—	—	—	—	可	可	良	—	—	—
酚醛-缩醛	优	优	—	—	—	—	—	—	—	可	良	—	—	—
酚醛-氯丁	可	可	—	—	—	—	—	—	—	优	—	可	可	—
氯丁橡胶	可	可	良	可	—	—	—	—	可	优	可	—	良	优
聚酰亚胺	良	良	—	—	—	—	—	—	—	—	良	—	—	—

4. 涂料

涂料属于一种特殊的液态物质，它可以涂覆到物体的表面上，固化后形成一层连续致密的保护膜或特殊功能膜。这层膜可以使被防护的材料表面阻止水分、酸碱性气体、微生物、紫外线等的侵蚀。涂料还具有某些特殊功能，如电动机、变压器借助于绝缘涂料起到电绝缘作用；防污涂料可防止舰艇底部海生物的附着。另外，涂料对于制品还起到装饰或标志的作用。

（1）涂料的组成　**涂料一般由不挥发成分和稀释剂两大部分组成**，涂料经涂覆后，稀释剂逐渐挥发，留下不挥发成分固化成膜。因此，不挥发成分是成膜的物质，是决定涂层性能的主体材料，也称基料。成膜物质又可分为主要、次要和辅助成膜物质，其种类见表6-4。

表6-4　涂料的组成

组成		原料
主要成膜物质	油脂	植物油：桐油、豆油、蓖麻油等 动物油：鲨鱼肝油、带鱼油、牛油等
	树脂	天然树脂：虫胶、松香、天然沥青等 合成树脂：酚醛、醇酸、氨基、丙烯酸、环氧、聚氨酯、有机硅等
次要成膜物质	颜料	无机着色颜料：钛白、氧化锌、铬黄、氧化铁红、炭黑等 有机着色颜料：甲苯胺红、酞箐蓝、耐晒黄等 体质颜料：滑石粉、碳酸钙、硫酸钡等 防锈颜料：红丹、锌铬黄、偏硼酸钡等
辅助成膜物质	溶剂（稀释剂）	石油溶剂、苯、甲苯、二甲苯、氯苯、松节油、环戊二烯、乙酸丁酯、丙酮、环已酮、丁醇、乙醇等
	助剂	增塑剂、催干剂、固化剂、稳定剂、防霉剂、防污剂、乳化剂、润湿剂、防结皮剂、引发剂等

（2）涂料的命名　国家标准GB/T2705—2003对涂料的命名作了如下规定：

涂料全名＝颜色或颜料名称＋成膜物质名称＋基本名称

例如：红醇酸磁漆、锌黄酚醛防锈漆等。对于某些有专业用途及功能特性的产品，必要时可以在成膜物质后面加以说明。例如醇酸导电磁漆、白硝基外用磁漆等。

涂料的型号是由三部分组成，第一部分表示涂料类别（成膜物质），用汉语拼音字母表示；第二部分是基本名称，用二位数字表示；第三部分为序号，用自然数顺序表示，第二部分与第三部分之间用短线连接，把基本名称和序号分开。

例：

C　04－2

2 → 序号

04 → 基本名称（磁漆）

C → 成膜物质（醇酸树脂）

在国家标准中将成膜物质分为17大类，对于各类指定了汉语拼音符号。基本名称编号采用了00～99两位数字来表示，00～13代表基础品种；14～19代表美术用漆；20～29代表轻工用漆；30～39代表绝缘漆；40～49代表船舶用漆；50～59代表防腐蚀漆等。

（3）涂料的固化原理　一般认为涂料的固化过程中既包括物理变化，更包括化学变化。随着涂料中稀释剂的蒸发，成膜物质分子逐渐变粘变硬。在此过程中，涂料组分之间发生化学反应而交联固化，有些涂料的组分与所接触的空气中的氧气、水分或二氧化碳等成分发生化学反应而交链固化。固化膜对于物体表面的附着强度与涂料固化过程中的化学反应有直接的关系。固化膜对于物体表面的保护性能、附着强度及寿命均是衡量涂料质量的重要指标。

第二节　陶瓷材料

一、陶瓷材料的基本概念

传统的陶瓷是陶器和瓷器的总称，主要是由地壳中最丰富的硅、铝、氧三种元素组成的硅酸盐材料作为原料，再经过高温烧结，便制成了陶瓷制品。如今，陶瓷材料已经远远超出了传统硅酸盐的范畴，无论在原料、组分、制备工艺、性能和用途上均与传统的陶瓷有很大的差别。

1. 陶瓷材料的分类

目前，对陶瓷材料的分类尚未统一。一般地，可以把陶瓷材料分为传统陶瓷和现代陶瓷两大类。传统陶瓷又称为普通陶瓷，它是利用天然硅酸盐原料制成的陶瓷，主要用作日用器皿和建筑、卫生制品。现代陶瓷也可称为工程陶瓷、精细陶瓷、特种陶瓷等，它是采用一些氧化物、碳化物、氮化物、硅化物、硼化物等物质组成的固体材料，采用特殊工艺制成的具有良好性能或具有某种特殊功能的陶瓷，其性能和应用范围远远超过了传统陶瓷。

现代陶瓷按功能和用途分类又可分为**结构陶瓷**、**功能陶瓷**和**生物陶瓷**等三类。

结构陶瓷是指用来制作各种结构部件的陶瓷，主要用于轴承、球阀、刀具、模具等要求耐高温、耐蚀、耐磨损的部件。

功能陶瓷是指利用其电、磁、声、光、热等直接效应或其耦合效应，以实现某种特殊使用功能的特种陶瓷。

生物陶瓷指作为医学生物材料的陶瓷，临床中主要用于牙齿骨骼系统的修复和替换，如人造骨、人工关节等，也可用于制造某些人造器官的零部件。

陶瓷材料具有高硬度、高耐磨性、耐蚀性、耐高温、绝缘性能及其他一些特殊的功能，在机械、电子、石油、化工、航空、航天等领域得到了广泛的应用。

2. 陶瓷材料的结构

由于陶瓷是化合物而不是单质，所以其组织结构要比金属或合金要复杂得多。一般地，陶瓷是由金属（或类金属）与非金属元素形成的化合物，这些化合物之间的结合键主要是离子键（如 Al_2O_3、MgO 等）和共价键（如 Si_3N_4、SiC 等）有的陶瓷是晶体，如 Al_2O_3、MgO、SiC 等；有的是非晶体，如玻璃；而有的陶瓷在一定条件下可以由非晶体转化为晶体，如玻璃陶瓷。**典型陶瓷的组织是由晶体相、玻璃相和气相组成。**

（1）晶体相　晶体相是陶瓷的主要组成相，其结构、数量、形态和分布决定陶瓷的主要性能和应用。当陶瓷中有几种晶体时，数量最多、作用最大的为主晶体相，其他次晶体相的影响也是不可忽视的。陶瓷中的晶体相主要有硅酸盐、氧化物和非氧化物三种。

1）硅酸盐。硅酸盐是普通陶瓷的主要原料，同时也是陶瓷组织中重要的晶体相，如莫来石、长石等。硅酸盐的结合键为离子键与共价键的混合键。它的结构比较复杂，但有以下特点：构成硅酸盐的基本单元是［SiO_4］四面体（图6-8），硅氧四面体只能通过共用顶角而相互连结，否则结构不稳定；Si^{4+}离子间不直接成键，它们之间的结合通过O^{2-}离子来实现；硅氧四面体相互连结时优先采取比较紧密的结构等。按照以上规律，硅氧四面体可以构成岛状、链状、层状和骨架状等硅酸盐形状。

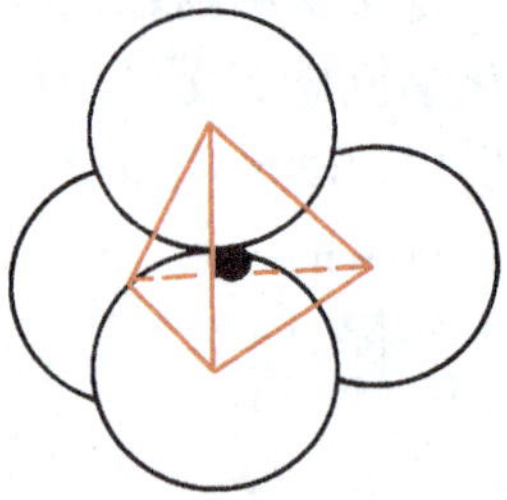

图6-8 硅氧四面体结构

2）氧化物。氧化物是大多数陶瓷，特别是现代陶瓷的主要组成和晶体相，它们主要由离子键结合，有时也有共价键。他们的结构决定于结合键的类型、各种离子的大小以及在极小空间中保持电中性的要求。其中最重要的晶体相有AO、AO_2、A_2O_3、ABO_3和AB_2O_4等（A、B表示阳离子）等几类，其共同特点是：氧离子紧密排列，金属阳离子位于一定的间隙中。

AO类型的氧化物，例如MgO、CaO、BeO等具有岩盐结构，如图6-9所示。其中，金属离子和氧离子数量相等，氧离子做面心立方排列，金属离子填充在其所有八面体间隙之中，形成完整的立方晶格。

Al_2O_3、Cr_2O_3、Fe_2O_3等属于A_2O_3类型，即刚玉结构，如图6-10所示。氧离子占据密排六方结构的结点位置，铝离子占据氧离子组成的八面体间隙中，但只占满2/3，每3个相邻的八面体间隙就有一个有规律地空着。在每个晶胞中有6个O离子和4个Al离子。

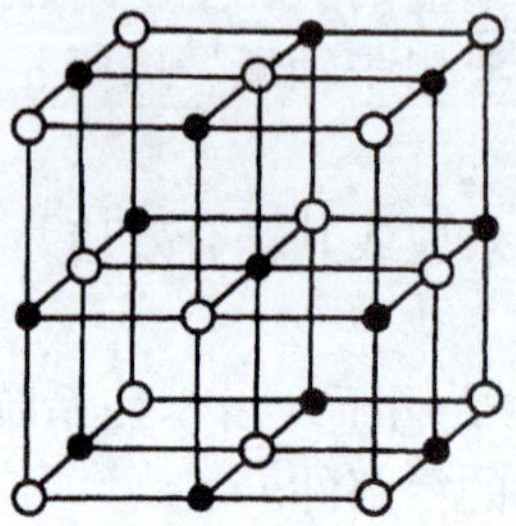

图6-9 MgO的晶体结构

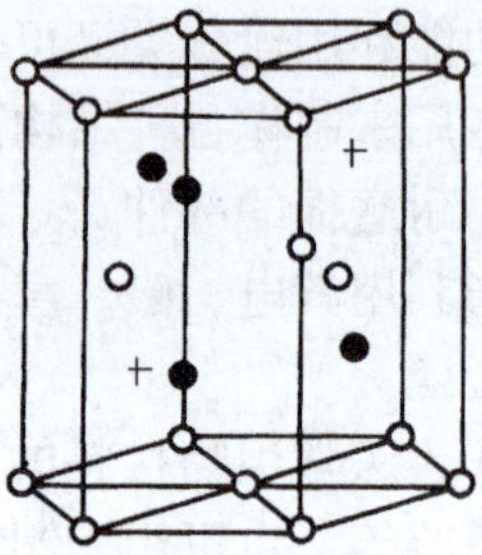

图6-10 Al_2O_3的晶体结构

3）非氧化物。非氧化物是指不含氧的金属碳化物、氮化物、硼化物和硅化物等，它们也是现代陶瓷的主要晶体相，主要由共价键结合，但也有一定成分的离子键和金属键。

金属碳化物大多数是共价键和金属键之间的过渡键，以共价键为主。其结构主要有两类：一类是间隙相，碳原子嵌入紧密立方或六方金属晶格的八面体间隙之中，如TiC、ZrC、HfC、VC、NbC和TaC等；另一类是复杂碳化物，由碳原子或碳原子链与金属构成各种复杂的结构，如斜方结构的Fe_3C、Mn_3C、Co_3C、Ni_3C和Cr_3C_2，立方结构的$Cr_{23}C_6$、$Mn_{23}C_6$，六方结构的WC、MoC、Cr_7C_3，以及复杂结构的Fe_3W_3C等。

（2）玻璃相　玻璃相是陶瓷烧结时各组成物及杂质产生的一系列物理、化学变化后形成的一种非晶态物质，它的结构是由离子多面体构成的短程有序排列的空间网络。其主要作用是粘结分散的晶相，降低烧结温度，抑制晶粒长大和填充气孔。但玻璃相熔点低，热稳定性差，导致陶瓷在高温下产生蠕变。因此，玻璃相不能成为陶瓷的主导相，其含量必须严格控制，一般不能超过20%~40%。

玻璃结构的特点是硅氧四面体组成不规则的空间网络，形成玻璃的骨架。如果四面体长程有序排列则为晶态 SiO_2，如为短程有序排列则为玻璃的结构，如图 6-11 所示。若玻璃中含有氧化铝或氧化硼，则四面体中的硅被铝或硼部分取代，形成铝硅酸盐或硼硅酸盐的结构网络。Na_2O 等氧化物的引入，会使很强的 Si－O－Si 键破坏，因而降低玻璃的强度和热稳定性，但它能使玻璃在高温时成为热塑性的，有利于成型性能的改善，生产工艺性好。

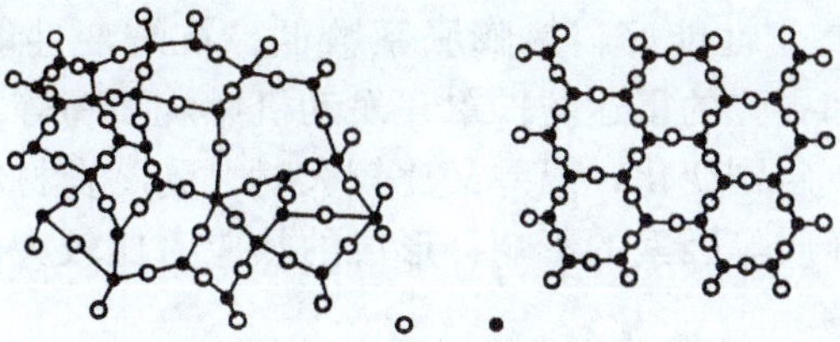

图 6-11　石英玻璃和石英晶体结构示意图
a）石英玻璃　b）方石英晶体

（3）气相　气相是指陶瓷孔隙中的气体即气孔，是在陶瓷生产过程中形成并被保留下来的。气孔的存在对陶瓷性能有明显的影响。其优点是能使陶瓷密度减小，并能减振，但同时使陶瓷的强度下降，介电耗损增大，电击穿强度下降，绝缘性降低。因此在生产上要严格控制气孔数量、大小及分布。一般地，要求气孔的体积分数要小，不能超过5%~10%，而且要求气孔细小，呈球形，分布均匀。但是，根据需要有时应增加气孔，如保温陶瓷和过滤用多孔陶瓷等。此时，其气孔率可高达60%。

二、陶瓷材料的性能

表 6-5 是几种常用陶瓷材料的性能参数。

表 6-5　常用陶瓷材料的性能参数

相	密度/$(g\cdot cm^{-3})$	熔点/℃	硬度/GPa	弹性模量/GPa	热膨胀系数/$(10^{-6}K^{-1})$	泊松比	热导率/$(W\cdot m^{-1}\cdot K^{-1})$	比热容/$(J\cdot kg^{-1}\cdot K^{-1})$
Al_2O_3	3.98	2047	21	400	8.4	0.26	30.2	878.2
SiC	3.22	2760	26	480	4.35	0.19	41.87	598.0
B_4C	2.52	2450	30~40	441	4.5	0.21	8.37~29.3	
TiB_2	4.45	2980	33.7	540	4.8	0.28	24.28	
TiC	4.93	3147	30	460	7.74	0.19	24.28	

（续）

相	密度/($g\cdot cm^{-3}$)	熔点/℃	硬度/GPa	弹性模量/GPa	热膨胀系数/($10^{-6}K^{-1}$)	泊松比	热导率/($W\cdot m^{-1}\cdot K^{-1}$)	比热容/($J\cdot kg^{-1}\cdot K^{-1}$)
TiN	5.4	3205	19.9	590	9.35	0.22	19.26	
Si_3N_4	3.19	1900	17.2	210	2.5	0.24		
TiO_2	5.76	1867	11	205	9.0			
ZrO_2	5.76	2677	12	190	11 (7.6)			
MgO	3.77	2827	7.5	320	13.0	0.36		
AlN	3.26	2250	12.3	350	5.7			

1. 热学性能

与金属和高分子材料相比，耐高温是陶瓷材料优异的特性之一。大多陶瓷材料的熔点都在2000℃以上。在高温下，陶瓷不仅具有高的硬度，而且基本保持了其在室温下的强度。另外，陶瓷材料抗氧化性能好，热膨胀系数低，抗蠕变性能强，被广泛用作高温材料，如冶金坩埚、火箭和导弹的雷达防护罩、发动机燃烧喷嘴等。但是陶瓷材料的抗热振性能比较差。当温度发生急剧变化，温差又比较大时，受陶瓷材料的力学性能、热学性能及构件几何形状和环境介质等因素的影响，形成的热应力比较大，材料容易被破坏，所以在烧结和使用时应当注意。

2. 化学性能

陶瓷是由金属（类金属）和非金属元素形成的化合物，化合物之间的结合键主要是离子键或共价键。陶瓷中的金属正离子被四周非金属氧离子所包围，结构非常稳定。所以，陶瓷的化学稳定性好，对酸、碱和盐的耐蚀能力强，可广泛应用于石油、化工等领域。

3. 力学性能

（1）弹性性能　与金属材料不同，陶瓷材料在室温静拉伸载荷作用下，一般都不出现塑性变形，在极微小应变的弹性变形后立即出现脆性断裂，伸长率和断面收缩率几乎为零。陶瓷材料的弹性模量比金属大得多，但是陶瓷的弹性模量随陶瓷内的气孔率和温度的增高而降低。

（2）强度　由于陶瓷内部存在大量的气孔，其作用相当于裂纹源，在拉应力作用下迅速扩展而导致脆断，所以陶瓷的实际抗拉强度要比金属低得多。陶瓷受压时，气孔等缺陷不易扩展为宏观裂纹，所以抗压强度较高，约为抗拉强度的10~40倍。

减少陶瓷中的气孔，细化晶粒，提高致密度和均匀度，可提高陶瓷的强度。

（3）硬度　硬度是陶瓷材料的重要力学性能参数之一。硬度高、耐磨性好是工程陶瓷材料的优良特性。几种常用陶瓷材料的硬度见表6-5。

（4）塑性和韧性　陶瓷材料在室温下很难产生塑性变形，其断裂方式为脆性断裂，但在高温（大约800~1500℃）条件下，陶瓷可能由脆性转变为塑性。

由于陶瓷制品难以发生塑性变形，加之气孔缺陷的交互作用，其内部很容易造成应力集中，因而陶瓷的冲击韧度很低，脆性很大。对裂纹、冲击、表面损伤特别敏感，容易发生脆性断裂，成为陶瓷材料用于受力较复杂构件的主要障碍。

在围绕如何提高陶瓷材料的韧性、降低脆性的问题上，近年来各国学者研究了各种陶瓷材料的增韧机制，如颗粒弥散增韧、微裂纹增韧、裂纹偏转增韧、晶须增韧和相变增韧等。

三、常用工程陶瓷简介

1. 普通陶瓷

普通陶瓷的主要原料是粘土（$Al_2O_3 \cdot 2SiO_2 \cdot 2H_2O$）、石英（$SiO_2$）和长石（$K_2O \cdot Al_2O_3 \cdot 6SiO_2$）。如果它们的组分配比不同，陶瓷的性能就有所不同。例如，长石含量高时，陶瓷的烧结温度就低，较致密，因此其抗电性能较高，但耐热性能及力学性能较差；粘土或石英含量高时，陶瓷的烧结温度较高，抗电性能差，但有较好的耐热性能和力学性能。

普通陶瓷中的日用陶瓷通常分为长石质瓷、绢云母质瓷、骨质瓷和日用滑石质瓷等四大类，主要用作日用器皿和瓷器，一般具有良好的光泽度和透明度，热稳定性和强度较高。工业陶瓷主要包括建筑卫生瓷、电工瓷、化学化工瓷等几类。建筑卫生瓷用于装饰板、卫生间装置及器具等，通常尺寸较大，要求强度和热稳定性好；电工瓷主要指电器绝缘用瓷，不仅要求力学性能高，而且要求介电性能和热稳定性好；化学化工瓷用于化工、制药、食品等工业中的管道设备、耐蚀容器等，要求耐各种化学腐蚀的能力要强。普通陶瓷由于其制造工艺简单、成本低廉，在各种陶瓷中产量最大。

2. 特种陶瓷

（1）氧化物陶瓷

1）氧化铝（Al_2O_3）陶瓷。根据主晶相的不同，氧化铝陶瓷可分为刚玉瓷、刚玉-莫来石瓷及莫来石瓷三类。氧化铝陶瓷根据含氧化铝质量分数的不同，可分为75瓷（含75% Al_2O_3）、95瓷（含95% Al_2O_3）和99瓷（含99% Al_2O_3）。氧化铝含量越高，性能越好，但加工工艺越复杂，成本越高。

与普通陶瓷相比，氧化铝陶瓷尤其是刚玉瓷的结构稳定、致密，强度高2~6倍，硬度仅次于金刚石、碳化硼、立方氮化硼和碳化硅而居第五位。它具有很高的耐热性，能在1600℃以下长期使用，短时使用温度为1980℃。氧化铝陶瓷有优良的电绝缘性和耐蚀性。每毫米厚度可耐800V以上的高压，在酸、碱和其他的腐蚀介质中也能安全工作。此外，氧化铝陶瓷的原料丰富、分布范围广。

氧化铝陶瓷的缺点是它的脆性大，抗热振性能差。近年来，以改善其韧性为目标开展了大量研究工作，开发了许多以氧化铝为基体的新型陶瓷材料，力学性能有了较大提高。

氧化铝陶瓷广泛用于各类高温、耐蚀和电气绝缘工程中。如盛装高温熔体的容器，热电偶的保护套管，化工反应炉管、高压电气元件等。在机械工程中，用作某些精密高速切削刀具、拉丝模、量规、泵件和一些需耐热、耐蚀、耐磨的零件。

2）氧化锆（ZrO_2）陶瓷。氧化锆有三种晶型：单斜晶系、四方晶系和立方晶系，其相互转化关系为：

$$\text{单斜}ZrO_2 \xleftrightarrow{1170℃} \text{四方}ZrO_2 \xrightarrow{2370℃} \text{单斜}ZrO_2 \xleftrightarrow{2715℃} \text{液态}$$

单斜晶系与四方晶系之间的转变伴随有7%~9%的体积变化，而氧化锆增韧正是通过四方相转变成单斜相来实现的，这种相变属于马氏体相变。

氧化锆陶瓷的特点是硬度、强度高，韧性好，常温抗弯强度可达2000MPa，断裂韧度可达 15.6MPa·$m^{1/2}$，耐热性高，可在空气中 2000～2200℃温度范围内使用。这种陶瓷还可以加入少量碱金属氧化物或稀土金属氧化物进行韧化处理，其力学性能显著改善。它的热膨胀曲线和铸铁、铝相近。因此，氧化锆陶瓷除用于制造高温耐火坩埚、发热元件、炉衬、反应堆材料和防护涂层外，还可以用来制造与金属构件连接，又要求耐热、绝热的机械零部件，如气缸套、气缸盖等。利用氧化锆陶瓷的高硬度和高韧性，还可以制成冷成形工具、整形模、拉丝模、切削刀具、轴承、高尔夫球棍头等。

（2）碳化物陶瓷

1）碳化硅（SiC）陶瓷。碳化硅是 Si—C 间键力很强的共价键化合物，具有金刚石型结构，有 75 种变体。其中，α-SiC 是高温稳定型结构，β-SiC 是低温稳定型。纯 SiC 是无色透明的，工业 SiC 由于含有游离碳、铁、硅等杂质而呈浅绿色或黑色。SiC 熔点高，且具有优良的抗氧化性，在高达 1550℃的温度下，抗氧化性仍然很好。SiC 用作耐火材料已有很长的历史，在金属冶炼、空间技术中可广泛用作炉衬、过滤器、坩埚、火箭发动机喷嘴以及热电偶保护套管等。由于 SiC 硬度高，还可用以制作砂轮和各种磨具。SiC 不仅具有高的室温强度，而且随着温度的升高强度并不降低，因此在热机中的应用已取得了良好的进展，可用以制作燃气轮机的定子、转子、燃烧器、涡形管等。此外，因为 SiC 具有高的热导率，可以用来制造热交换器。

SiC 陶瓷材料的主要用途见表 6-6。

表 6-6 SiC 陶瓷材料的主要用途

工业	使用环境	用途	主要优点
石油工业	高温、高液压、研磨	喷嘴、轴承、密封、阀片	耐磨
化学工业	强酸、强碱	密封、轴承、泵零件、热交换器	耐磨、耐蚀、气密性
	高温氧化	汽化管道、热电偶套	耐高温腐蚀
汽车、拖拉机、飞机、火箭	发动机燃烧	燃烧器部件、涡轮增压器转子、燃气轮机叶片、火箭喷嘴	低摩擦、高强度、低惯性负荷、抗热震
汽车、拖拉机	发动机油	阀系列元件	低摩擦、耐磨
机械、矿业	研磨	喷砂嘴、内衬、泵零件	耐磨
	加工成形	拉丝模、成型模、纺织导向	耐磨、耐蚀
造纸工业	纸浆，纸浆废液	密封、套管、轴承、吸盖箱、成型板	耐磨、耐蚀、低摩擦
热处理、炼钢	高温气体	热电偶套管、辐射管、热交换器、燃烧元件	耐热、耐蚀、气密性
核工业	含硼高温水	密封、轴套	耐辐射
微电子工业	大功率散热	封装材料、基片	高热导、高绝缘
激光	大功率、高温	反射屏	高刚度、稳定性

2）碳化硼（B_4C）陶瓷。碳化硼为黑色粉末，莫氏硬度 9.3，仅次于金刚石和立方氮化硼。B_4C 粉具有非常高的研磨能力，其研磨能力超过 SiC 的 50%，比刚玉高 1～2 倍，所以 B_4C 的最大用途是用作磨料和制造磨具，有时用于制作超硬工具材料。B_4C 具有很好

的化学稳定性，能抗酸碱腐蚀，并且不与大多数熔融金属润湿和反应，是优良的耐蚀材料，用于制造耐酸碱零件。

3）碳化钛（TiC）陶瓷。碳化钛熔点高、硬度高、化学稳定性好。碳化钛基金属陶瓷可用来制造在还原性和惰性气氛中使用的高温热电偶保护套管和熔炼金属的坩埚等。碳化钛是制造硬质合金的主要原料，加入碳化钛后，硬质合金的热硬性、耐磨性、抗氧化性和耐蚀性等性能都得到提高。用气相沉积法在硬质合金刀具或模具表面制备碳化钛涂层，可大大提高硬质合金刀具和模具的使用寿命。

（3）氮化物陶瓷

1）氮化硅（Si_3N_4）陶瓷。氮化硅是键能高、稳定的共价键晶体。其特点是硬度高、摩擦因数低，且有自润滑作用，所以是优良的耐磨减摩材料。氮化硅的耐热温度比氧化铝低，而抗氧化温度高于碳化物和硼化物。在1200℃以下具有较高的力学性能和化学稳定性，并且热膨胀系数小，抗热冲击，所以可作为优良的高温结构材料。如在美国的陶瓷燃气轮机计划中，采用了常压烧结氮化硅或反应烧结氮化硅作转子、定子和涡形管。在无水冷陶瓷发电机中，采用热压氮化硅作活塞顶盖。在日本，用氮化硅作柴油机的火花塞、活塞罩和气缸套等。另外，氮化硅陶瓷能耐许多无机酸和碱溶液侵蚀，是优良的耐蚀材料，在化学工业中用作球阀、泵体、密封环、过滤器、蒸发皿、管道等。在机械工业中，氮化硅陶瓷可用作涡轮叶片、汽车发电机叶片和翼面、高温轴承、切削刀具等。氮化硅陶瓷的制造方法有反应烧结（RB）、热压烧结（HP）、常压烧结（PLS）、重烧结（PS）、气压烧结（GPS）等。制造方法不同，其用途也有所不同。

2）赛隆（Sialon）陶瓷。Sialon陶瓷通常是将Si_3N_4、Al_2O_3、AlN和烧结助剂（如Y_2O_3、MgO等）混合、成型后，用常压、热压或热等静压等烧结工艺制成。Sialon陶瓷的热膨胀系数比较小，抗热振性能优良，其抗氧化性可与SiC陶瓷相媲美。Sialon陶瓷具有优异的抗熔融金属腐蚀的能力，几乎还没有发现它被熔融金属“浸润”的情况。此外，Sialon陶瓷的硬度也很高，是一种达到实际应用的超硬工具材料。

3）氮化硼陶瓷。氮化硼（BN）是用硼砂、尿素在高温等离子氮气加热下合成的，它具有石墨类型的六方晶体结构，某些性能特点又类似石墨，因而也叫“白石墨”。其特点是硬度较低，可与石墨一样进行各种切削加工。导热性能好，与不锈钢基本相同，而热膨胀系数比金属和其他陶瓷低，抗热振性和热稳定性也很好，耐热性好，是优良的耐热材料。此外，六方氮化硼还有自润滑性能，高温下耐蚀、绝缘性好，故该种材料主要用于高温耐磨材料和电绝缘材料、耐火润滑剂等。如果以碱金属或碱土金属为触媒，在1500～2000℃、$(6\sim9)\times10^3$MPa，六方BN可转变成立方BN。氮化硼的制备工艺主要有冷压法、热压法和气相反应法等三种。

（4）其他特种陶瓷　除了以上介绍的几种特种陶瓷材料之外，还有AlN、TiB_2、ZrB_2、$MoSi_2$、CaO、BeO、MgO等多种特种陶瓷，其熔点多在2000℃左右，有些甚至可能更高，并具有一些特殊的性能。如AlN陶瓷可用作热电偶保护套管、电路基板、耐磨耐蚀零件、热交换器等；MgO陶瓷耐高温，抗熔融金属的侵蚀，可用作坩埚熔炼高纯度金属与合金；TiB_2可用作耐磨零部件；$MoSi_2$可制成在空气中使用的高温发热元件及高温热电偶等。

从发展趋势来看，新型陶瓷由单一的氧化物陶瓷发展到了多种化合物陶瓷，由传统的烧结制备块状陶瓷发展到了制备单晶、薄膜、纤维等陶瓷材料，而且形式是多种多样。研究表明，21 世纪先进陶瓷的发展有以下三大趋势：由单相高纯向多相复合陶瓷发展；由微米级向纳米级陶瓷材料发展和陶瓷材料的计算机辅助设计。相信随着陶瓷材料及相关学科的迅猛发展，各种陶瓷材料必将在工程技术领域得到更加广泛的应用。

第三节　复合材料

一、复合材料的基本概念

复合材料是指由两种或两种以上异质、异形、异性的材料，以宏观或微观的方式复合形成的新型材料，它一般由基体组元和增强体或功能组元所组成。在工程上，复合材料主要是为了克服金属、高聚物及陶瓷等传统的单一材料的某些不足，实现材料强度、韧性、重量以及稳定性等方面综合性能的全面改善和提高。

材料的复合化是材料发展的必然趋势之一。在古代就出现了原始型的复合材料，如用泥土和草茎作建筑材料、用砂石和水泥基体复合的混凝土也有很长历史。尤其是从 20 世纪 60 年代，随着高新技术的发展，对材料性能的要求日益提高，复合材料有了更为迅速的发展，许多性能优良的先进复合材料不断研究、开发和应用，并成为航空航天等工业的关键材料。复合材料突出的特点是，它的性能比其任一组元材料要好得多，而且复合材料可按照构件的结构、受力和功能等要求，经过优化设计，即通过对原材料的选择、各组分分布设计和工艺条件的保证等，使各组分材料实现优势互补，获得出色的综合性能。有人预言，21 世纪将是进入复合材料的时代。

1. 复合材料的分类

复合材料按用途可分为**结构复合材料**和**功能复合材料**。

结构复合材料是指用于结构零件的复合材料，一般是由高强度、高模量的增强体与强度低、韧性好、低模量的基体组成。增强体承担结构使用中的各种载荷，基体则起到粘结增强体予以赋形并传递应力的作用。复合材料的基体材料常用树脂、橡胶、金属、陶瓷等；增强体材料常用碳纤维、硼纤维以及粒子和片状物等。复合材料既保持组成材料各自最佳性能，又具有组合后的新特性。

结构复合材料通常按不同的基体来分类，如图 6-12 所示。

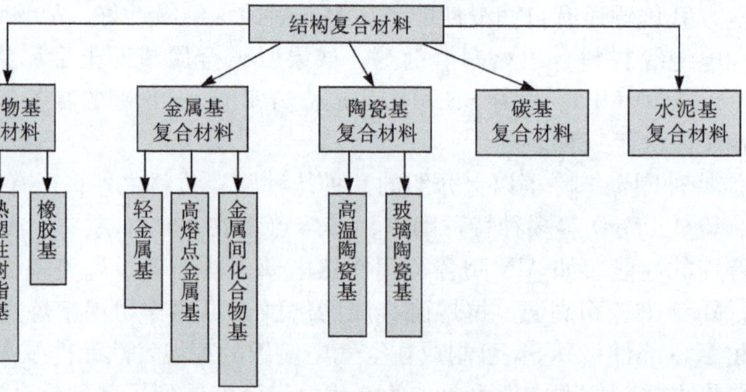

图 6-12　结构复合材料按不同基体分类方法

结构复合材料若按增强体的种类和形状可分为层叠、纤维、颗粒增强等复合材料，如图6-13所示。其中发展最快、应用最广的是各种纤维（如玻璃纤维、碳纤维等）增强的复合材料。

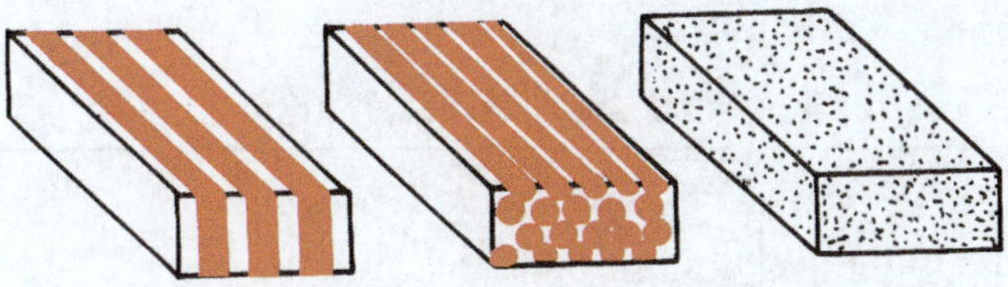

图6-13　复合材料结构示意图

a）层状结构　b）纤维状结构　c）粒状结构

2. 复合机理简介

（1）颗粒增强复合　颗粒增强复合材料主要由基体承受载荷，利用高强度增强颗粒均匀分散在基体相中，阻止基体的变形，从而达到强化的目的。例如，聚合物基体上分布着陶瓷、金属类硬质点，可以阻碍大分子链的运动，使材料的基体得到强化。

复合材料增强颗粒的大小将直接影响增强效果。一般认为，当颗粒直径为10～100nm时增强效果最好；如果颗粒直径大于100nm时，容易造成局部应力集中或因本身缺陷多而形成裂纹源，导致强度降低；如果颗粒过小，位错容易绕过颗粒发生运动或对大分子链运动的阻碍作用减弱，当直径小于10nm时，则容易形成固溶体，增强效果大为减弱。

（2）纤维增强复合　纤维增强复合材料主要是由纤维承受载荷的。其增强作用能否充分发挥出来，既与基体性质有关，也取决于纤维的排列形式及纤维与基体之间的结合强度等因素。为了达到纤维增强的目的，并不是任何纤维和任何基体都能进行复合。它们必须满足下列条件：

1）增强纤维的强度和弹性模量应远高于基体，这样可以使纤维承担更多的外加载荷。

2）增强纤维与基体应做到相互“润湿”，具有一定的界面结合强度，以保证基体所承受的载荷能通过界面传递给纤维。若结合强度过低，纤维极易从基体中滑脱，不仅毫无作用，反而使整体强度大大降低；若结合强度过高，纤维不能从基体中拔出，以致发生脆性断裂。适当的结合强度会使复合材料在受力破坏时，纤维容易从基体中拔出以消耗更多能量，从而避免脆性破坏。

为了提高纤维与基体的结合强度，常用空气氧化法或硝酸处理纤维，使其表面粗糙，以增加两者之间的结合力。

3）增强纤维的排列方向应与构件受力方向一致，这样才能充分发挥纤维的增强作用。

4）增强纤维和基体的热膨胀系数要匹配，相差过大则在热胀冷缩过程中引起纤维和基体之间结合强度的降低。

5）增强纤维和基体之间不能发生使结合强度降低的化学反应。

6）增强纤维所占体积分数越高，纤维越长、越细，则增强效果越好。

二、复合材料的性能

1. 比强度和比模量

比强度、比模量是指材料的强度或模量与其密度之比。材料的比强度或比模量越高，构件的自重就会越小，或者体积会越小。通常，复合材料中所用的增强体多为密度较小、强度极高的纤维，如玻璃纤维、碳纤维和硼纤维等，而基体也多为密度较小的材料，如高聚物等。其复合的结果是密度大大减小，因而高的比强度和比模量是复合材料突出的性能特点，见表6-7。

表6-7 复合材料的比强度和比模量

	密度/($kg \cdot m^{-3}$)	抗拉强度/MPa	弹性模量/GPa	比强度/($MPa \cdot m^3 \cdot kg^{-1}$)	比模量/($GPa \cdot m^3 \cdot kg^{-1}$)
钢	7800	1030	210	0.13	27
铝	2800	470	75	0.17	27
钛	4500	960	114	0.21	25
玻璃	2000	1060	40	0.53	20
碳纤维Ⅱ/环氧树脂	1450	1500	140	1.03	97
碳纤维Ⅰ/环氧树脂	1600	1070	240	0.67	150
有机玻璃PRD/环氧树脂	1400	1400	80	1.00	57
碳纤维/环氧树脂	2100	1380	210	0.66	100
硼纤维/环氧树脂	2650	1000	200	0.38	75

2. 抗疲劳性能和抗断裂性能

通常，在纤维增强复合材料中，由于纤维缺陷比较少，本身的抗疲劳能力很高；而基体的塑性和韧性也比较好，能够消除或减少应力集中，不易产生微裂纹。即使形成微裂纹，裂纹的扩展过程也与金属材料完全不同。一方面，由于材料基体中存在大量纤维，裂纹的扩展要经历曲折、复杂的路径，在一定程度上阻止了裂纹的扩展；另一方面，塑性变形的存在又使微裂纹产生钝化而减缓其扩展，这样就使得复合材料具有较高的抗疲劳性能。例如，碳纤维增强树脂的疲劳强度为其拉伸强度的70%~80%，而一般金属材料仅为其抗拉强度的40%~50%。

纤维增强复合材料中有大量的纤维存在，在其受力时将处于力学上的静不定状态。在较大载荷作用下，当部分纤维发生断裂时，载荷将由韧性好的基体重新分配到其他未断纤维上，使构件不至于在瞬间失去承载能力而断裂。因此，复合材料具有良好的抗断裂能力。或者说，其断裂安全性比较高。

3. 减摩与减振性能

碳纤维增强高分子材料的摩擦因数比高分子材料本身低得多，在热塑性塑料中添加少量短切纤维可以大大提高其减摩和耐磨性能。由于复合材料的比模量高，其自振频率也高，因而构件在工作状态下一般不会发生因共振而快速脆断。同时，由于复合材料是一种非均质的多相材料体系，纤维与基体界面有吸收振动能量的作用，即便在产生振动时也会很快衰减。

4. 高温性能

各种增强纤维多具有较高的弹性模量，因而有较高的熔点和高温强度，图6-14为几种增强纤维的强度随温度变化的曲线。由图可见，几种纤维材料在高温下仍保持很高的强度，因而具有优良的耐高温性能。通常，聚合物基复合材料的使用温度为100~350℃，金属基复合材料按基体不同，使用温度为 350 ~ 1100℃，SiC 纤维、Al_2O_3 纤维与陶瓷的复合材料可在 1200 ~ 1400℃范围内保持很高的强度，而碳纤维复合材料在非氧化气氛下可在 2400 ~ 2800℃长期使用。

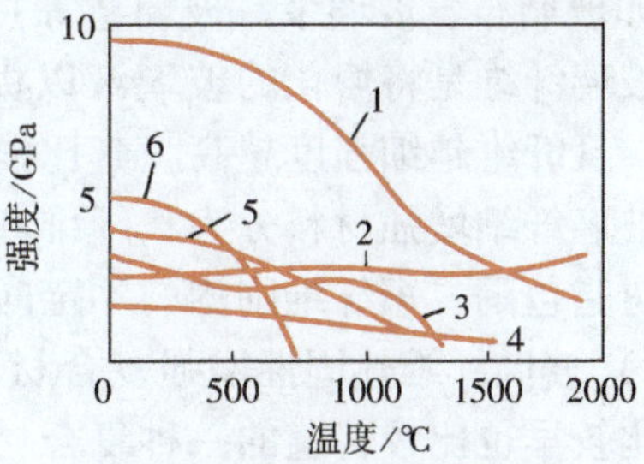

图 6-14　几种增强纤维的强度随温度变化

1—氧化铝纤维　2—碳纤维　3—钨纤维

4—碳化硅纤维　5—硼纤维　6—钠玻璃纤维

除具有上述几种特性外，部分复合材料还有耐辐射、蠕变性能高、耐蚀以及绝缘性能好等性能特点。但是，复合材料也存在一些问题，如断裂伸长小、冲击韧度较差，而且有些复合材料属于各向异性材料，其横向拉伸强度和层间剪切强度不高。复合材料制造成本比较高，使复合材料的应用受到一定的限制。

三、常用复合材料

1. 聚合物基复合材料

聚合物基复合材料是目前复合材料的主要品种，其产量远远超过其他基体的复合材料。20 世纪 40 年代，出现了以玻璃纤维增强工程塑料的复合材料，即玻璃钢，从而拉开了用复合材料取代金属材料的新时代。到 20 世纪 60 年代，先后出现了硼纤维和碳纤维增强塑料，复合材料开始大量应用于航空航天等高科技领域。此后，聚合物基复合材料在航空航天、汽车、建筑等各个领域都得到了广泛的应用。

由于在习惯上常将橡胶基复合材料划入橡胶材料中，所以聚合物基复合材料基本都是塑料基复合材料，而且分为热固性聚合物（树脂）基复合材料和热塑性聚合物基复合材料两大类。表 6-8 列出了几种典型高聚物纤维增强复合材料的性能，同时给出了钢、铝和钛等金属相应的力学性能加以比较。

表 6-8　几种连续纤维增强塑料与金属性能对比

材　料	密度/($t \cdot m^{-3}$)	抗拉强度/GPa	比强度/($MPa \cdot m^3 \cdot kg^{-1}$)	拉伸模量/GPa	比模量/($GPa \cdot m^3 \cdot kg^{-1}$)
玻璃纤维增强塑料	2.0	1.2	0.6	42	21
碳纤维增强塑料	1.6	1.8	1.12	130	81
聚芳酰胺纤维增强塑料	1.4	1.5	1.15	80	57
硼纤维增强塑料	2.1	1.6		220	104
氧化铝纤维增强塑料	2.4	1.7		120	54
碳化硅纤维增强塑料	2.0	1.5	0.65	130	56
钢	7.8	1.4	0.18	206	26
铝	2.8	0.48	0.17	74	26
钛	4.5	1.0	0.21	112	25

（1）玻璃纤维—树脂复合材料　玻璃纤维—树脂复合材料是以玻璃纤维或玻璃纤维制

品（如玻璃布、玻璃带、玻璃毡等）为增强材料，以合成树脂为基体制成的复合材料。

玻璃纤维是将熔化的玻璃液以极快的速度拉制成细丝（直径一般为 5 ~ 9μm），质地柔软，且纤维越细强度越高。其比强度和比模量都比钢高。

玻璃纤维增强材料分为长纤维和短纤维两类。长纤维在增强塑料中以平行成束排列，并被树脂包围，短纤维则均匀不定向地分布于树脂之中。

1）玻璃纤维热固性增强复合材料。玻璃纤维热固性增强复合材料俗称玻璃钢，是应用得比较早也比较普遍的一种复合材料。玻璃钢是以热固性树脂为基体的玻璃纤维增强材料。它由 60% ~ 70% 的玻璃纤维与 30% ~ 40% 的热固性树脂复合而成，常用的热固性树脂有环氧、酚醛、聚酯、氨基及有机硅等树脂。

玻璃钢是用玻璃纤维布的形式作为增强材料，所以沿玻璃布方向的强度高，层间强度则较低；在同一玻璃布的平面内，径向强度高于纬向强度，而沿 45°方向的强度最低。因此，玻璃钢是一种各向异性复合材料，在零件结构设计制造时需要注意。

热固性玻璃钢的主要优点是成型工艺简单，强度高，质量轻，耐蚀，介电性高，但是弹性模量低（仅为结构钢的 10% ~ 20%），耐热温度低（一般低于 250℃），在高温下长期受力时易发生蠕变及老化现象。表 6-9 为几种常见热固性玻璃钢的性能特点。

表 6-9 几种常见热固性玻璃钢的性能

材料	密度/(kg·m^{-3})	抗拉强度/MPa	抗压强度/MPa	抗弯强度/MPa
环氧树脂玻璃钢	1730	341	311	520
聚酯树脂玻璃钢	1750	290	93	237
酚醛树脂玻璃钢	1800	100		110
有机硅树脂玻璃钢		210	61	140

玻璃钢主要用于要求自重轻的受力结构件，如汽车、机车、直升飞机、轻型船体上的构件及零件、石油化工管道、阀门等。玻璃钢在机械工业中的应用也较为普遍，从简单的护罩类（如仪器罩）到较复杂的结构件（如柴油机部件），以及轴承、齿轮和法兰圈等各种机械零件。可以说，热固性玻璃钢是现代工业比较理想的轻质结构、耐蚀与绝缘抗磁的材料。

2）热塑性玻璃钢。热塑性玻璃钢即玻璃纤维增强的热塑性聚合物基复合材料，常用的基体有尼龙、聚乙烯、聚丙烯等，其中以尼龙的增强效果最为显著。

对于不同的热塑性聚合物基体，玻璃纤维所用的数量及其效果各有不同。一般来说，相对于塑料基体本身，热塑性玻璃钢的拉伸强度和抗弯强度可提高 2 ~ 3 倍，同时其物理化学性能也有一定程度的改善。

热塑性玻璃钢的机械强度通常较热固性玻璃钢低，因此前者的应用范围和数量均不如后者。但因热塑性玻璃钢一般可采用注射成形，生产效率高，成本低，其用量正逐年增加。主要应用于要求重量轻、强度高的零件，如航空、机车、汽车等的受力、受热结构件与传动件。

（2）碳纤维—树脂复合材料　碳纤维增强材料与树脂基体组成的材料称为碳纤维—树脂复合材料。目前用于制造碳纤维增强塑料的树脂主要有聚酯、酚醛、环氧、聚四氟乙烯等。

碳纤维原料多为聚丙烯腈纤维，在200～300℃空气中加热并施加一定张力进行预氧化处理，在1000～1500℃氮气保护下进行碳化处理而成。这种碳纤维 w_C =85%～95%，具有高强度而称为高强度碳纤维或Ⅱ型碳纤维。如果将碳纤维在2500～3000℃高温下于氩气中进行石墨化处理，w_C 将达到98%以上，具有高弹性模量、高强度，称为高弹性模量碳纤维或Ⅰ型碳纤维。

与玻璃纤维相比，碳纤维密度更小，强度略高，但弹性模量比玻璃纤维高4～6倍。所以比强度和比模量均高于玻璃纤维。碳纤维具有较好的高温性能，缺点是脆性大、易氧化、与基体结合力差。

由于碳纤维的优异性能，使其性能优于玻璃钢。它具有低密度、高强度、高弹性模量、高比强度和高比模量。而且还具有优良的抗疲劳性能、耐冲击、自润滑、减摩耐磨、耐蚀和耐热等性能。

在机械工业中，碳纤维增强塑料可用于制造承载、耐磨等零件，如轴承、密封圈、齿轮等，齿轮是最重要和用量最大的机械零件之一。用碳纤维增强塑料制作的齿轮，其力学性能完全可以达到金属齿轮的设计要求，且重量轻，无需润滑，因而减少了维修工作量。用碳纤维与聚四氟乙烯层压制成的密封圈耐蚀、耐热、耐磨，适用于制作化工泵、高压泵和液压系统的动力密封装置。碳纤维增强塑料在化学工业、汽车制造业、航空航天和国防工业中都得到了应用。

(3) 硼纤维—树脂复合材料　硼纤维—树脂复合材料是以环氧树脂、聚酰亚胺等树脂为基体材料，硼纤维为增强材料的一种新型复合材料，也称为硼纤维增强塑料。硼纤维的熔点为2050℃，抗拉强度和玻璃纤维相近，但弹性模量为玻璃纤维的5倍。

硼纤维增强塑料各向异性非常明显，其纵横向的抗拉强度、弹性模量差值高达十倍至几十倍。因此，多采用多向叠层复合材料。为了提高层间剪切强度，也常采用加短纤维或陶瓷晶须的复合方式。

硼纤维的加工制造比较困难，成本昂贵。目前硼纤维增强塑料的应用远不如玻璃纤维和碳纤维增强塑料普遍，只在航空工业上少量应用。

(4) 晶须增强复合材料　晶须增强复合材料是以晶须代替纤维增强材料组成的复合材料。晶须又称为纤维状晶体，是自由长大的金属或陶瓷型针状单晶，直径只有几个微米，长度为数毫米。晶须的抗拉强度可达2～2.8GPa，弹性模量高达40～70GPa，所以用它作为增强材料的复合材料性能特别优良。但由于晶须制造成本高，目前多应用于高科技尖端工程中。

2. 金属基复合材料

金属基复合材料是20世纪60年代末才发展起来的。它的出现弥补了聚合物基复合材料的不足，如耐温性差（一般不能超过300℃），在高真空条件下容易释放小分子而污染周围的器件，以及不能满足材料导电和导热需要等。金属基复合材料就是以金属及其合金为基体，由一种或几种金属或非金属增强的复合材料。迄今为止，金属基复合材料由于加工工艺尚不够完善，成本较高，还没有形成大规模批量生产，但是仍有很大的发展潜力和应用前景。金属基复合材料一般按照增强体的形式分类，如颗粒增强、短纤维与晶须增强以及连续纤维增强等，所选用的基体主要有铝、镁、钛及其合金、镍基高温合金以及金属间化合物等。

（1）颗粒增强金属基复合材料 颗粒增强金属基复合材料是由一种或多种陶瓷颗粒或金属颗粒增强体与金属基组成的先进复合材料。该类材料一般选择具有高模量、高强度、耐磨及良好高温性能，并在物理、化学上与基体相匹配的颗粒作为增强体，通常为碳化硅、氧化铝、碳化钛、硼化钛等陶瓷颗粒，有时也用金属颗粒作为增强体。相对于基体而言，这些增强颗粒可以是外加的，也可以是经过一定的化学反应而形成的，其形状可以是球状、多面体、片状或不规则状。颗粒增强金属基复合材料具有良好的物理和力学性能，其性能的高低一般取决于增强颗粒的种类、形状、尺寸及数量，基体金属的种类和性质以及材料的复合工艺等。

1）颗粒增强铝基复合材料。颗粒增强铝基复合材料是金属基复合材料中最成熟的一类，美国、加拿大等国已有小批量生产。这种复合材料所用的增强体主要是碳化硅和氧化铝，也有少量氧化钛和硼化钛等颗粒。基体可以是纯铝，但大多数为各种铝合金。其成形方法有两种：粉末冶金法和液相复合法。该类复合材料的性能比原基体合金有明显提高。例如，以20%的碳化硅颗粒增强6061铝合金，其强度从原合金的310MPa提高到496MPa，弹性模量则从68GPa增至103GPa，断裂伸长率从原来的12%降到5.5%。此外，其耐磨性、尺寸稳定性、耐热性也比原合金有很大改善。该种复合材料已经在超大规模集成电路基板、各种结构型材和耐磨部件等方面获得满意的使用效果。表6-10给出几种典型的碳化硅颗粒（SiC_P）增强铝基复合材料的力学性能。

表6-10 几种典型的碳化硅颗粒（SiC_P）增强铝基复合材料的力学性能

基体	SiC_P体积分数（%）	弹性模量/GPa	抗拉强度/MPa	屈服强度/MPa	断裂伸长率（%）
6016Al	0	69	310	276	12
	20	103	496	414	5.5
2124Al	0	71	455	420	9
	20	103	552	400	7
7090Al	0	72	634	586	8
	20	104	724	655	2

2）颗粒增强高温金属基复合材料。颗粒增强高温金属基复合材料是一种以高强度、高模量陶瓷颗粒增强的钛基或金属间化合物基复合材料，是最近研究比较多的一类复合材料。典型材料是TiC颗粒增强的Ti-6Al-4V（TC4）钛合金。这种材料一般采用粉末冶金法，由10%~25%的TiC颗粒与钛合金粉末复合而成。与基体合金相比，Ti-6Al-4V复合材料的强度、弹性模量及抗蠕变性能均明显提高，使用温度最高可达500℃，用于制造导弹壳体、尾翼和发动机零部件。另一种典型材料是采用自蔓延高温合成工艺（SHS）制备的颗粒增强金属间化合物基复合材料，如TiB_2/NiAl、TiB_2/TiAl等，其使用温度为800℃以上。

（2）短纤维及晶须增强金属基复合材料 短纤维及晶须增强金属基复合材料是由各种短纤维或晶须为增强体、以金属为基体形成的复合材料。其中，可用作增强体的短纤维主要有氧化铝纤维、氧化铝-氧化硅纤维、氮化硼纤维，增强晶须主要是碳化硅晶须、氧化铝晶须和氮化硅晶须。该类复合材料具有比强度高、比模量高、耐高温、耐磨、热膨胀系数小等优点，而且可用常规设备进行制备和二次加工。目前发展的短纤维或晶须增强金属基复合材料主要有铝基、镁基和钛基等复合材料。其中，除了氧化铝短纤维增强铝基复合材料外，以晶须增强铝基复合材料的发展更快。

晶须不仅本身的力学性能优越，而且有一定的长径比，因此比颗粒对金属基体的增强效果更显著。所用晶须主要是碳化硅晶须，其性能较好，但价格昂贵。最近发展的硼酸铝晶须，性能与碳化硅晶须相当，而价格仅为其1/10，但存在其与铝基体产生反应的问题。晶须增强铝基复合材料以20%碳化硅晶须增强6061铝合金为例，其强度为608MPa，弹性模量为122GPa，可见其增强效果比颗粒要强。但目前的碳化硅晶须增强铝基复合材料仍存在成本高、塑性与韧性低的缺点。

（3）连续纤维增强金属基复合材料　连续纤维增强金属基复合材料是由高性能长纤维和金属合金组成的一类复合材料。复合材料中的高强度、高模量增强纤维是主要的承载组元，而基体金属则起到固结高性能纤维和传递载荷的作用。与前面几种复合材料性能各向同性不同，它具有各向异性的特点，而且其各向异性的程度取决于纤维在基体中的分布和排列方向。连续纤维增强金属基复合材料常用的增强纤维有硼纤维、碳纤维、氧化铝纤维、碳化硅纤维等，基体金属主要有铝及其合金、镁及其合金、钛及其合金、铜合金、铅合金、高温合金以及新近发展的金属间化合物如Ti_3Al、Ni_3Al等。

在上述金属基复合材料中，以铝基复合材料的发展最为迅速，而硼纤维增强铝基复合材料则是其中应用最早的一种。为提高硼纤维的热稳定性，材料制备过程中需在纤维表面涂上一层SiC。硼纤维增强铝基复合材料具有很高的比强度和比模量，耐疲劳性能与耐蚀性能也较好，其构件可在300℃或更高的温度下工作。

目前，用碳芯碳化硅连续纤维（SCS型）增强钛及钛-铝金属间化合物的研究已进入实用化阶段。例如以SCS-6碳化硅纤维增强$\alpha+\beta$钛合金，其强度可达1.9GPa，弹性模量为240GPa。另外，以SCS-6纤维增强的钛基金属间化合物Ti_3Al-21Nb，从室温到1150℃的比强度超过形变高温合金和镍基单晶合金，而且由于纤维的存在也明显改善了金属间化合物的脆性。

3. 无机非金属基复合材料

无机非金属基复合材料包括陶瓷基复合材料、碳基复合材料和水泥基复合材料。尽管这些材料的产量目前还不大，但陶瓷基和碳基复合材料是耐高温以及在高温下仍具有高力学性能的首选材料。

（1）陶瓷基复合材料　陶瓷基复合材料基体包括陶瓷、玻璃和玻璃陶瓷。虽然各种增强体均可应用，但由于受工艺条件的限制，主要使用的增强体是晶须和颗粒。陶瓷基复合材料的耐温性，以高温多晶（或非晶）陶瓷为基体的最高（1000～1400℃），玻璃和玻璃陶瓷为基体的复合材料只能在低于1000℃的环境中使用。由于陶瓷材料具有优良的综合力学性能、耐磨性能和耐蚀性能等优点，所以在许多领域得到广泛应用。但是，陶瓷的最大缺点是脆性大，对裂纹、气孔等缺陷很敏感。因此，在保持陶瓷材料优点的基础上，如何提高韧性，减小脆性，是目前陶瓷基复合材料研究的重要课题。

1）碳化硅晶须增强氮化硅复合材料。氮化硅是一种性能很好的高温陶瓷，以其为基体制成碳化硅晶须增强复合材料可提高它的韧性。由于其原子扩散系数小，所以致密化很困难，需要在热等静压条件下进行烧结，使其相对密度大于99%，在130℃下的强度可达600～700MPa，弹性模量为310～330GPa，特别是断裂韧度达到9.0～12.0$MPa \cdot m^{1/2}$。该材料可用于制作工作温度在1350℃左右的喷气涡轮发动机转子和定子叶片，以及其他陶瓷发动机部件、刀具、拉丝模具和轴承等。

2）碳化硅纤维增强碳化硅复合材料。碳化硅陶瓷具有优异的高温力学性能、热稳定性和化学稳定性，但是由于韧性差而影响其应用。如果用碳化硅纤维进行增强，则可明显改善它的韧性。目前已经采用化学气相浸渗工艺成功制成碳化硅纤维增强碳化硅基复合材料，并取得实际应用。用 Nicalon 碳化硅纤维单向增强碳化硅基体的复合材料，强度为1000MPa，断裂韧度高达10~30MPa·$m^{1/2}$，且在1500℃时尚有一定的强度，可作为高温热交换器、燃气轮机和燃烧室材料以及航天器的隔热材料等。

3）陶瓷基纳米复合材料。纳米复合材料是当前材料科学领域的研究热点，其中陶瓷基纳米复合材料是发展比较早的一类，它在韧性和强度上比原基体单相材料均有较大幅度的改善。表6-11为几种陶瓷基纳米复合材料的力学性能。由此可见，其韧性和强度均有明显改善，材料的最高工作温度也大大提高。

表6-11 几种陶瓷基纳米复合材料的力学性能

复合体系	断裂韧度/(MPa·$m^{1/2}$)	强度/MPa	最高工作温度/℃
Al_2O_3/SiC	3.5~4.8	350~1520	800~1200
Al_2O_3/Si_3N_4	3.5~4.7	350~850	800~1300
MgO/SiC	1.2~4.5	340~700	600~1400
Si_3N_4/SiC	4.5~7.5	850~1550	1200~1400

（2）碳基复合材料　碳基复合材料是以碳为基体、碳或其他物质为增强体组合成的复合材料，由于这种复合材料是以碳为基，因而具有许多碳和石墨的特点，如密度小、导热性好、热膨胀系数低以及对热冲击不敏感等。这类复合材料还具有优良的力学性能，如强度和冲击韧度比石墨高5~10倍，并且比强度非常高。此类材料中的碳/碳复合材料是目前最耐高温的复合材料，其强度随温度升高而增加，在2500℃左右达到最大值，同时它具有良好的抗烧蚀性能和抗热振性能。但是，碳/碳复合材料不能在氧化性气氛下承受高温，因此它的抗氧化措施是当前研究的重点。碳/碳复合材料的性能主要取决于增强体，如碳纤维的类型、含量和取向等。所用的增强体为碳纤维的三维编织物，但也用二维布层叠后穿刺或用碳毡。碳/碳复合材料目前主要应用于航空航天、军事和生物医学等领域，如导弹头部的隔热罩、固体发动机喷管、飞机制动、赛车和摩托车制动系统等。可以预见，随着材料成本的不断降低，其应用领域也将逐渐向民用工业领域转变。

4. 功能复合材料

功能复合材料是指除力学性能以外还能提供其他物理、化学、生物或其他某些特殊功能的复合材料，它是由一种或多种功能体和基体组成的。在单一功能体的复合材料中，功能性质由功能体提供，基体既起到粘接和赋形的作用，也会对复合材料整体的物理性能有影响。多元功能体的复合材料具有多种功能，还可能因复合效应而出现新的功能。功能复合材料品种繁多，包括具有电、磁、光、声、热、机械（指阻尼、摩擦）等功能作用的各种材料，目前已有不少功能复合材料付之使用。

总之，复合材料的发展非常迅速，其应用范围也在不断扩大。但应该注意到，除了聚合物基、金属基和无机非金属基复合材料等“传统”复合材料以外，最近又陆续发展了多种新型复合材料，如仿生复合材料、纳米复合材料、机敏与智能复合材料等，而这也正是当前复合材料研究、发展的新动向和新热点。

思 考 题

6-1 什么叫高分子材料？按性能和用途可分为哪几类？
6-2 高分子材料的命名方法有哪些？按高聚物的单体名称如何命名？
6-3 某些高分子材料呈现高弹性的本质是什么？
6-4 非晶态聚合物可以呈现哪三种不同的力学状态？晶态聚合物是否也这样？
6-5 高聚物应力—应变的关系分为哪几种类型？并举出各类常见物质。
6-6 举例说明几种高分子材料的性能和用途。
6-7 传统陶瓷与现代陶瓷有何区别？
6-8 陶瓷材料为什么在本质上是脆性的？如何改善其韧性？
6-9 试举出几种常用的工程陶瓷材料，并说明其性能特点及在工程中的应用。
6-10 何谓复合材料？它有哪些种类？
6-11 简述复合材料的性能特点？
6-12 简述金属基复合材料的种类、性能及其应用范围。

第七章 机械零件的失效与选材

机器零件的设计应包括零件结构设计、材料选择和工艺设计三个方面。在很多情况下，选材或用材不当是造成零件失效的重要原因之一。因此，了解选材的思路，掌握合理选材的原则具有很重要的实际意义。

第一节 零件的失效与失效分析

一、失效的概念

每种机器零件都具有一定的功能，比如承受载荷、传递力或能量等。当由于某种原因丧失其所规定的功能时即发生了失效。失效一般有三种表现形式：

1）零件完全破坏，不能继续工作。

2）零件严重损伤，继续工作不安全。

3）零件虽能安全工作，但不能完全达到预期效果。

零件的失效，特别是那些没有预兆的突然失效，往往会严重地危及人们的生命财产安全。历史上，火车因车轴、车轮的断裂而引起出轨、倾覆，轮船因船体断裂而沉没，大型压力容器、锅炉的爆炸，桥梁的断裂等，都造成了巨大的经济损失和人身伤亡。因此，针对零件的失效进行分析，找出失效的原因以及提出预防措施，都具有十分重要的意义。失效分析的结果还可以为零件的设计、选材、加工以及使用提供必要的指导。

二、零件失效的类型及原因

1. 失效的类型

工程上通常按照零件失效后的外部形态将失效分为**断裂**、**过量变形**及**表面损伤**等三大类，见表7-1。

表7-1 失效的类型及原因

失效类型	主要形式	直接原因
断裂失效	一次加载断裂（如拉伸、压缩、冲击等）	载荷超过材料的强度极限
	疲劳断裂（高周疲劳、低周疲劳、弯曲、接触、拉-压、高温疲劳等）	交变（周期）作用力引起的低应力破坏
	环境引起的断裂（应力腐蚀开裂、氢脆、高温蠕变断裂、腐蚀疲劳等）	环境介质与应力共同作用引起的低应力脆断

（续）

失效类型	主要形式	直接原因
过量变形失效	过量弹性变形（弹性元件的永久变形）和过量塑性变形（高温蠕变、紧固件的拉长）	在工作应力下产生过量的变形，零件失去了应有的功能而引起
表面损伤失效	磨损（相对运动造成的零件表面的尺寸变化）	零件表面在相互接触并相对运动的过程中造成的材料损失的现象
	腐蚀（金属的氧化、锈蚀、冲蚀、磨蚀）	化学或电化学腐蚀
	接触疲劳（表面麻点、凹坑）	两个表面间受长期的接触交变应力作用

在不同的条件下，同一种零件可能会表现出不同的失效方式，零件究竟以何种形式失效取决于具体条件下零件的哪一种失效抗力最低。因此，一个零件的失效总是由某一种形式起主导作用的，很少同时以两种或两种以上形式失效，但是它们可以组合为更复杂的失效方式，如腐蚀疲劳、腐蚀磨损等。

2. 失效的原因

造成机器零件失效的原因很多，零件在设计、选材、加工以及安装使用四个方面的不当都可能导致零件的失效。图 7-1 所示为零件失效的原因链，其中任意一个链节发生问题都将导致零件的早期失效。

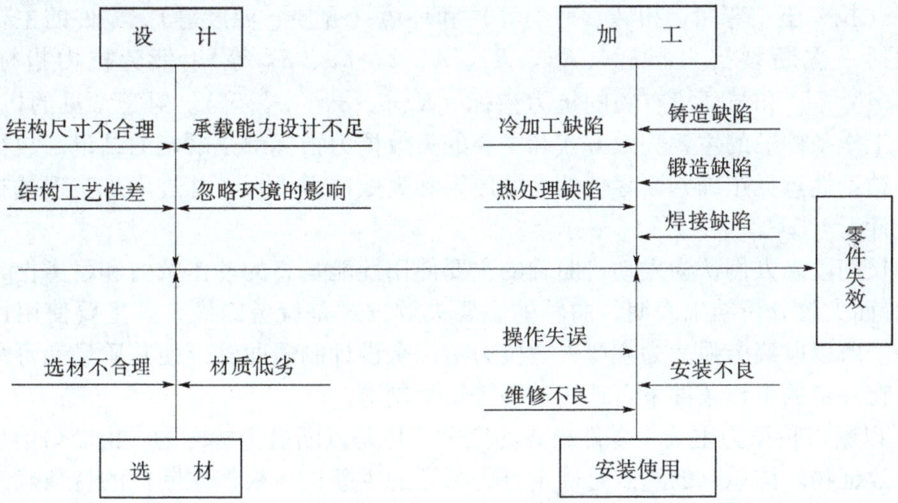

图 7-1　零件失效的原因链

（1）设计不合理　零件设计不合理而导致的失效主要表现在两个方面：一是零件的结构、尺寸设计不合理或结构工艺性差，例如过渡圆角太小、存在尖角、孔槽位置不当等都会造成较大的应力集中。二是设计时错误地估计了零件的工作条件，例如对零件承载能力设计得不够，或是忽略、低估了温度、介质等因素的影响，致使零件早期失效。近年来，由于设计不合理而导致零件失效的情况已随着应力分析水平等的提高而大大减少。

（2）选材不合理　选择材料应首先满足零件的使用性能要求，保证零件的正常工作和具有足够抵抗失效破坏的能力。往往一个零件需要同时满足几个方面的性能，这就要求以最关键的性能作为选材的主要依据。

(3) 加工工艺不当　零件在加工制造过程中，要经过一系列冷、热加工工序。如果采用的工艺不正确可能会造成种种缺陷，如冷加工时零件表面有较深的刀痕，热加工时零件内部存在裂纹、晶粒粗大等缺陷，这些都是造成零件失效的原因。

(4) 安装使用不正确　机器在装配或安装的过程中，配合过松或过紧、对中不良、固定太紧或太松等原因都会使机器在运转时产生附加应力和振动，使零件发生早期失效。

三、失效分析方法

失效分析是指研究失效的过程并进行分析，以求弄清失效的本质、产生的原因以及提出预防的措施，以防止类似的问题再次发生。

1. 失效分析的基本思路

失效分析包括逻辑推理和实验研究两个方面，以下是人们在失效分析过程中常用的两种重要思路：

(1) 以零件的失效抗力指标为主线　这是一种在失效分析中应用较广的思路，该思路的要点是对特定工作条件下的零件做具体分析，找出其主要的失效方式及主要失效抗力指标；其后通过研究失效现象的本质以及失效抗力指标与材料的成分、组织、状态的关系来确定提高失效抗力指标的途径。

对零件的工作条件分析包括三方面：零件所受载荷的类型（静、动载荷，冲击载荷）、应力状态（拉、压、弯曲、扭转、剪切等）和环境（介质、温度等）。零件的主要失效抗力指标包括一次断裂抗力指标（R_{eL}、R_m、A、Z、a_K、K_{IC} 等）、疲劳抗力指标（σ_{-1}、ΔK_{th}、da/dN 等）和与环境有关的抗力指标（K_{ISCC}、σ_t^T、$\sigma_{\delta/t}^T$ 等）。对于常见的机器零件，其在特定工作条件下的主要失效方式和主要的失效抗力指标都是既定的结论，故很容易借助这一类结论性意见正确判断零件的失效原因和失效抗力指标，并进一步实现选材和用材的最优设计。

例如长期以来人们认为发动机曲轴的主要使用性能是高的冲击抗力和耐磨性，必须选用 45 钢。而失效分析结果表明，曲轴的主要失效方式是疲劳断裂，其主要使用性能应是疲劳抗力。所以以疲劳强度为主要失效抗力指标来设计制造曲轴可使其质量和寿命得到显著提高，在一定的工作条件下可选用球墨铸铁来制造。

(2) 以断口特征为主线　零件最终的完全破坏是以断裂为标志的，由断口信息能获得足够的失效证物。该思路的重点是确定首先断裂的主断口，根据主断口的特征确定断裂的类型或性质并进一步确定失效的原因。

不同的断裂类型其断口特征也是不同的，根据断口的宏观和微观特征能够确定断裂的类型，进而可根据该类型的失效机制来分析判断失效的原因。一般来讲，需要借助于实验分析方法才能判断出失效的原因，而少数情况下也可以直接根据断口得出结论。

2. 失效分析的一般步骤与方法

(1) 失效分析的步骤　任何失效分析均可分为调查取证、分析研究和事后处理三个阶段。

1) 调查取证阶段。该阶段从时间上源自失效事故发生之后，应尽可能迅速地进行。可从失效的现场收集断口残体，观察并记录损坏的部位和断口的宏观特征，初步确定首先断裂的主断口，判断失效的类型。对于断裂的残体、断口、表面剥落物、腐蚀产物等应拍照予以记录。另外，调查阶段也包括对零件设备的技术资料，如说明书、图样、设计数据、材料、加工工艺以及使用、维护保养等资料的收集与审查，以备分析时作为参考依据。

2）分析研究阶段。该阶段研究的目的是为确定断裂的性质、失效的类型和引起失效的原因等提供充分的证据，内容包括断口分析、显微组织分析、化学分析、应力与断裂力学分析等多个方面。对于重大的失效分析，还要进行模拟试验或台架试验，以证实分析结果是否正确。

3）事后处理阶段。这个阶段主要是综合上述各种资料提交一份失效分析报告，内容包括分析的过程、有关失效原因的结论和预防改进措施等。

图 7-2 是失效分析过程的简单程序框图。

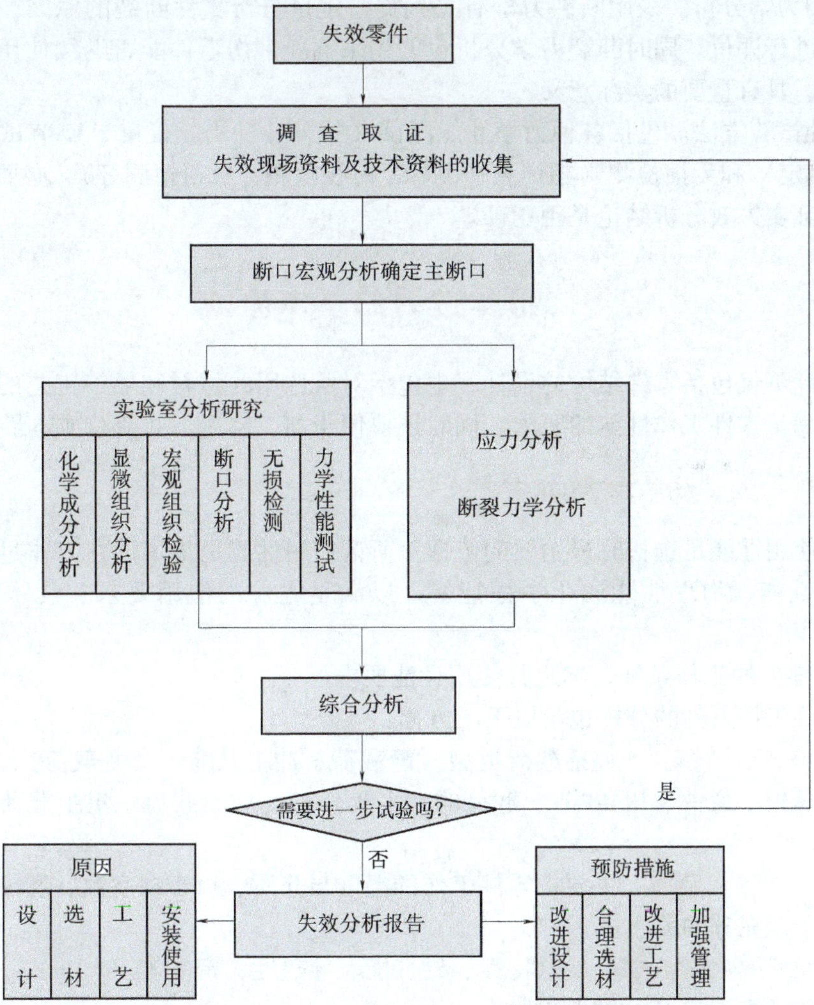

图 7-2　失效分析过程的简单程序框图

（2）失效分析的主要试验方法

1）断口分析。包括确定裂纹源、断裂机制以及引起断裂的原因。一般可通过对断口的宏观观察结合微观分析来确定断裂性质、裂纹源以及断裂原因。断口的微观分析包括断口的透射电子显微分析、扫描电子显微分析和化学成分分析等。

2）化学成分分析。其目的是检验材料的成分与设计要求是否相符合，并判断实际成分与失效是否存在关系。

3）宏观（低倍）检查。用肉眼或低倍放大镜观察材料中是否存在有影响其质量与性能的宏观组织缺陷。常见的宏观缺陷有夹杂物、疏松、裂纹等。

4）显微组织分析。其目的是分析和研究材料的显微组织结构与失效的关系。显微组织分析可以分为金相显微分析与电子显微分析两种方法。

5）应力分析。它是指根据零件的形状、尺寸、载荷等方面的因素来判断零件中的应力大小、分布等。应力分析包括理论计算、试验测定等方法。

6）断裂力学分析。采用断裂力学有关判据，定量分析零件断裂的原因，对零件的安全性和寿命进行评价。同时断裂力学分析也能用来判断带伤零件能否继续使用，并能估算其使用寿命，具有重要的实际意义。

7）其他试验方法。包括各种力学性能测试（拉伸、冲击、硬度、疲劳试验以及断裂力学 K_{IC} 的测定）和无损检测（超声波检测、X 射线检测、磁粉检测等），必要时还可采用模拟试验来证实失效分析结论是否正确。

第二节　选材的基本原则

机械设计不仅包括零件结构的设计，也包括对所选用的材料和加工工艺的设计。好的设计不仅要满足零件工作性能的要求，同时还要便于加工制造，并使总成本最低。

一、材料的使用性能与选材

材料的使用性能是选材时最主要的依据。所谓使用性能是指零件在工作过程中材料应具有的力学性能、物理性能或化学性能等，以满足零件的使用要求。具体的分析方法如下：

1. 分析零件的工作条件，确定其使用性能要求

针对零件工作条件的分析包括以下三方面：

（1）零件的受力情况　包括载荷类型（静载荷、冲击载荷、交变载荷）、载荷作用形式（拉伸、压缩、弯曲、扭转等）、载荷的大小及分布（均匀载荷、集中载荷、有无应力集中等）。

（2）零件的工作环境　主要指零件工作的温度与介质，对于在高温、腐蚀性介质中工作的零件应予以充分的关注。

（3）其他特殊性能要求　如电特性、磁性能、导热性、密度等。

2. 提出对材料性能指标的要求

进行机械设计时，仅有对材料使用性能的要求是不够的，必须将这些使用性能要求量化为相应的性能指标数据。常用的力学性能指标，如强度、塑性、韧性、疲劳强度、硬度等，可以分别用于指导不同工作条件及失效方式下材料的选择与设计。表 7-2 列出了常用零件的主要失效方式及要求的性能指标，可以作为类似零件设计与选材时的参考。

表 7-2　典型机械零件的工作条件、失效方式和性能指标

零　件	工作条件	主要失效方式	主要性能指标
紧固螺栓	拉应力、剪切应力	过量塑性变形、断裂	强度、塑性
连杆螺栓	交变拉应力、冲击	过量塑性变形、疲劳断裂	疲劳强度、屈服强度
连杆	交变拉压应力、冲击	疲劳断裂	拉压疲劳强度
活塞销	交变剪切应力、冲击、表面接触应力	疲劳断裂	疲劳强度、耐磨性
曲轴及轴类零件	交变弯曲、扭转应力、冲击、振动	疲劳、过量变形、磨损	弯扭疲劳强度、屈服强度、耐磨性、韧性
传动齿轮	交变弯曲应力、交变接触压应力、摩擦、冲击	断齿、齿面麻点剥落、齿面磨损、齿面胶合	弯曲、接触疲劳强度、表面耐磨性、心部屈服强度
弹簧	交变弯曲或扭转应力、冲击	过量变形、疲劳	弹性极限、屈强比、疲劳极限
滚动轴承	交变压应力、接触应力、温升、腐蚀、冲击	过量变形、疲劳	接触疲劳强度、耐磨性、耐蚀性
滑动轴承	交变拉应力、温升、腐蚀、冲击	过量变形、疲劳、咬合、腐蚀	接触疲劳强度、耐磨性、耐蚀性
汽轮机叶片	交变弯曲应力、高温燃汽、振动	过量变形、疲劳、腐蚀	高温弯曲疲劳强度、蠕变极限及持久强度、耐蚀性、韧性

在各类手册中有大量试验研究结果与数据，这些数据是在一定的试验条件及特定试样尺寸下获得的，选材时必须考虑这些因素的影响。

除了根据力学性能选材之外，材料的物理性能与化学性能在选材中也有相当重要的作用。例如，加热炉的炉底板材料应具有良好的抗高温氧化性，化工机械中一些与酸、碱介质接触的零件应具有较高的耐蚀性等。

二、材料的工艺性能与选材

材料的工艺性能是指材料加工的难易程度。任何零件都要经过加工环节才能进行装配使用。常见的加工工艺包括冷加工（车、铣、刨、磨）、热加工（铸、锻、焊）和热处理。材料工艺性能的好坏将直接影响加工的成本以及零件的使用性能。

1. 金属材料的加工工艺路线

（1）一般性能要求的零件　一般性能要求的零件的加工路线是：

毛坯（铸造或锻造加工）→热处理（正火或退火）→切削加工→零件

铸造加工与锻造加工是最常用的两种获得零件毛坯的方法。经过铸造或锻造加工以后的毛坯材料的组织容易存在晶粒粗化、加工硬化或残余应力等问题，不仅会降低材料的使用性能，而且使材料的工艺性能恶化。因而在切削加工前要采用正火或退火等热处理方法来改善其工艺性能与使用性能，这样在机械加工之后，零件便可满足一般的使用性能要求。

（2）性能要求较高的零件　性能要求较高的零件的加工路线是：

毛坯→预备热处理（正火或退火）→粗加工（车、铣、刨等）→最终热处理（淬火+回火处理或化学热处理、表面热处理等）→精加工（磨）→零件

预备热处理的目的在于改善切削加工性能、消除组织缺陷，并为零件的最终热处理做好组织准备。最终热处理的目的则是为零件赋予最终的使用性能，常采用淬火+回火的热处理工艺。对零件表面有特殊性能要求的零件，最终热处理也可以采用渗碳、渗氮或表面淬火等热处理工艺进行局部硬化处理。对一些要求比较高的零件，如轴、高精度齿轮等，热处理后还要进行磨削加工，以减小表面粗糙度值和提高配合精度。

（3）要求精密度较高的零件　精密度要求比较高的零件的加工路线是：

毛坯→预备热处理（正火或退火）→粗加工→最终热处理（淬火+回火处理，渗碳）→半精加工（粗磨）→稳定化处理或渗氮处理→精加工（精磨）→稳定化处理→零件

这一类零件的特点是不仅要具有比较高的使用性能，而且应有高的尺寸精度和低的表面粗糙度值，如合金钢制造的精密丝杠、轴承、量刃具等。因此在工艺路线中常有至少一次的尺寸稳定化处理及一次至多次精加工。对于要求高耐磨性的零件还需要进行渗氮处理。

2. 金属材料的主要加工工艺性能

常见的金属材料的加工工艺性能有以下几种：

（1）切削加工性　材料的切削加工性是指材料进行切削加工时的难易程度。评价材料的切削加工性可以从切削后工件的表面粗糙度、切削速度、断屑性能及刀具磨损等方面加以考虑。金属硬度对其切削加工性有较大的影响。经验证明，当材料的硬度处于170～230HBW时切削加工性最好。硬度过低时，切削速度低，断屑性能差；硬度过高时，刀具的磨损较严重。

（2）铸造性能　金属的铸造性能可以从铁液流动性、铸件收缩性及偏析倾向等方面来衡量。铸造性能好意味着合金具有好的流动性、低的收缩率及小的偏析倾向。表7-3是几种常用铸造合金的综合铸造性能的比较。

表7-3　常用铸造合金的综合铸造性能比较

材　料	流动性	收缩性		偏析倾向	其　他
		液态收缩与凝固收缩	固态收缩		
灰铸铁	好	小	小	小	铸造应力小
球墨铸铁	稍差	大	小	小	易形成缩孔、缩松，白口倾向小
铸钢	差	大	大	大	导热性差，易冷裂
铸造黄铜	好	小	较小	较小	易形成集中缩孔
铸造铝合金	较好	小	小	较大	易吸气，易氧化

（3）焊接性　焊接性是指金属在特定结构和工艺条件下，采用常用的焊接方法获得预期质量要求的焊接接头以及该焊接接头在使用条件下可靠运行的性能。影响金属焊接性的因素很多，如材料的成分、热处理、组织与性能等。材料焊接性能的好坏一般可以根据焊接时产生裂纹的敏感性和焊缝区域力学性能的变化来判断。低碳钢、低碳合金结构钢的焊接性能比较好，而高碳钢、高合金钢、铸铁的焊接性能就比较差。奥氏体不锈钢与铁素体

不锈钢因碳含量低而有较好的焊接性能，而马氏体不锈钢的焊接性能就比较差。对焊接性能比较差的材料进行焊接时，必须采取焊前、焊后的热处理和选用适当的焊接方法与焊接材料等措施以避免出现焊接缺陷。金属焊接性能的好坏也与所选用的焊接方法、焊接工艺、焊接结构形式等有关，如钛及其合金曾一度被认为可焊性不好，但氩弧焊出现后，钛及其合金的焊接结构已在工业中得到广泛应用。

（4）可锻性　可锻性是指金属材料在锤锻、轧制、拉拔、挤压等塑性加工过程中，在不产生裂纹的条件下改变形状的能力。金属的塑性越高，变形抗力越小，金属的可锻性就越好，反之则越差。一般而言，纯金属的可锻性优于合金，单相固溶体优于多相合金，低碳（合金）钢优于高碳（合金）钢，细晶组织优于粗晶组织，高温慢速变形优于低温快速变形，挤压加工优于拉拔加工。

（5）热处理工艺性　对大多数金属材料来说，热处理是保证材料达到最终使用性能要求的重要工艺手段。如果材料的热处理工艺性能不好，容易产生严重的变形与开裂，使所有的前期加工报废，造成极大的浪费与损失。热处理工艺性包括淬硬性、淬透性、变形开裂倾向、回火稳定性、回火脆性等。对于要求截面力学性能均匀的零件，通常考虑淬透性更多一些。一般含 Mn、Cr、Ni、B 等合金元素的合金钢淬透性较好，可以用在一些尺寸较大的重要零件上。碳钢的淬透性较差，只适于制作尺寸较小、形状简单、强韧性要求不高的零件。热处理时的变形与开裂是一个比较复杂的问题，除了与热处理工艺有关外，也应从零件的结构设计方面加以考虑，比如零件上应避免尖角或截面突变，多采用封闭、对称式结构等。

三、材料的经济性与选材

产品设计首先应从满足使用性能的角度选材，应在保证使用性能的前提下尽量降低生产成本。好的设计者总是追求用最小的成本去换取最好的性能，尤其是对于大批量生产的零部件，材料的经济性是一个非常重要的考核指标。从材料的经济性考虑，选材时应注意以下几个方面：

1. 材料的价格

各种材料的价格差别比较大，碳钢与铸铁的价格比较低，而高合金钢、有色金属、工程塑料的价格就比较高。因此，在满足零件力学性能的前提下，应优先选用价格较低的材料，必要时可以采用不同材料的组合以做到物尽其用。例如，蜗轮的轮冠与钢制的蜗杆直接接触，要求蜗轮用减磨性好的有色金属制造。为了节省有色金属，大型蜗轮的轮冠采用青铜制造，而其余部分则采用铸铁，这样既降低了成本，又满足了零件的工作要求。

2. 零件的总成本

零件的总成本由生产成本与使用成本两部分组成，前者包括材料价格、加工费用等，后者包括使用寿命、产品维护、修理、更换零件及停机损失等，在选材时要考虑这几方面对总成本的影响。例如，从长远看，选用性能好的材料可使零件的使用寿命延长、维修费用减少，虽然原材料的价格比较贵，但综合考虑是经济的。另外加工费用也与生产批量有关，批量越小，加工费用就越高。

3. 国家的资源

选材时要注意所选材料是否符合我国的资源情况，特别是我国的镍、铬、钴等资源缺少，应尽量不选或少选含这类元素的钢或合金。

除上述三方面因素之外，也可采用一些价廉质优的新材料来代替常用的钢铁材料，比如陶瓷材料、高分子材料以及各种复合材料。由于这些非金属材料具有较高的比强度、比模量，故在满足性能要求的前提下，用它们代替金属材料后，可以减轻零件自重，降低生产成本。

四、选材的一般方法与步骤

机械零件选材的一般方法、步骤是：

1）根据零件的工作条件与失效方式提出零件材料的主要性能指标与技术条件。

2）根据提出的主要性能指标和技术条件结合工艺性和经济性综合考虑，借助有关的材料手册进行初选。

3）对预选材料进行计算以确定是否满足使用性能要求。

4）根据计算的结果进行材料的二次选择，初步确定所选材料。

5）通过试验与小批量试生产最终选定适用的材料。

第三节　典型工件的选材及工艺路线设计

一、齿轮的选材

1. 齿轮对选材的要求

（1）齿轮的工作条件　齿轮是机械传动中用得最多的一种零件，主要用于调节速度、传递转矩和改变运动方式与方向。在工作过程中，齿根部要承受很大的交变弯曲应力，相互啮合的齿面间有较大的接触压应力和摩擦力。另外，在机构起动、换挡、制动或齿间啮合不均匀时都会对齿部造成一定的冲击。

（2）齿轮的失效方式　齿轮的失效方式主要有两种：

1）轮齿折断。包括疲劳断裂和冲击过载断裂。断裂部位主要发生在齿的根部或中部，严重时会有数个齿断裂。

2）齿面损伤。包括表面麻点剥落和较大的摩擦力造成的过度磨损。根据疲劳破坏产生的位置，可分为表面的麻点剥落、接触表面下某一位置的浅层剥落以及齿面硬化层与心部交界处的深层剥落。

（3）对齿轮材料的性能要求　根据齿轮的工作条件和失效方式，对齿轮材料提出的性能要求如下：

1）高的齿面硬度和耐磨性。

2）高的接触疲劳强度和弯曲疲劳强度。

3）足够高的齿心强度和韧性。

此外，还要求材料有较好的加工工艺性能，如切削加工性好，淬透性高，热处理变形小等。

2. 齿轮类零件的选材

齿轮类材料最主要的性能是弯曲疲劳强度和接触疲劳强度，均与齿面的硬度有密切的关系。根据经验，齿轮弯曲疲劳强度与齿面硬度的关系大致可以用下式描述：

$$S_B = k(\mathrm{HV})^m$$

式中，S_B 为弯曲疲劳强度；HV 为齿面的维氏硬度；k、m 为与材料有关的常数。

显然，为得到高的疲劳强度，齿面应该有足够高的硬度。

齿轮心部的强度对弯曲疲劳强度有一定的影响。当心部淬透时，S_B 可提高 14% 以上。因此，对于重载齿轮，必须要使心部获得足够高的强度。

齿轮的接触疲劳强度 S_C 与齿面的硬度 HV 有如下式的近似关系：

$$S_C = 0.2(\mathrm{HV}/100)^2$$

按接触疲劳强度选材时，应保证齿面的接触应力不超过材料的接触疲劳强度。

为了防止齿轮发生冲击过载断裂，要求齿轮的心部应有足够高的冲击韧度。由于冲击韧度 a_K 并不是一个可以用于设计计算的性能指标，所以可根据经验，从硬度、冲击韧度、组织等多方面对齿轮材料的设计及热处理工艺提出要求。

通常齿轮材料为低、中碳钢或其低合金钢，经过热处理以及表面强化处理，其表面有高的硬度和疲劳强度，而心部则有足够高的强度和韧性，因此能很好地满足使用性能的要求。此外，这类钢的工艺性与经济性都比较好，是比较理想的齿轮材料，在齿轮选材中占有很大的份额。

除此以外，也有一些齿轮可以采用铸铁、有色金属或工程塑料制造。与钢制齿轮相比，虽然铸铁材料的抗拉强度低、脆性较高，但其具有加工性能好、耐磨、减振、噪声低、缺口敏感性小、价格便宜等优点，比较适合用作齿轮材料。常用的铸铁材料有 HT200、HT250 和 HT350 等。

球墨铸铁 QT900-2 基体是下贝氏体，硬度超过 41HRC，断裂韧度 K_{IC} 可达 41 ~ 62MPa · $m^{1/2}$，也是一种比较理想的齿轮材料。有色合金中常用来制造齿轮的主要是铜合金，如黄铜、青铜等，它们具有好的耐磨性和耐蚀性且强度高，可用来制造蜗轮或要求耐蚀、耐高温的齿轮。

可以用来制造齿轮的工程塑料比较多，如聚乙烯、聚丙烯、ABS 塑料等。尼龙齿轮的强度较高、韧性好、耐蚀，具有突出的耐磨性和自润滑性；聚甲醛的耐疲劳性能好，硬度高，特别适合制造在干摩擦条件下工作的齿轮；聚碳酸酯则适用于载荷不大和要求冲击韧度较高的轻载齿轮或要求有较高的尺寸稳定性的小模数精密齿轮、蜗轮和齿条等。

3. 典型齿轮选材举例

(1) 机床齿轮　机床齿轮的工作条件较好，载荷不大、转速中等、工作平稳，少有强烈的冲击。除了要满足高的接触疲劳强度、弯曲强度、表面硬度与耐磨性等要求外，还应能保证高的传动精度和小的工作噪声，一般情况下可以选用 45 钢或 40Cr、40MnB 中碳合金钢制造，后者的淬透性更好。

机床齿轮的工艺路线一般为：

下料→锻造→正火→粗加工→调质→滚齿→齿部高频感应淬火 + 低温回火

正火作为预备热处理工艺可以消除锻造毛坯的应力，细化组织，调整毛坯的硬度到适合切削加工的范围。

调质处理的目的是为齿轮提供较高的综合力学性能，保证齿的心部具有足够高的强度和韧性以承受较大的交变弯曲应力和冲击载荷。同时还可以减少淬火后的变形。

高频感应淬火+低温回火处理可以提高齿面硬度，有利于提高齿轮的耐磨性和接触疲劳抗力。特别是在高频感应淬火处理后，齿面存在残余压应力，有利于提高齿轮的疲劳抗力，防止表面发生麻点剥落。

在选用齿轮材料和热处理工艺时，必须考虑热处理方法的可行性。例如模数大于4mm，齿宽大于直径的高载荷圆柱齿轮、直齿锥齿轮、弧齿锥齿轮等，不宜采用感应淬火，应该选用渗碳钢或渗氮钢制造。

（2）汽车、拖拉机齿轮　同机床齿轮相比，汽车、拖拉机齿轮的工作条件要恶劣得多。这些齿轮大多安装在齿轮箱中或在壳体内运转并传递动力，除了前述的主要受力状况外，还会由于润滑油中的硬颗粒杂质而加剧齿面的磨损。这类齿轮的失效方式主要有齿端磨损、崩角，因此要求材料有高的接触疲劳强度、弯曲强度和疲劳强度。

汽车、拖拉机上使用的齿轮材料主要是低合金渗碳钢，如20Cr、20CrMnTi、20MnVB等进行渗碳或碳氮共渗。部分齿轮则采用中碳钢和中碳合金钢，进行调质或正火处理。

以汽车后桥主动锥齿轮为例，其性能要求如下：心部硬度30~45HRC，齿面硬度58~62HRC。选用20CrMnTi制造，采用的加工工艺路线如下：

下料→锻造→正火→粗加工→局部镀铜→渗碳、淬火+低温回火→喷丸→精磨→零件

正火处理的目的是消除锻造应力，均匀细化组织，调整硬度，便于材料的切削加工。正火后得到的组织一般为片状或细片状珠光体与铁素体。渗碳前对一些不需要有较高的力学性能，而且还需要后续切削加工的部位，如轮盘、轮毂孔、工艺孔等，要进行局部镀铜防渗处理。渗碳层深1.2~1.6mm，表面的w_C为0.8%~1.05%。淬火后表面硬度58~62HRC。由于材料的淬透性较好，淬火后心部获得低碳马氏体组织，有较好的冲击韧度。低温回火的目的是消除淬火应力，降低脆性。采用喷丸处理不仅可以去除热处理后的氧化皮，还可以在表面形成一层残余压应力，有助于提高齿面的接触疲劳强度。

二、轴类零件的选材

1. 轴类零件对选材的要求

（1）轴类零件的工作条件　轴类零件主要起支撑传动零件和传递转矩的作用，工作时的受力情况比较复杂。

1）承受交变的弯曲与扭转复合载荷。

2）在某些工作条件下，轴可能受到冲击的影响。

3）在与其他零件相联结的轴颈或花键处有摩擦。

4）特殊条件下受到介质与温度的影响。

（2）轴类零件的失效方式　轴的失效方式主要是交变弯曲与扭转载荷作用下的疲劳断裂和轴颈处的磨损失效，有时也会因冲击过载造成断裂失效，在特殊环境条件下还可表现为过量塑性变形或腐蚀失效。

（3）对轴类零件材料的性能要求　对轴类零件选材的要求主要有以下几点：

1）高的疲劳强度。

2）良好的综合力学性能，即要有较高的强度和韧性，以防止塑性变形，或因过载和冲击载荷导致轴的断裂。

3）轴颈等承受摩擦的局部表面具有较高的硬度和耐磨性。

4）具有适应特殊条件下工作的特殊性能，如耐蚀性、抗氧化性等。

5）具有良好的加工工艺性。

2. 轴类零件的选材方法

疲劳强度是轴类零件选材时首要考虑的指标，同时也要考虑材料的综合力学性能和耐磨性。虽然高碳钢的强度比中碳钢高，但其塑性和冲击韧度却远不如中碳钢；而低碳钢无论是疲劳强度还是耐磨性均不能满足轴类零件材料的性能要求。根据经验，当 w_C 为 0.4%~0.7%时，材料的疲劳强度较高，所以轴类零件用钢的 w_C 应为0.3%~0.5%。

碳素结构钢以其合理的价格、较好的综合力学性能以及较小的应力集中敏感性在轴类零件中选用得比较多，常用的优质碳素结构钢有35钢、40钢、45钢、50钢等，其中45钢最常用。合金钢的价格较贵，但是合金钢的力学性能与热处理工艺性都比碳钢好，特别是合金钢的淬透性远好于碳素钢，故较重要的、截面较大的轴常选用合金钢制造。常用的合金钢材料有35CrMo、40Cr、40CrNi、40CrNiMo、40MnB等。轴类零件用钢一般在整体调质后进行表面淬火处理以满足局部耐磨性能的要求。

通常轴类零件的截面多变，切削加工量较大，因此要求材料应有良好的切削加工性以降低加工成本。

虽然淬透性是轴类零件选材时需要重点考虑的工艺性能，但一味追求高的淬透性是不必要的。根据对轴类零件载荷分布的分析，对于弯曲载荷和扭转载荷，应力的最大值出现在外表面上，心部受力并不大，所以可以不必用淬透性较高的钢种。而轴向载荷的受力是在整个截面上均匀分布的，心部受力也比较大，所以对于轴向载荷比较大的轴类应选用淬透性比较高的钢。

除此以外，轴类零件特别是曲轴，也可以选用球墨铸铁和高强度灰铸铁制造。

3. 典型轴的选材

（1）机床主轴　主轴是机床的重要零件之一。在进行切削加工时，高速旋转的主轴承受弯曲、扭转和冲击等多种载荷，要求它具有足够的刚度和强度、耐疲劳、耐磨损以及精度稳定等性能。

机床主轴的轴颈常与滑动轴承配合，当润滑不足、润滑油不洁净（如含有杂质微粒）或轴瓦材料选择不当、加工精度不够、结构设计不合理、装配不当时经常会发生咬死（抱轴）现象，损伤轴颈的工作面，使主轴的精度下降，在运转时产生振动。为防止轴颈被咬死，除了针对上述问题采取一些相应的措施外，应选择合适的材料和热处理工艺，以提高轴颈表面的硬度和强度，如进行表面硬化处理。带内锥孔或外圆锥度的主轴要频繁地装卸，例如铣床主轴需要经常更换刀具，车床头尾架主轴常需调换卡盘和顶尖等，为了防止装卸时锥面拉毛磨损而影响精度，也需要对这些部位进行硬化处理。

根据机床主轴所选用的材料和热处理方式，可以将其分为四种类型：局部淬火主轴、渗碳主轴、渗氮主轴和调质（正火）主轴。对一般的中等载荷、中等转速，冲击载荷不大的主轴，选用45钢或40Cr、40MnB中碳合金钢等即可满足要求，对轴颈、锥孔等有摩擦的部位应进行表面硬化处理。对载荷较大、同时要承受较大的疲劳载荷与冲击载荷的主轴，则应采用20CrMnTi合金渗碳钢或38CrMoAl渗氮钢制造，并进行相应的渗碳或渗氮化学热处理。

图7-3为某车床的主轴简图，该主轴主要承受交变的弯曲与扭转复合应力作用，载荷与转速中等，冲击载荷也不大。因此材料经过调质处理后具有一般的综合力学性能即可，但在局部摩擦的表面要求有较高的硬度与耐磨性，应考虑进行局部表面硬化处理。该轴一般选用45钢或40Cr钢制造。加工工艺路线为：

下料→锻造→正火→粗加工→调质→半精加工→局部表面淬火+低温回火→磨削加工→零件

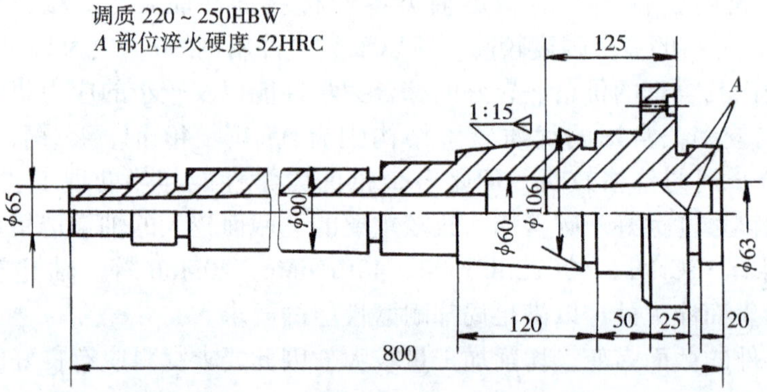

图7-3 某车床的主轴简图

整体的调质处理可使轴得到高的综合力学性能与疲劳强度，硬度可达220～250HBW，调质后组织为回火索氏体。在轴颈和锥孔处进行表面淬火与低温回火处理后，硬度为52HRC，可以满足局部高硬度与高耐磨性的要求。

当轴的精度、尺寸稳定性与耐磨性要求均很高时，如精密镗床的主轴，往往选用38CrMoAlA渗氮钢，经调质处理后再进行渗氮处理。

表7-4列出了常用的机床主轴选用的材料和热处理方法。

表7-4 机床主轴的工作条件、选材及热处理

类别	工作条件	材料	热处理及硬度	应用实例
渗碳	与滑动轴承配合；中等载荷，心部强度要求不高，但转速高；精度不太高；疲劳应力较高，但冲击不大	20Cr 20MnVB 20Mn2B	渗碳淬火 58～62HRC	精密车床、内圆磨床等的主轴
	与滑动轴承配合；重载荷，高转速；高疲劳，高冲击	20CrMnTi 12CrNi3	渗碳淬火 58～63HRC	转塔车床、齿轮磨床、精密丝杠车床、重型齿轮铣床等主轴
渗氮	与滑动轴承配合；重载荷，高转速；精度高，轴隙小；高疲劳、高冲击	38CrMoAlA	调质 250～280HBW 渗氮≥900HV	高精度磨床的主轴、镗床的镗杆

（续）

类别	工作条件	材　料	热处理及硬度	应用实例
淬火	与滑动轴承配合；中轻载荷；精度不高；低冲击，低疲劳	45 钢	正火 170 ~ 217HBW 或调质 220 ~ 250HBW，小规格局部整体淬火 42 ~ 47 HRC，大规格轴颈表面感应淬火 48 ~ 52HRC	龙门铣床、立铣床、小型立式车床等小规格主轴，C650、C660、C8480 等大重型车床主轴
	与滑动轴承配合；中等载荷，转速较高；精度较高；中等冲击和疲劳	40Cr 42MnVB 42CrMo	调质 220 ~ 250HBW，轴颈表面淬火 52 ~ 61HRC（42CrMo 取上限，其他钢取中下限），装拆部位表面淬火 48 ~ 53HRC	齿轮铣床、组合车床、车床、磨床砂轮等主轴
	与滑动轴承配合；中、重载荷；精度高；高疲劳，但冲击小	65Mn GCr15 9Mn2V	调质 250 ~ 280HBW，轴颈表面淬火 ≥59HRC，装卸部位表面淬火 50 ~ 55HRC	磨床主轴
调质或正火	与滑动轴承配合；中小载荷，转速低；精度不高；稍有冲击	45 钢 50Mn2	调质 220 ~ 250HBW 正火 192 ~ 241HBW	一般车床主轴，重型机床主轴

（2）内燃机曲轴　曲轴是内燃机中形状比较复杂而又非常重要的零件之一，它将连杆的往复传递动力转化为旋转运动并输出至变速机构。曲轴在运转过程中要受到周期性变化的弯曲与扭转复合载荷、气缸中周期性变化的气体压力与连杆机构的惯性力会使曲轴产生振动和冲击、使与连杆相连的轴颈表面的强烈摩擦等作用。在这样复杂的工作条件下，内燃机曲轴表现出的失效方式主要是疲劳断裂和轴颈表面的磨损。因此要求曲轴材料具有高的弯曲与扭转疲劳强度，足够高的冲击韧度以及局部高的表面硬度和耐磨性。

生产中，按照材料和加工工艺可以把曲轴分为锻钢曲轴和铸造曲轴两种。锻钢曲轴所选材料主要是优质中碳钢和中碳合金钢，如 45 钢、40Cr、50Mn、42CrMo、35CrNiMo 等，以及非调质钢 45V、48MnV、49MnVS3 等，其中 45 钢是最常用的材料，一般在调质或正火后采用中频感应淬火对轴颈进行表面强化处理，以提高曲轴的疲劳强度和耐磨性。

球墨铸铁是铸造曲轴最常用的材料，在轿车发动机中应用很广泛，常用的铸造曲轴用的球墨铸铁有 QT600-2、QT700-2、QT900-2 等。一般汽车发动机曲轴选用的球墨铸铁强度应不低于 600MPa，制造农用柴油发动机曲轴的球墨铸铁强度则不应低于 800MPa。

锻钢曲轴的工艺路线为：

下料→锻造→正火→矫直→粗加工→去应力退火→调质→半精加工→局部表面淬火 + 低温回火→矫直→精磨→零件

为了保证曲轴在加工过程中的尺寸精度，一般毛坯热处理后可以采用热矫直，冷态矫直及粗加工后均应进行去应力退火。在感应淬火后的低温回火过程中应采用专用的夹具进行静态逆向矫直，利用相变塑性达到无应力矫直的效果。曲轴的其他热处理的作用与机床主轴的相应热处理相同。

铸造曲轴的工艺路线为：

铸造→正火→高温回火→矫直→切削加工→去应力退火→轴颈气体渗氮（或氮碳共渗）→矫直→精加工→零件

铸造质量是影响铸造曲轴质量的关键因素，必须保证球化良好并无铸造缺陷。正火的目的是通过增加组织中珠光体的含量并使其细化来提高其强度、硬度与耐磨性，高温回火的目的在于消除正火过程中造成的内应力。

经过喷丸强化处理后的曲轴可使表层处于较大的残余压应力状态，可显著提高曲轴的抗疲劳寿命。

三、汽车用材料的选择

在所有的汽车零件中，绝大多数是由金属材料制成的，有一小部分零件由塑料、陶瓷、橡胶等非金属材料制成。随着技术水平的提高，高性能、轻量化是汽车发展的方向之一，因此轻金属和非金属材料在汽车中占的比例正在不断增加。

1. 汽车发动机用的金属材料

汽车发动机用的金属材料要求有较高的强度和刚度，有足够的疲劳抗力、耐磨性以及一定的冲击韧度。以下就汽车发动机和传动系中的典型零件的选材分析做一简要介绍。

（1）缸体和缸套　发动机缸体在工作时要承受内部的气体压力、活塞的惯性力和螺栓的预紧力，而且还要承受一定程度的高温。综合作用的结果会使缸体产生变形，直接影响到与其相连的零部件如活塞、曲轴和连杆等工作的可靠性。对缸体材料的性能要求是要有足够的强度与刚度、耐磨损、耐蚀、热导率高、热膨胀系数小。由于发动机的缸体一般比较复杂，必须要有好的铸造性或切削加工性。灰铸铁是传统的缸体材料，价格低廉，除密度比较大外可以满足上述几乎所有的性能要求。铝合金的密度小，易于压铸，但其强度低、刚度较差、耐磨性能差、价格高，一般只用于为了减轻发动机重量的场合。

发动机工作时活塞与缸体内表面有强烈的摩擦磨损作用，同时高温高压的燃气也直接冲刷缸体的内表面，极易发生严重的表面损伤，影响发动机的正常工作。为解决这一问题，一般采用耐磨材料制成缸套镶入气缸内作为缸体的工作面使用。常用的缸套材料有各种耐磨合金铸铁，如高磷铸铁、硼铸铁等。铝合金气缸则常用过共晶合金作衬套。提高缸套表面耐磨性的方法很多，常用的有镀铬、化学镀镍或进行激光表面淬火处理等。

（2）连杆　连杆的作用是将活塞上的力与运动传递到曲轴。连杆由小头、杆身与大头三部分组成，小头与活塞销相连，大头与曲轴相连，杆身做复杂的平面摆动。连杆在工作中受到交变的拉压应力和弯曲应力（图7-4），主要失效方式是疲劳断裂和过量变形。连杆材料要求有较高的强度和疲劳抗力以及足够的刚度与韧性，一般选用调质45钢、40Cr、45CrMo、40MnB等制造。调质处理后得到细

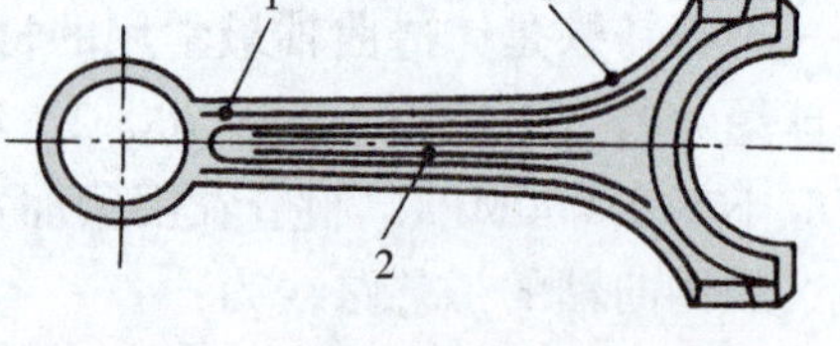

图7-4　连杆上的三个高应力区

1—小头与连杆的过渡区　2—连杆中间

3—大头与杆部的过渡区

小的回火索氏体组织，经过喷丸强化处理后可使表层处于较大的残余压应力状态，疲劳寿命成倍增加。

(3) 凸轮轴与挺杆　凸轮轴和挺杆是发动机配气机构中的主要零件，它们组成一对摩擦副，主要作用是保证气阀按一定的时间和顺序开启与关闭，从而完成每个气缸的进气与排气动作。

作用在凸轮轴上的载荷有交变的弯曲与扭转载荷，同时凸轮表面还受到挺杆的挤压力与摩擦力。表现出来的破坏形式主要有凸轮表面的擦伤、磨损与麻点剥落，少数情况下也会发生凸轮轴的疲劳断裂。对凸轮的性能要求主要是要有足够高的强度、硬度以及接触疲劳强度。常用的凸轮轴材料主要是钢和铸铁，一般采用锻钢通过楔横轧或切削加工成凸轮轴，或采用冷硬铸铁、激光熔凝强化铸铁和经过感应淬火的球墨铸铁来制造凸轮轴。

挺杆与凸轮之间呈点接触，接触应力很大。杆端常会产生磨损、擦伤和接触疲劳破坏。挺杆材料可以是钢，如15Cr、20 钢、20Cr 等经过渗碳处理，或45 钢、45Cr 经氮碳共渗处理；也可以是铸铁，如整体制造的冷硬合金铸铁，也可以用钢制成杆体再在头部堆焊上耐磨合金，或用单体铸造的合金铸铁挺杆头与钢制杆体对焊而成。

由于挺杆与凸轮轴形成了摩擦副，因此在选材时必须注意材料的匹配。表 7-5 列出了一些发动机挺杆与凸轮轴的选配，可供设计时参考。

表 7-5　挺杆和凸轮轴材料的匹配

用　途	挺　杆	硬度 HRC	凸　轮　轴	硬度 HRC
载重车和拖拉机	35 钢碳氮共渗	57 ~ 62	45 钢感应淬火	55 ~ 63
	冷激铸铁	≥52	45 钢感应淬火	55 ~ 63
	20Mn2B 或 20Cr 钢渗碳	55 ~ 62	45 钢感应淬火	55 ~ 62
	冷激合金铸铁	≥55	球墨铸铁感应淬火	45 ~ 55
	20 钢渗碳	53 ~ 58	球墨铸铁感应淬火	45 ~ 55
	合金铸铁淬火	58 ~ 63	球墨铸铁感应淬火	55 ~ 63
吉普车、拖拉机	35 钢堆焊合金铸铁（冷激）	60 ~ 66	45 钢感应淬火	55 ~ 63
	20Cr 钢渗碳	55 ~ 63	球墨铸铁贝氏体等温淬火	43 ~ 50
重型载重车	合金铸铁碳氮共渗	≥795$HV_{0.5}$	20 钢渗碳	58 ~ 62
	50Mn2 钢淬火或冷激铸铁	47 ~ 54	球墨铸铁贝氏体等温淬火	43 ~ 51
摩托车	20Cr 钢渗碳	58 ~ 63	45 钢感应淬火	50 ~ 55

(4) 半轴　半轴是连接发动机与车轮之间的传动杆，主要承受驱动和制动转矩，特别是在汽车起动和爬坡时转矩很大。半轴的使用寿命主要取决于花键齿的抗压陷和耐磨损性能。对于载重车的半轴，轴杆与法兰的连接处、花键端以及花键与轴杆的接合处是容易发生疲劳断裂的部位，因此，半轴材料应有足够的强度、韧性和良好的抗疲劳性能，一般选用中、低碳合金调质钢来制造。小型汽车、拖拉机的半轴多用 40Cr、40MnB 制造，大型

载重车则选用40CrMo、40CrNi、40CrMnMo等淬透性较高的钢种。

汽车的半轴过去常采用机加工后进行调质处理的方式，经矫直、喷丸后再进行精加工得到成品；目前多采用中频感应淬火处理。与调质处理相比，感应淬火后半轴的屈服强度与疲劳极限均可提高，尤其疲劳极限的提高更为显著，这与感应淬火形成了表层残余压应力层有关。

2. 汽车用塑料

塑料材料在汽车中的应用发展速度很快，甚至一些原为金属材料的汽车零部件都开始用塑料制品代替，以改善与提高汽车零件的耐蚀性、消振降噪和耐磨等方面的性能。

选择汽车中使用的塑料材料时，首先应该根据制品的技术要求，通过查阅相关资料确定拟采用的塑料品种。其次，根据制品的使用环境和寿命要求查明该塑料的温度特性、耐老化特性、蠕变和疲劳特性等。此外还应综合考虑材料的加工工艺性、经济性、原料供应以及工厂的生产能力等因素。

（1）汽车内饰用塑料　汽车内饰塑料制品主要是指汽车内表面的装饰，如仪表板、扶手、顶棚衬里等。这类部件的选材要求主要是美观耐用，手感好，吸振性好。内饰用的塑料品种有聚氯乙烯、聚氨酯等。聚氯乙烯在汽车上的用量占汽车用塑料总量的20%~30%，常制成聚氯乙烯人造革用在坐垫套、车门内衬、地毯等处。聚氨酯泡沫塑料具有质轻、热导率低、隔声等特点，主要用于制造车门内饰板和顶棚衬里等的填充材料。

（2）汽车外装饰及结构件用纤维增强复合材料　用玻璃纤维和热固性树脂制成的复合材料是最常用的纤维增强复合材料，它最大的优点是质量轻，可以采用冲压成形。用增强尼龙复合片材STX363制造的发动机油底壳质量仅为钢板油底壳的50%。钢板制油底壳需要经过18套金属模具和18道工序才能完成，而STX油底壳是一次冲压成形，可节约25%的制造费用。

（3）汽车用工程塑料　工程塑料在汽车中主要用在结构件上，要求有一定的强度并能耐一定的温度。汽车上常用的工程塑料主要有聚丙烯、聚乙烯、聚甲醛和聚酰胺等。

1）聚丙烯（PP）。聚丙烯具有原材料丰富、成本低、比强度大、污染小等优点，在各种类型汽车上所有聚丙烯零件的品种可达70余种，主要用于灯壳、空气滤清器等。

2）聚乙烯（PE）。汽车工业中应用的聚乙烯属于中压、低压聚乙烯，可用于制造汽油箱、蓄电池壳等。聚乙烯制造的油箱质轻、成型工艺简单，长期工作的稳定性好，冲撞时不会引发火花，不会发生燃烧爆炸。

3）聚甲醛（POM）。聚甲醛具有优良的综合性能，它的耐疲劳性、耐摩擦磨损特性很好。聚甲醛有较好的耐热性，可以代替有色金属和合金制造汽车零件，如齿轮、轴承、泵体叶轮、手柄等。

4）聚酰胺（PA）。聚酰胺又称尼龙，具有良好的耐热、耐油和耐老化性。解放牌汽车发动机正时齿轮采用30%玻璃纤维增强尼龙6材料，取代原来的酚醛夹布胶木树脂正时齿轮，提高了耐热温度，降低了线膨胀系数，使用寿命提高了近1倍。

3. 汽车用橡胶

橡胶的密度为0.9~0.96g/cm^3，多数橡胶在很宽的温度范围内（-40~80℃）均处于高弹性状态，具有很好的伸缩性、疲劳强度、耐磨性和绝缘性，并且耐酸、耐碱、不透气、抗撕裂。橡胶在汽车中主要用于轮胎、密封件、减振件与传动件。汽车常用橡胶有以下几种：

（1）丁苯橡胶　其比较耐磨，价格便宜，用于制造轿车轮胎可提高轮胎的抗湿滑性，保证行车安全。

（2）顺丁橡胶　其弹性、耐磨性优良，耐寒性好，一般与天然橡胶或丁苯橡胶并用，主要用于制造汽车轮胎。但随着顺丁橡胶用量增加，轮胎的抗撕裂性和抗湿滑性降低，故掺用量不宜太大。

（3）氯丁橡胶　其物理力学性能好，耐氧、耐臭氧、耐油，主要用作汽车门窗嵌条等。

（4）丁基橡胶与丁腈橡胶　它们均属特种合成橡胶，前者具有优良的气密性和耐老化性，广泛地使用于内胎的制造中，也可用于无内胎轮胎的密封层中。

4. 汽车用陶瓷

陶瓷材料具有许多特殊的性能，如耐高温、耐腐蚀（特别是高温腐蚀）、耐磨损、弹性模量高、绝缘性与介电性好等。有些陶瓷材料可以通过相变增韧的方法改善其韧性，更扩大了这类材料的应用范围。近年来，陶瓷发动机的研究与应用已成为汽车研究的热点之一。

可用于制造汽车零件的工程陶瓷材料主要有氧化物陶瓷、非氧化物陶瓷、纤维增强复合陶瓷等，主要用于制造发动机零件，如活塞、预燃烧室、气门座及部分密封件。在涡轮增压机上可用来制造涡轮叶片、涡轮壳、隔热板等。

另外，陶瓷材料的绝缘性、介电性和压电性等特性可以在汽车的电气设备中获得应用，如各种特性的陶瓷传感器。这一方面的研究工作引起了人们的兴趣，不断有新的研究成果问世。

思考题

7-1　零件三种基本的失效方式是什么？哪些因素会造成零件的失效？

7-2　什么是失效分析？

7-3　失效分析常采用哪些试验方法？简述其操作步骤。

7-4　零件在高温下的失效方式有哪些？如何预防？

7-5　设计人员在选材时应考虑什么原则？如何才能做到合理选材？

7-6　简述选用材料的一般方法与步骤。

7-7　某汽车齿轮选用20CrMnTi制作，其工艺路线如下：

下料→锻造→正火①→切削加工→渗碳②、淬火③、低温回火④→喷丸→磨削加工

请回答上述工艺路线中①、②、③和④的目的及热处理工艺。

7-8　选择下列零件的材料并说明理由，制订加工工艺路线并说明各热处理工序的作用：

（1）机床主轴；（2）镗床镗杆；（3）燃气轮机主轴；（4）汽车、拖拉机曲轴；

（5）钟表齿轮；（6）赛艇艇身；（7）内燃机火花塞

第八章

新材料和新工艺

第一节　形状记忆材料

形状记忆是指具有初始形状的制品变形后，通过加热等手段处理后又恢复到初始形状的功能。形状记忆材料包括形状记忆合金材料和聚合物形状记忆材料。

一、形状记忆合金

形状记忆合金自 20 世纪 60 年代问世以来，引起人们极大的关注。迄今已发现具有形状记忆效应的合金近百种，其中有实际应用价值的记忆合金有 Ti- Ni、Cu- Zn- Al 和Cu- Al- Ni 等。

形状记忆合金有三种类型的形状记忆效应，即单程记忆效应、双程记忆效应和全程记忆效应。如果材料在高温下制成某种形状，在低温下将其任意变形，若再将材料重新加热到高温后，材料能够恢复到原来高温时的形状，即使冷却材料也仍保持着高温时的形状，即为单程记忆效应；若再加热再冷却后材料仍能恢复到原来的低温形状，则为双程记忆效应；若再加热再冷却后材料会在相反方向上再现原高温形状，则为全程记忆效应。三种形状记忆效应示意如图 8-1 所示。

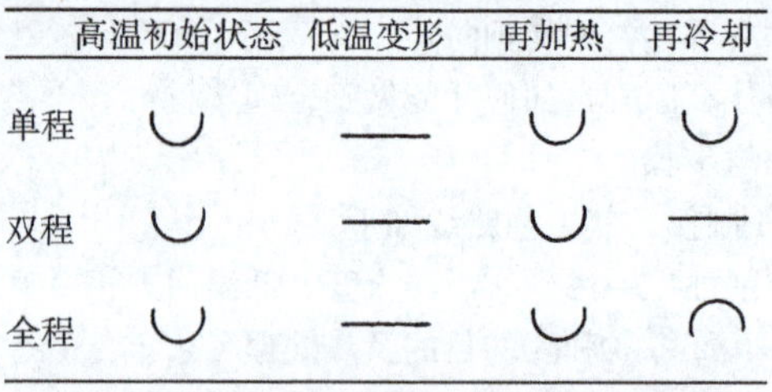

图 8-1　三种类型的形状记忆效应示意图

1. 形状记忆合金的记忆机理

形状记忆效应是以马氏体相变及其逆相变过程中，母相与马氏体相的晶体学可逆性为依据的。马氏体相变是一种无原子扩散型的相变。在一定条件下，从稳定的母相到新相（马氏体相）的结构转变过程中发生切变，微观上发生较大的剪切变形。母相与马氏体相的界面共格或半共格，存在着非常严格的晶体位相对应关系。当马氏体发生逆相变时，即经历逆向切变后回到母相。此时合金可能恢复原有的形状。这种弹性马氏体相变包括热弹性马氏体相变和应力弹性马氏体相变。

（1）热弹性马氏体相变　热弹性马氏体相变时形成的马氏体片随着温度下降而长大，随着温度升高而减小，其尺寸由温度决定，具有“热弹性”特征。其形状记忆过程为：合金的母相在降温过程中，自温度低于 *Ms* 起发生马氏体相变，该过程中无大量的宏观变形。在低于马氏体转变终了温度 *Mf* 以下，对合金施加应力，马氏体通过界面移动，发生塑性变形，变形量可达数个百分点；温度再升高至马氏体逆转变终了温度 *Af* 以上，马氏体逆向转变回到母相，合金低温下的“塑性变形”消失，于是恢复原始形状。这就是典型的形状记忆效应。

（2）应力弹性马氏体相变　在高于 *Ms* 点的某一温度下，对合金施加外力可引起马氏体相变，形成的马氏体叫应力诱发马氏体。某些合金在应力增加时，马氏体增大，反之马氏体缩小，应力去除后马氏体消失。这种马氏体叫应力弹性马氏体。合金在母相稳定区加载过程中的应力诱发了马氏体相变，这时产生的应力诱发马氏体属于稳定相。此时一旦卸载，随即发生逆相变，使加载时相应的变形得到恢复。由于逆转变引起变形恢复，说明它与热弹性马氏体相变引起的形状记忆效应本质上相同，只是变形温度和最初的状态不同。热弹性马氏体相变引起形状记忆效应的变形温度低于 *Mf*，变形时的组织为新相马氏体；而应力诱发马氏体相变产生形状记忆效应的变形温度高于 *Af*，变形时的组织为母相奥氏体。

2. 形状记忆合金的应用简介

最先报道的形状记忆合金应用的例子是制造月面天线。这种月面天线是用处于马氏体状态的 Ti-Ni 丝焊接成半环状天线，然后压缩成小团，用阿波罗火箭送上月球。在月面上，小团被阳光晒热后又恢复原状，即可用于通信。对于体积大而难以运输的物体亦可用这种材料及方法制造。

图 8-2 是用记忆合金制造的铆钉应用例子。形状记忆合金应用较广的是各种管件接头，管接头的内径比连接管子的外径约小 4%。在 *Mf* 温度以下，马氏体非常软，接头内径很容易扩大。在此状态下将管子插入接头内，加热后，接头内径即恢复到原来尺寸，把管子紧紧地箍紧。因为形状恢复力很大，故连接很严密，无泄漏的危险。美国 F14 战斗机的油压系统内很多管接头都采用了这种加工工艺。

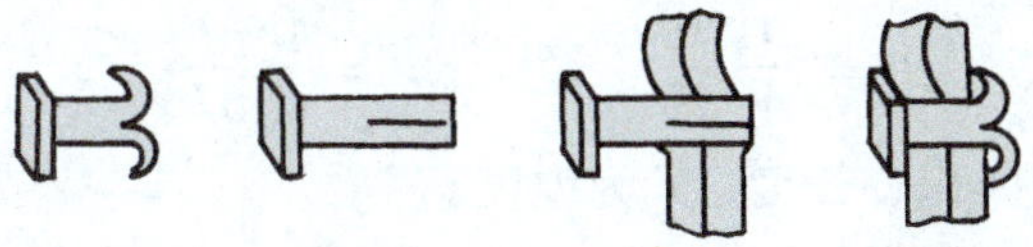

图 8-2　用记忆合金制造的铆钉示意图

形状记忆材料还可用于温度控制仪器等各种形状记忆驱动器，如温室窗户的自动开闭装置、防止发动机过热风扇的开合器等。

二、聚合物形状记忆材料

与形状记忆合金相比，聚合物形状记忆材料以重量轻、容易加工、变形率大、成本低等优点引起人们的注意，目前在以下几方面得到一定的应用。

1. 变形物的复原

聚合物形状记忆材料用于汽车的缓冲器、保护罩等。当汽车受冲击使保护装置变形后，只需加热即可恢复原来形状。此外，各种携带用容器、玩具等，用形状记忆聚合物制作，二次成型压成平板，使用时加热即可恢复原形。

2. 建筑、施工材料

加热收缩管用于异径管的接合。先将管状聚合物形状记忆材料加热软化，插入大于管内径的棒，冷却后取走插入棒，得到热收缩管。使用时，将不同直径的金属管插入热收缩管中加热使其收缩，管接头就紧固地将不同直径的金属管连接在一起。

3. 医疗材料

用作固定器具替代石膏的聚合物形状记忆材料，具有质轻、强度好，容易制成复杂的形状，也易于拆卸，如图8-3所示。

图8-3 用形状记忆聚合物制造的医疗固定器具示意图

目前聚合物形状记忆材料尚处于起步阶段，但其应用前景十分广阔。

第二节 膨胀材料及减振材料

一、膨胀材料

热胀冷缩是金属材料的共性。热膨胀特性一般用体膨胀系数 β_T 或线膨胀系数 α_T 表示，其定义分别是：

$$\beta_T = \frac{1}{V}\frac{dV}{dT} \quad 及 \quad \alpha_T = \frac{1}{L}\frac{dL}{dT}$$

式中，V、L 分别为材料的体积、长度；T 为温度。

膨胀材料是指具有特殊膨胀系数的材料，常用的膨胀材料有低膨胀材料、定膨胀材料和热双金属材料三大类。

1. 低膨胀材料

1896年，法国Guillaume首先发现了Fe-Ni36合金在室温附近 α_T 仅为 $1.2\times10^{-6}K^{-1}$，比Fe-Ni合金的“正常值”低一个数量级。该合金被称做因瓦合金（Invar alloy），表示尺寸几乎不随温度改变。1927年，发现了Fe-Ni32Co的低膨胀合金，它的 α_T 降到 $0.8\times10^{-6}K^{-1}$以下，被称为超因瓦合金。这两种合金至今仍是主要的低膨胀合金。低膨胀合金主要用于精密仪器、仪表中，作为对尺寸变化量要求很高的元件材料。常见低膨胀合金见表8-1。

表 8-1　常见低膨胀合金

名　　称	成　　分	晶系	磁性	$\alpha_T/(1/℃)$	T_e 或 T_N
Fe-Ni 因瓦	35Ni-65Fe	立方	铁磁	1.2×10^{-6}	232
超因瓦	32Ni-64Fe-4Co	立方	铁磁	0.8×10^{-6}	230
Fe-Pt 因瓦	75Fe-25Pt	立方	铁磁	-30×10^{-6}	80
Fe-Pb 因瓦	69Fe-31Pb	立方	铁磁	0.0	340
Cr 基因瓦	94Cr-5.5Fe-0.5Mn	立方	反铁磁性	-1×10^{-6}	-45
Mn 基因瓦	αMn	立方	反铁磁性	$<10^{-6}$ (4.2K)	-178
Gd-Co 因瓦	67Co-33Gd	立方	亚铁磁	-3×10^{-6}	-160
Y2Fe17 因瓦	10.5Y-89.5Fe	六角	铁磁	—	-29
非晶态 Fe-B 因瓦	83Fe-17B	非晶态	铁磁	$(1-2)\times10^{-6}$	-320

注：1. 除指明温度外，α_T 都是室温值。

2. T_e 为铁磁物质的居里点，T_N（奈耳点）是反铁磁物质的居里点。

2. 定膨胀材料

在某一温度范围内具有一定膨胀系数的材料称为定膨胀材料。定膨胀材料通常以合金形式用做封接材料。作为封接合金，要求在封接温度至元器件最低使用温度的范围内平均热膨胀系数与对接材料差别很小（不大于10%），以降低封接面上的热应力，实现匹配封接。由于合金在发生相变时通常伴有体积突变，因而定膨胀合金在使用过程中一般不允许发生相变。

定膨胀合金主要有两类。一类是借助因瓦反常热膨胀达到特定热膨胀系数要求的合金；另一类是高熔点金属及合金，利用它们的低膨胀系数达到特定膨胀性能要求。常见定膨胀合金见表 8-2。

表 8-2　常见定膨胀合金

名称	成分（%）				线膨胀系数 $\alpha_T/(10^{-6}/℃)$				用　　途
	w_{Ni}	w_{Fe}	w_{Co}	w_{Cr}	0～300℃	0～400℃	0～500℃	0～600℃	
4J42	41.5～42.5	其余			4.4～5.6	5.4～6.6			与软玻璃、陶瓷封接
4J43	42.5～43.5	其余			5.6～6.2	5.6～6.8			杜美丝芯材
4J45	44.5～45.5	其余			6.5～7.7	6.5～7.7			与软玻璃、陶瓷封接
4J54	53.5～54.5	其余			10.2～11.4	10.2～11.4			与云母封接
4J58	57.5～58.5	其余			11.7	11.9	12.07	12.28	精密机床基尺
4J6	41.5～42.5	其余		5.5/6.3	7.5～8.5	9.5～10.5			与软玻璃封接

（续）

名称	成分（%）				线膨胀系数 α_T/(10^{-6}/℃)				用途
	w_{Ni}	w_{Fe}	w_{Co}	w_{Cr}	0～300℃	0～400℃	0～500℃	0～600℃	
4J28		其余		27～29			10.4～11.6		与软玻璃封接
4J29	28.5～29.5	其余	16.8～17.5		4.7～5.5	4.6～5.2	5.9～6.4		与硬玻璃封接
4J34	28.5～29.5	其余	19.5～20.5		6.2～7.5	6.2～7.6	6.5～7.6	7.8～8.4	与95% Al_2O_3 封接
4J36	36～37	其余	5～6	Cu3～4	5.5～6.5	5.6～6.5	7.0～8.0	≤9.5	与95% Al_2O_3 封接

3. 热双金属材料

热双金属材料是将两片膨胀系数不同的合金焊合在一起的复合材料。低膨胀系数的合金片为被动层，一般选用因瓦合金以获得较高的灵敏度；高膨胀系数的合金片为主动层，要求具有高的熔点、高的弹性模量 E、较好的焊接性能等，一般用 Cu-Zn、Fe-Ni 和 Mn-Ni-Cu 合金制造。热双金属材料受热时，双金属片向被动层弯曲，可用作各种测量和控制仪表中的传感元件。

二、减振材料

振动和噪声已成为世界三大公害之一，振动和噪声还严重影响产品的质量、仪器仪表的精度以及机器设备的使用寿命。因此，研制生产防止振动和减少噪声的新材料是必要的。

减振材料（包括吸声材料）是指内耗和衰减能力强的材料。减振性能在声学上是用振动分贝（dB）进行评价，在材料学上用内耗评价，在机械工程上则用减振系数 SDC（物体内部振动能转变为热能而损失的比例）表示。工程上较有实用价值的减振吸声材料主要有金属材料、高分子材料和它们的复合材料。

1. 减振合金

使振动衰减的方法有三种，即系统减振、结构减振和材料减振。系统减振是靠外部设置的衰减系统吸收振动能；结构减振是在金属材料中间夹入粘弹性高分子材料，制成夹心结构吸收振动能；材料减振则是利用金属材料本身所特有的较大的衰减能力来消除振动或噪声的发生源。材料减振类似于铅和镁这种发不出金属声的金属，但却具有钢一样的高强度。

从金属学的角度，大体上可以把减振合金分为复合型、强磁性型、位错型和双晶型四大类，见表8-3。

（1）复合型　在强韧性的基体中，如果析出软的第二相，在基体和第二相的界面上，容易产生塑性流动或粘性流动。外部振动能在这些流动中被消耗掉，于是振动就被吸收掉，譬如灰铸铁便是由于石墨的析出而起到减振作用。这类合金最大的特点是可以在高温下使用，预计今后将会有更多的新型合金开发出来。

表 8-3　减振合金分类

分　类	合　金　系
复合型（应力缓和型）	Fe-C-Si（灰铸铁），Al-Zn（铸造 Al-Zn 合金）
强磁性型（磁滞型）	Fe-Cr（12% 铬钢），Fe-Cr-Al（消声合金），Fe-Cr-Al-Mg，Fe-Cr-Mo，Co-Ni
位错型	Mg，Mg-Zr，Mg-Mg_2Ni
双晶型	Mn-Cu，Mn-Cu-Al，Cu-Al-Ni①，Cu-Zn-Al①，Ni-Ti①

① 也是形状记忆效应合金。

（2）强磁性型　铁磁材料在受磁场作用时会改变尺寸，这种现象称为磁致伸缩效应。外力作用于这些材料时，会产生磁致逆效应。在磁致伸缩效应过程中的能量损耗将抵消部分振动能，起到减振的作用。如由 Fe、Cr、Al 组成的合金便是依据这种原理设计的，这类合金只能在居里点以下使用。

（3）位错型　这类材料是利用位错运动中的能量损耗达到减振的目的，这类合金有 Mg-Zr、Mg-Mg_2Ni 等，它们常在工作温度低于 15℃ 的环境中使用。

（4）双晶型　这类材料是利用记忆合金中的热弹性行为实现减振的。双晶型材料虽然具有在高温下（$>Ms$ 点）无法使用的缺点，但作为一种主要的减振材料，目前最引人注目。

将来，微晶超塑性材料在减振材料中可能占有相当重要的地位，它的减振原理是利用振动时晶界发生应力松弛现象吸收和削弱振动能。随着晶粒细化技术的进展，这类材料的减振作用将更加引人注目。

2. 高分子减振材料

高分子材料的粘弹性能可以对振动起到阻尼的作用。高分子减振材料一般包括橡胶、塑料和涂料三大系列。减振橡胶大多用于车辆和桥梁；减振塑料（如发泡聚氨酯等）则多用于制止振动和防止噪声兼顾的场合；减振涂料主要用于汽车和飞机的壳体和振动机械的外壳，以抑制振动和噪声的发散。在高分子减振材料中，减振复合材料更是一种具有潜力的减振材料，具有良好的发展前景。

第三节　金属间化合物

一、概述

金属间化合物是新一代高温结构材料，由于原子在晶体中作长程有序排列，因而也称有序金属间化合物。 金属间化合物的这种长程有序的特殊结构，使其具有许多特殊的性能。其中最突出的是其具有优良的高温性能，如高温强度、抗氧化性、抗蠕变性等，某些金属间化合物的屈服强度还有随温度升高而提高的反常特性。正是由于金属间化合物所具有的比陶瓷材料的韧性高、比高温合金的密度低的特点，所以金属间化合物被认为是介于高温合金与陶瓷材料之间的一类新型高温结构材料。但是金属间化合物也有不足之处，如韧性和塑性比较低，加工性能比较差。近几年国内外对金属间化合物塑性的研究已有突破性的进展。

典型金属间化合物包括：Fe-Al 金属间化合物，Ti-Al 金属间化合物、Ni-Al 金属间化合物等，表8-4是某些金属间化合物的结构与性能。

表8-4 某些金属间化合物的结构与性能

合金	结构	E/GPa	T_m/℃①	T_c/℃②	密度/(g·cm^{-3})
TiAl	LI_0	1.75	±460	1460	3.91
Ti_3Al	DO_{19}	1.44	600	1100	4.20
NiAl	B_2	2.93	1640	1640	5.86
Ni_3Al	LI_2	1.78	1390	1390	7.50
FeAl	B_2	2.59	1250～1400	1250～1400	5.56
Fe_3Al	DO_3	1.40	1540	540	6.72
CoAl	B2	2.93	1648	1648	6.14
Zr_3Al	LI_2	1.28	1400	975	5.76
Fe_3Si	DO_3	2.70	1270	1270	7.25
Co_3V	Hex		1400	1070	7.92

① T_m——合金溶点；

② T_c——合金的有序—无序转变温度。

二、几种常见的金属间化合物

1. Ni_3Al金属间化合物

Ni_3Al合金的熔点为1390℃，在熔点以下为*fcc*有序的LI_2结构。它具有密度小、比强度高、高温强度高等特点，其屈服强度具有反常的温度效应，并在800℃时达到峰值，如图8-4所示。此外，Ni_3Al具有很高的加工硬化速率和良好的抗氧化性能，是很有生命力的新一代高温合金。

（1）脆化问题及其原因 Ni_3Al合金的主要缺点是在室温时脆性很大，易断裂，切削时容易产生裂纹。关于Ni_3Al有序合金产生室温脆性的原因，目前有以下几种观点：

1）晶体结构因素。在有序合金中，溶质和溶剂原子按固定的原子比例排列成长程有序结构，其晶体结构比较复杂，对称性低，单位晶胞大，位错柏氏矢量大，这是Ni_3Al等有序合金脆化的主要原因之一。此外，有序合金中反相畴界能、层错能的高低对合金的脆性也有很大影响。

2）晶界脆性。一般认为，金属间化合物的长程有序结构抑制了滑移过程并减少了有效的滑移系数目，滑移系的不足是导致金属间化合物脆性的一个重要原因。虽然具有*fcc*点阵结构的Ni_3Al有足够的滑移系，但由于Ni_3Al仍具有有序合金晶界的特点，即晶界的有序能高，在晶界附近会造成电荷分布不均匀，导致晶界结合力降低。研究表明，有序合金的晶界滑移，晶界吸收和发生位错、空位的能力要比无序结构低，所以Ni_3Al合金的室温脆性大。

（2）提高Ni_3Al金属间化合物韧性的途径

1）在Ni_3Al有序合金中加入微量元素硼（添加量约为0.02%～0.05%，质量分数），可显著改善合金的室温韧性，使室温下的伸长率从0%提高到40%～50%。研究证明，硼主要是使晶界无序化，促进位错在晶界的吸收或放出，因而提高晶界层的塑性变形能力，消除晶界脆性。图 8-5 是硼对 Ni_3Al 合金的塑性（A）和屈服强度（R_{eL}）的影响。

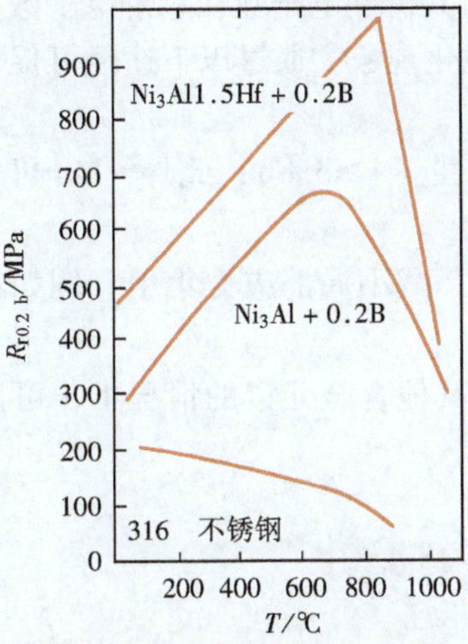

图 8-4　Ni_3Al 合金的力学性能与温度的关系

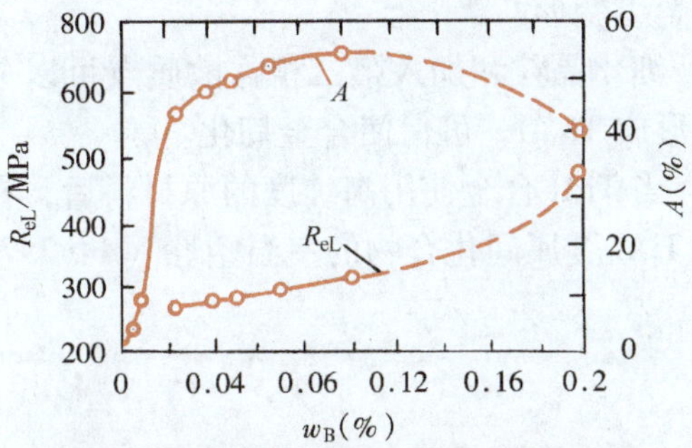

图 8-5　硼对 Ni_3Al 合金的塑性和屈服强度的影响

必须指出，合金中铝含量对于 Ni_3Al-B 的塑性有很大影响。只有当铝的质量分数小于 24.5% 时，硼才能对 Ni_3Al 合金有韧化作用；高于此含量时合金的塑性下降，并由穿晶断裂转变为沿晶断裂。

2）在 Ni_3Al 合金中加入 Fe、Mn，以置换 Ni、Al，它们优先进入亚晶格中铝的位置，通过 Ni-Mn、Ni-Fe 稀释 Ni-Al 间共价键，使电荷分布均匀化，改变晶界性能，提高了韧性，从而克服 Ni_3Al 合金室温脆化的问题。

2. Ti_3Al 金属间化合物

Ti_3Al 合金具有 hcp 的超点阵结构（DO_{19}），它在高温（800～850℃）下具有良好的热强性和抗氧化性能，是一种很有发展前途的新型高温合金。目前，美国已用 Ti_3Al 高温合金制成喷气发动机加力燃烧室和机匣。

但是 Ti_3Al 也存在着金属间化合物的共同缺点——室温脆性问题。由于 Ti_3Al 属于 hcp 点阵结构，滑移系少，因而塑性很差，室温脆性极大。改善 Ti_3Al 合金塑性的最有效途径是合金化，即加入 β 稳定元素，如 Nb、V、Mo，其中以 Nb 的作用最为突出。添加 β 稳定化元素的作用如下：

1）降低 Ms 点，并使 α_2 细化，减小滑移长度。

2）形成（$\alpha_2+\beta$）两相组织，由于具有 bcc 有序点阵结构的 β 相塑性较好，从而促进合金韧化。

3）加入 Nb 能促进非基面滑移，提高合金在室温时的塑性（$A\approx2\%\sim5\%$）。

采用快速凝固、细化晶粒、细化第二相组织以及加入弥散的第二相质点（如稀土氧化物 Er_2O_3）等工艺，也可以改善 Ti_3Al 合金的室温塑性。

3. TiAl 金属间化合物

TiAl 合金为面心四方有序结构（LI），它的密度小（3.91g/cm³），耐热性好。由于 TiAl 能在铝表面形成性能优良的涂层，使用温度可高达 1000℃，所以 TiAl 合金是一种很好的高温结构材料。此外 TiAl 合金的强度高于 Ti_3Al，而且不易产生氢脆。

但是 TiAl 金属间化合物晶体对称性低，滑移系少，共价键电子数在总价电子数中所占比例较大（约占30%），因此在室温下 TiAl 合金呈现脆化现象。通过以下途径可促使 TiAl 合金韧化：

1）添加 Cr、Mn、V 等合金元素可以改善合金的塑性（$A\geqslant3\%$）；此外，Mn 可促进合金产生孪生变形。

2）细化晶粒和加入第二相弥散质点可以分散滑移，减小局部应力集中。例如在 TiAl 合金中形成 Ti_3Al，可促使合金韧化。

3）当 TiAl 合金使用高纯度的原材料后，在不添加其他合金元素的情况下，可以显著地改善 TiAl 金属间化合物的室温塑性（$A\geqslant2.7\%$）。

第四节 非晶态合金材料

非晶态合金是当前材料学研究中最活跃的领域之一。所谓的非晶态物质，是相对于晶态而言的。它是一种长程无序，短程有序的结构，所以非晶态物质又被称为“无定形”物质。

非晶态材料的某些性能比同类材料的晶态更优异。表 8-5 是非晶态合金的性能。

表 8-5 非晶态合金的性能

力学性能	磁学性能	耐腐蚀性能
硬度高、韧性和抗疲劳性能好；强度大于 4000MPa，远高于晶体超强钢的 2850MPa	损耗低，仅是硅钢的 1/5～1/10；磁导率高；矫顽力低，可与坡莫合金相比	耐蚀性能极好，为晶态不锈钢的 100 倍

一、非晶态合金的结构特征

与晶态合金相比，非晶态合金的原子排列比较混乱，体系自由能比对应的晶态合金要高。在制备非晶态合金时，在一定的温度范围内要保持这种亚稳定状态，使之不向晶态转变。非晶态合金的结构特征主要有以下几点：

1. 长程无序，短程有序

非晶态合金的原子堆垛不存在长程有序，但在一定的小范围内保持短程有序。从电子衍射图中的衍射畴估计，在短程有序区域内的原子团的直径小于 1.5nm，它的结构无序性是在快速冷却过程中被“冻结”下来的。非晶态合金的密度接近同成分的晶态合金，这表明原子之间的平均距离和原子之间的相互作用类同于晶态合金。

2. 各向同性

非晶态合金是从液态金属经激冷淬火，瞬间冻结，形成如图 8-6b 所示的“致密无序堆垛结构”。虽然非晶态结构的间隙比较多，从小范围内观察它是非均质的；但从较大区域分析则是均质而且各向同性。与此相反，晶态结构因晶体的各个晶面、晶向的原子排列致密性不同，因而具有各向异性的特征。

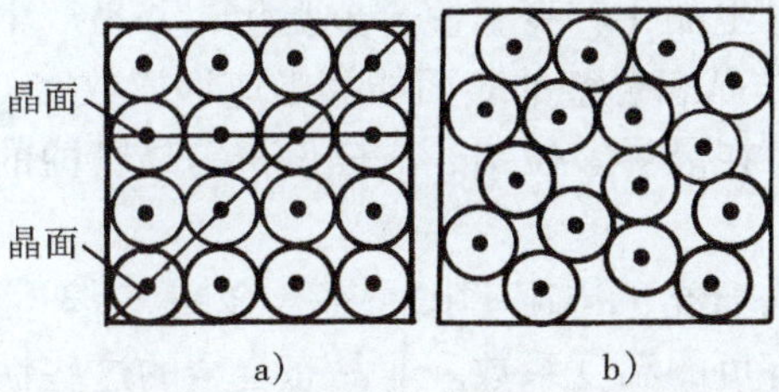

图 8-6　非晶态合金的“致密无序堆垛结构”示意图
a) 晶态　b) 非晶态

3. 亚稳性

亚稳性是非晶态合金的重要特征之一。熔点以下的晶态处于自由能最低的状态，根据最小自由能原理，非晶态总是有向晶态转化的趋势。由于亚稳非晶相没有长程序只有短程序，所以这种结构没有晶界、堆垛层错等晶体微观缺陷。在非晶态结构中，位错的迁移性很低。

二、非晶态合金的制造工艺

1. 非晶态合金薄膜的制造工艺

(1) 气相沉积法　利用化学气相沉积、真空蒸镀、溅射等气相沉积技术可以制备纯金属及其化合物的非晶态薄膜，其中用离子镀或磁控溅射装置是获得非晶态合金薄膜的一种主要方法。

(2) 电镀和化学镀法　镀液主要是由金属盐和含 P 的还原剂组成，镀液中的金属离子还原并沉积在基体的表面，形成非晶态薄膜。电镀和化学镀法可以制取大面积的非晶态薄膜，主要有 Ni-P、Co-P 等合金系的非晶态薄膜。

2. 液体激冷法

使液态合金在溶液中或在冷却板的表面快速凝固形成非晶态合金材料，这是目前生产非晶态合金材料最常用的一种方法。用这种方法生产的非晶态合金材料不仅性能均匀、质量可靠，而且生产率高。

(1) 内圆法（离心法）　将熔融金属在氩气保护下喷射到高速旋转的铜质圆筒内壁上，冷却速度高达 10^6℃/s，可生产厚度为 5 ~ 50μm 的非晶态合金条带。

(2) 外圆法（单辊法）　将熔体金属喷射到高速旋转的冷却辊的外表面，依靠冷却辊的吸热，使熔融合金快速凝固而获得连续非晶态合金带。这是当前生产非晶态合金最常用的方法，已能生产宽度为 100 ~ 200mm 的非晶态合金条带。

(3) 双辊法（轧辊淬火法）　将熔融合金喷射到两个相对高速旋转冷却辊的接触面上，使熔体金属快速固化并压延而获得非晶态条带。非晶态合金带厚度一般为 10 ~ 100μm，表面光滑平整，精度高，适合于批量生产。

三、非晶态合金的性能及其应用

(1) 力学性能　非晶态合金力学性能的特点是高强度、高硬度、良好的韧性和塑性、不易产生加工硬化。非晶态合金具有高的疲劳寿命和良好的断裂韧性。非晶态合金最大的缺点是加热到一定温度会发生晶化转变，使合金脆化，并易产生氢脆。

（2）耐腐蚀性　由于非晶态合金的表面能够迅速形成致密、均匀、稳定的高纯度钝化膜，而且非晶态合金内不存在晶界、位错、成分偏析等易腐蚀的部位，因此非晶态合金具有很强的抗腐蚀性。

（3）电学性能　非晶态合金的电阻率比晶态合金高 2 ~ 3 倍，电阻温度系数也比晶态合金小。多数金属玻璃具有负的温度系数。非晶态合金的这些性能在仪表测量中具有广泛的应用前景。

（4）软磁性　非晶态合金具有高的磁导率、低的铁损和矫顽力，而且非晶态合金具有磁各向同性。近几年，用非晶态合金作为磁性材料已获得广泛应用，并取得巨大的经济效益。

第五节　梯度功能材料

一、概述

梯度功能材料（英文缩写为 FGM）是将性能截然不同的两种材料连接在一起，两者之间的界面是一个化学成分、组织结构和性能等都连续变化的过渡区，从而实现这两种材料的性能平缓过渡。

比较典型的梯度材料是金属-陶瓷构成的梯度功能材料，用于在高速飞行器中承受巨大温差的部位。若从耐热角度考虑，高温侧应选用陶瓷材料；但为了保证强度和韧性，低温侧应选择金属材料。但巨大的温差以及这两种材料之间热膨胀系数的差别，使界面上产生很大的热应力，导致金属表面的陶瓷龟裂，甚至剥落。为了减小热应力造成的材料失效，人们提出了梯度结构材料的设想，即在高温侧的陶瓷与低温侧的金属之间，制造一个陶瓷与金属的混合过渡区。适当设计该区内组分和结构的变化，将这个区域内的热应力控制在材料允许承受的范围内，实现连续过渡，如图 8-7 所示，最大限度地解决热应力问题。这类热应力缓和型梯度功能材料已成功应用于火箭及航天飞机中。

二、梯度功能材料的制备

目前制备梯度材料的方法主要有：气相沉积法、等离子喷涂法、粉末冶金烧结法和自蔓延高温燃烧合成法等，如图 8-8 所示。

1. 气相沉积法

在气相沉积过程中，逐渐调整反应空间的成分就可以获得具有梯度结构的薄膜材料。按照气相沉积机理的不同，可分为物理气相沉积（PVD）和化学气相沉积（CVD）两大类。

PVD 法沉积温度低，对基体热影响小。日本金属材料研究所用空心阴极法制备了 Ti-TiN、Ti-TiC、Cr-CrN 系梯度功能膜。

CVD 法的优点是可使用多元系的原料气体合成复杂的化合物。日本东北大学采用此法制备了 C/C、SiC/C、TiC/C 系梯度功能材料。

气相沉积法的缺点是沉积速度低，不能制备大的厚的梯度膜。

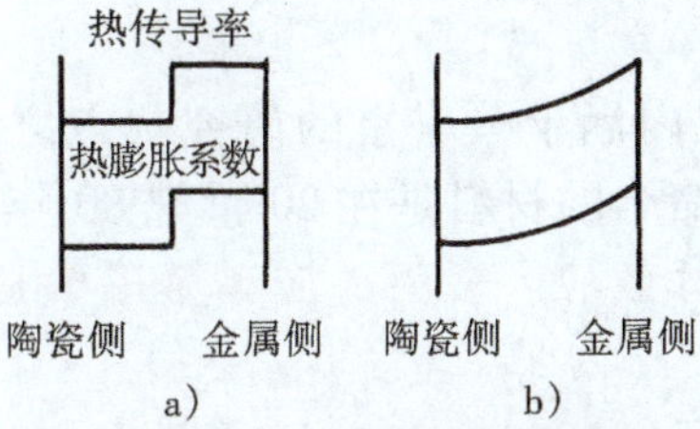

图 8-7　陶瓷与金属的梯度过渡区示意图

a）无梯度　b）有梯度

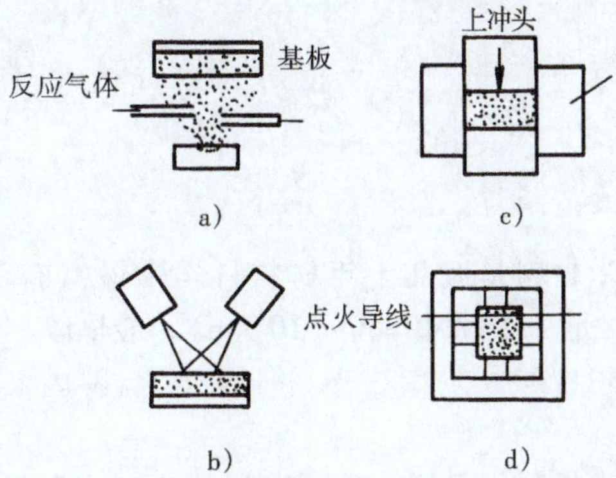

图 8-8　制备梯度材料的各种方法示意图

a）气相沉积法　b）喷涂法

c）烧结法　d）自蔓延法

2. 等离子喷涂法

热等离子弧是一种高温、超高速的热源，最适合于制备陶瓷/金属系梯度材料，方法是将原料粉末穿过等离子射流中，以熔融状态直接喷射到基材表面上形成涂层。在喷涂过程中，适当改变粉末的成分，调节等离子射流的工艺参数，即可获得所需的梯度涂层。等离子喷涂法沉积速率高，不受工件大小的限制，尤其适合于在大面积表面上制备热障梯度涂层。新日本制铁公司采用低压等离子熔射技术制备了厚 1mm 和 4mm 的 ZrO_2-8% Y_2O_3/Ni-20% Cr 系梯度材料涂层。

3. 粉末冶金烧结法

将原料粉均匀混合成浆料，通过连续控制粉浆配比注入模型内部，得到成分连续变化的坯体，经干燥后再热压烧结即可制成梯度功能材料。加拿大工业材料研究所用这种方法制备了 Al_2O_3/ZrO_2 系梯度材料。

4. 自蔓延高温燃烧合成法（SHS 法）

自蔓延高温燃烧合成法是一种材料合成新技术。它是在原料粉末的局部引燃，这部分燃烧的粉末反应放出大量的热诱发邻近区域的粉末发生放热化学反应，从而使反应能自动持续地蔓延下去。SHS 法的特点是反应温度高（2000～4000K）、反应速度快（0.1～25cm/s）。SHS 法具有生产效率高、耗能少、工艺相对简单等优点。由于 SHS 燃烧反应速度快，原始坯体中的成分梯度不会发生改变，因此 SHS 法特别适合于制备梯度材料。

三、梯度功能材料的应用

梯度功能材料除作为热应力缓和梯度材料用于飞行器外，还可以用做生物材料。

由羟基磷灰石（HA）涂层和钛合金组成的复合材料也称为 HA-G-Ti 功能梯度材料。羟基磷灰石 $Ca_{10}(PO_4)_6(OH)_2$ 是生物相容性优异的生物活性陶瓷，钛及其合金则是生物稳定性和亲和性比较好的高强度材料。采用烧结法或喷涂法在钛或钛合金表面涂覆一层 HA 材料，这种梯度功能材料综合了 HA 的生物活性和钛合金的机械强度，特别适宜植入人体体内。

第六节 纳米材料

一、概述

纳米材料是近几十年材料科学中最富有活力、研究内涵十分丰富的研究热点之一。“纳米”是一个尺寸单位（10^{-9}m），最早以“纳米”来命名的材料是在20世纪80年代，**它是指颗粒尺寸限制在10～100nm范围内，并具有尺寸效应、表面效应和量子效应的材料。**

纳米材料的发展大致可以划分为三个阶段：第一阶段（1990年以前）主是在实验室内制备各种材料的纳米颗粒粉体，研究评估表征的方法，探索纳米材料不同于常规材料的特殊性能。第二阶段（1994年前）关注的热点是如何利用纳米材料的奇特物理、化学和力学性能，设计纳米复合材料。在这一阶段，纳米复合材料的合成及物性的探索一度成为纳米材料研究的主导方向。在第三阶段（从1994年到现在），纳米组装体系、人工组装合成的纳米结构的材料体系越来越受到人们的关注。以纳米颗粒以及它们组成的纳米线、纳米管为基本单元，在一维、二维和三维空间组装排列成具有纳米结构的体系。这一阶段研究的特点是更强调按人们的意愿设计、组装、创造新的体系，更有目的地使该体系具有人们所希望的特性。费曼曾预言“如果有一天人们能按照自己的意愿排列原子和分子……，那将会创造什么样的奇迹”。

二、纳米材料的制备方法

1. 纳米微粒制备方法

纳米微粒是指粒径范围为10～100nm的超细微粒。制备超微粉的途径大致有以下几种方法：

（1）机械粉碎法　机械粉碎法是一种传统的制备微细粉的工艺，它具有生产成本低、产量高，以及制备工艺及设备简单等优点，但也存在粉末不够细、粒子易氧化等缺点，适用于一些对粉体的纯度和粒度要求不太高的场合。

（2）液相法　选择一种或多种合适的可溶性金属盐类，按所制备的材料的成分计量配制成溶液，使各元素呈离子或分子态。然后再选择一种合适的沉淀剂或用蒸发、升华、水解等操作，将金属离子均匀地沉淀或结晶，最后将沉淀或结晶物脱水制成超微粉。液相法制备方法简单、化学组成控制准确，是目前实验室和工业上广泛采用的制备超微粉的方法，主要用于制备氧化物系超微粉。

（3）气相法　气相法是直接利用气体或将物质变成气体，然后在气态下发生物理或化学反应，最后在冷凝的过程中形成超微粉。气相法制备的超微粉纯度高、颗粒分散性好、粒径分布窄，可以制备纯金属及其碳化物、氮化物、硼化物等非氧化物超微粉。

2. 纳米管的制备

顾名思义，纳米管是指管径处于纳米级范围内的管状材料，长度一般从1mm到几十毫米不等。自从碳纳米管被发现以来，由于独特的特性和广泛的应用前景，使人们对纳米管的制备和应用研究产生极大的兴趣。

（1）电弧蒸发法　用电弧放电技术蒸发石墨等原料，然后在催化剂的作用下冷凝制成碳纳米管。这种制备方法产量大，目前已被广泛使用。如 Y. Saito 等在氦气氛中用铑-铂合金作为催化剂，制成的碳纳米管管径只有 1.28nm 左右。

（2）热解化合物法　在惰性气氛中使化合物发生热解而获得纳米管。R. Sen 等在1000℃氩气气氛中，用钴催化热解 CH_3CN 和 BCl_3 获得 B-C-N 纳米管；在1100℃氩气气氛中，用钴催化热解 H_3N 和 BH_3 制得 N-B 纳米管，管径在 10～150nm 之间。

3. 纳米薄膜的制备

由于纳米薄膜在光学、电学、催化、敏感等方面具有很多特性，具有广阔的应用前景，因此纳米薄膜的制备方法引起了人们广泛的兴趣。

（1）溶胶-凝胶法　用金属无机盐或有机金属化合物制备溶胶，将衬底（如 SiO_2 玻璃衬底等）浸入溶胶，并以一定的速度进行提拉，在衬底的表面就吸附上一层溶胶，然后加热基片即可获得纳米微粒薄膜，膜的厚度可通过提拉次数来控制。

（2）气相法　包括惰性气体蒸发法、等离子溅射法和等离子体化学气相沉积法，这些方法是把纳米粒子直接沉积在低温基片上而得到纳米薄膜。

三、纳米材料的应用

1. 纳米涂料

因为纳米材料（如 TiO_2 等）特有的尺寸效应，使含有纳米颗粒的涂层产生丰富而神秘的颜色，深受配色专家的喜爱。

2. 防护材料

某些纳米材料，如 TiO_2、MgO 等，具有良好的透明度和优异的紫外线屏蔽作用，因而被广泛用于护肤产品、人造纤维以及农用塑料薄膜等方面。在这些产品中只需添加少量（质量分数小于2%）的纳米材料，就会大大增强产品抗紫外线的功能。

3. 精细陶瓷材料

纳米粒子小，比表面积大，用纳米材料制成的陶瓷制品烧结温度低，质地致密，而且性能十分优异。

4. 催化剂

纳米粒子的比表面积大、表面活性中心多，特别适合用做催化剂。用纳米镍粉作为火箭固体燃料反应催化剂，燃烧效率可提高100倍。用硅载体镍催化剂对丙醛的氧化反应表明，如果镍的粒径在5nm以下，将发生急剧的选择性反应，生成酒精的转化率成倍提高。

目前，纳米材料的合成技术与应用需求相比发展还显得缓慢，普遍存在生产规模小、成本较高等问题。而且纳米材料存在易团聚、易自燃和易爆炸等问题，因此纳米材料尚有不少问题有待研究解决。

第七节　贮氢材料

随着人类社会的进步和发展，传统的能源煤和石油日渐枯竭，且带来了严重的环境污染，使人类面临着能源、资源和环境危机的严峻挑战。氢作为一种高能量密度、清洁的绿色新能源，已日益受到人们的重视。但是要想利用氢作为能源，必须解决氢的贮存和运输问题。用高压气瓶贮存或以液态、固态贮存氢既不经济也不安全，比较经济实用的办法是用贮氢材料。据报道，美国能源部在全部的氢能研究经费中约有50%是用于氢的贮存研究。

一、贮氢材料种类及其研究进展

贮氢材料主要有离子型氢化物、合金贮氢材料、碳质贮氢材料、有机液态贮氢材料等几大类，其中以贮氢合金和碳质贮氢材料最有发展前途。

1. 贮氢合金

某些过渡族金属、合金和金属间化合物，由于特殊的晶体结构，使氢原子容易进入其晶格的间隙并形成金属氢化物，但氢与这些金属的结合力很弱，而且这些金属氢化物的贮氢量很大，可以贮存比其本身大1000~1300倍的氢，而且在加热时氢就能从金属中释放出来。

美国布鲁海文国家实验室早在1968年就发现Mg-Ni合金中的吸氢特性。此后在Sm-Co合金、La-Ni合金中也发现了良好的吸氢性能，尤其是La-Ni合金在室温下具有良好的可逆吸放氢性能，使贮氢合金作为一种贮能材料成为可能。

利用贮氢合金贮存氢气既方便又安全，贮存时间长、无损耗、无污染。目前贮氢合金包括：镁系（A_2B型）、稀土系（AB_5型）、钛系（AB型）、锆系（AB_2型）等四大系列贮氢合金。由于制备技术和工艺成熟，是目前应用最为广泛的氢材料。

2. 碳质贮氢材料

碳质贮氢材料主要是指高比表面积活性碳、碳纳米管和石墨纳米纤维，后两种材料是最近才发展起来的新型贮氢材料。

经特殊加工后的高比表面积活性碳，在2~4MPa和超低温（77K）下，可贮存5.3%~7.4%的氢，但特殊的低温条件限制了它的广泛应用。

1997年，美国的Dillion等发现单壁碳纳米管能吸收大量氢气，从此有关碳纳米管贮氢研究的报道就不断出现。Dillion等发现含0.1%~0.2%单壁碳纳米管的碳灰在133K温度下具有吸氢能力，并预测高纯度的单壁碳纳米管的贮氢能力将高达5%~10%，甚至可能达到6.5%的实用目标（即汽车行驶500km需要3.1kg的H_2，以正常油箱的空间计算，H_2的存储密度应为6.5%或$63kg \cdot m^{-3}$），而目前的合金类贮氢材料均不能满足这一要求。Y. Ye等报道了在80K，高于12MPa压力下贮氢率为H/C=1.0（即8.25%）的单壁碳纳米管。P. Chen等在多层纳米管中掺入Li和K离子，测得的吸氢量分别为20%和14%。掺K离子的多层纳米管在室温就能吸氢，但不稳定。掺Li离子的多层纳米管化学性质稳定，但要在高温（473~673K）时才有高的贮氢量和脱氢行为。

虽然碳纳米管、石墨纳米碳纤维类贮氢量大，但成本高，还不能进行大规模生产，要得到广泛应用还有很长的路要走。而合金类贮氢材料可以大规模工业生产，成本比较低。现已开发出贮氢量超过5%的复合系合金。因此，贮氢合金仍然是目前主要的贮氢材料。

二、贮氢材料的制备

1. 合金贮氢材料的制备方法

（1）机械法制备贮氢合金　先将原料按其原子比例配料，用真空感应电炉熔炼成贮氢合金锭，再在惰性气体的保护下进行机械粉碎，获得具有一定粒度的合金粉末。这种方法工艺成熟，简便易行，适合工业生产。

（2）化学法制备贮氢合金　早在20世纪80年代，我国的申泮文等人就用还原一扩散法合成了$LaNi_5$、$LaNi_{5-x}Cu_x$、TiNi、TiFe等一系列合金，此法在合金各组分的盐溶液中加沉淀剂进行共沉淀，然后经灼烧成氧化物，再用金属钙或CaH_2还原这些氧化物而得到合金。

用置换-扩散法可以从有机溶剂中制备Mg_2Ni和Mg_2Cu合金。我国学者还从钛铁矿中通过化学方法直接制备了TiFe合金。初步研究结果表明，通过化学方法，采用前驱体技术来控制材料粒径大小和形貌，从而改变材料的性能将是制备贮氢合金材料的一种极有前途的新方法。

（3）电解法制备贮氢合金　电解技术也可用于制备贮氢合金。用Ni阴极在含有$LaCl_3$的KCl-NaCl低共熔体中电解，熔体温度高于900K可以获得$LaNi_5$薄膜。

（4）气相沉积法制备贮氢合金　用物理气相沉积法制备贮氢合金薄膜技术是20世纪80年代末发展起来的一种新型合金制备技术。贮氢合金薄膜以其比表面积大、导热性好、吸放氢速度快、抗粉化能力强、电化学活性高等特点，越来越引起重视。如利用离子束溅射法制备出了TiNi、Ti_2Ni、$LaNi_5$合金薄膜。

2. 碳质贮氢材料的制备

到目前为止，工艺比较成熟的制备碳纳米管的主要方法有石墨电弧法、电弧催化法、催化裂解法和熔盐电解法。

催化裂解法是目前广为流行的一种制备碳纳米管的方法。它是在Fe、Co、Ni基催化剂的作用下，利用从碳氢化合物中裂解出来的自由碳原子沉积合成碳纳米管。碳源可以是乙烯、乙炔、甲烷、聚乙烯和丙烯等。催化裂解法制备碳纳米管具有含量高、产量大等优点，适合于批量生产，缺点是碳纳米管缺陷较多，变形大。

石墨纳米纤维可以用含碳气体在一定的金属或合金表面催化分解而产生，反应条件与制备碳纳米管相类似。如用铁铜或铁镍合金作催化剂，氢和乙烯混合气为原料气，在600℃下催化分解得到石墨纳米纤维。

思考题

8-1　何为记忆材料？解释金属形状记忆效应的机理。

8-2　简述膨胀材料的种类及其应用范围。

8-3　如何提高金属间化合物的韧性？

8-4　试解释非晶态金属的耐蚀性能优于晶态金属的原因。

8-5　何为纳米材料？如何制备纳米材料？

8-6　举例说明储氢合金的储氢机理。

附　　录

附表 A　洛氏硬度与其他硬度换算表

洛氏硬度		布氏硬度	维氏硬度	抗拉强度
HRC	HRA	HBW	HV	R_m/MPa
65	83.6	—	798	-4
64	83.1	—	774	—
63	82.6	—	751	—
62	82.1	—	730	—
61	81.5	—	708	—
60	81.0	—	687	2675
59	80.5	—	666	2555
58	80.0	—	645	2435
57	79.5	—	625	2315
56	78.9	—	605	2210
55	78.4	538	587	2115
54	77.9	526	659	2030
53	77.4	515	551	1945
52	76.9	503	535	1875
51	76.3	492	520	1805
50	75.8	480	504	1745
49	75.3	469	489	1685
48	74.8	457	457	1635
47	74.2	445	461	1580
46	73.7	433	448	1530
45	73.2	422	435	1480
44	72.7	411	432	1440
43	72.2	400	411	1390
42	71.7	390	400	1350
41	71.1	379	389	1310
40	70.6	369	378	1275
39	70.1	359	368	1235

（续）

洛氏硬度		布氏硬度 HBW	维氏硬度 HV	抗拉强度 R_m/MPa
HRC	HRA			
38	69.6	349	358	1200
37	69.0	340	348	1170
36	68.5	331	339	1140
35	68.0	322	329	1115
34	67.5	314	321	1085
33	67.0	306	312	1060
32	66.4	298	304	1030
31	65.9	291	296	1005
30	65.4	284	289	985
29	64.9	277	281	960
28	64.4	270	274	935
27	63.8	263	267	915
26	63.3	257	260	895
25	62.8	251	254	875
24	62.3	246	247	845
23	61.7	240	241	825
22	61.2	235	235	805
21	60.7	230	229	795
20	60.2	225	224	775
19	59.7	221	218	755
18	59.1	216	213	740
17	58.6	212	208	725
16	58.1	208	203	710
15	57.6	204	198	690
—	57.1	200	193	675
—	56.5	196	189	660
—	56.0	192	184	645
—	55.5	188	180	625
—	55.0	185	176	615
—	54.5	181	172	600
—	53.9	177	168	590

附表 B 国内外常用钢号对照表

中国	美国				英国	日本	德国
GB 或 YB	AISI	SAE	ACI	ASTM	BS	JIS	DIN
10 钢	1010	1010			En2A	S10C	C10
20 钢		1020			En2C	S20C	C22
45 钢		1045			080M46	S45C	C45
15Mn	C1115	1115			En14A	SB46	14Mn14
30Mn2	1330	1330			En14B	SMn24	30M5
40Cr	5140	5140			En18	SCr4	41Cr4
20CrMnTi	—	—			—	SMK22	—
40CrMnMo	4140	4140			En19C	—	—
65Mn				A229	En43E	—	—
60Si2Mn	9260	9260			250A58	SUP7	65Si7
GCr15	E52100	52100			En31	SUJ2	100Cr6
T8	W1-0.8C	W1-0.8C			D1	SKU3	C85W2
T10A	W1-1.0C-Special	W1-1.0C-Special			—	SK4	C100W1
T12A	W1-1.2C-Special	W1-1.2C-Special			—	SK2	C110W1
W18Cr4V	T1	T1			(A) 18% W	SKH2	S18-0-1
W6Mo5Cr4V2	M2	M2			BM2	SKH9	S6-5-2
9SiCr	—	—			—	—	90CrSi5
CrWMn	01	01			B01	SKS31	105WCr6
5CrMnMo	—	—			—	SKT5	40CrMnMo7
3Cr2W8V	H21	H21			BH21	SKD5	X30WCrMoV9-3
Cr12MoV	D2	D2			Type (A) 2	SKD11	X165CrMoV12
12Cr13	403				En56A	SUS21	X10Cr13
20Cr13	410	51410	CA15	A-296	En56B	SUS22	X20Cr13
14Cr17Ni2	430	51431	—	—	En57	SUS44	X22CrNi17
06Cr18Ni9	304	30304	—	—	En58E	SUS27	X5CrNi8-9

参考文献

[1] 周达飞. 材料概论 [M]. 北京：化学工业出版社，2009.
[2] 石德珂. 材料科学基础 [M]. 西安：西安交通大学出版社，2000.
[3] 崔忠圻. 金属学与热处理 [M]. 北京：机械工业出版社，2003.
[4] 陈玉清，陈云霞. 材料结构与性能 [M]. 北京：化学工业出版社，2014.
[5] 崔占全. 机械工程材料 [M]. 哈尔滨：哈尔滨工程大学出版社，2000.
[6] 朱张校. 工程材料 [M]. 3版. 北京：清华大学出版社，2001.
[7] 王晓敏. 工程材料学 [M]. 哈尔滨：哈尔滨工业大学出版社，1999.
[8] 沈莲. 机械工程材料 [M]. 3版. 北京：机械工业出版社，2007.
[9] 吴承建. 金属材料学 [M]. 北京：冶金工业出版社，2000.
[10] 戴起勋. 金属材料学 [M]. 北京：化学工业出版社，2012.
[11] 吴人杰. 复合材料 [M]. 天津：天津大学出版社，2000.
[12] 刘雄亚. 复合材料新进展 [M]. 北京：化学工业出版社，2007.
[13] 赵玉涛. 金属基复合材料 [M]. 北京：机械工业出版社，2012.
[14] 吴其晔. 高分子材料概论 [M]. 北京：机械工业出版社，2013.
[15] 孙智，江利，应鹏展. 失效分析——基础与应用 [M]. 北京：机械工业出版社，2005.
[16] 幸红. 梯度功能材料制备技术及其发展趋势 [J]. 宇航材料工艺，1999 (2).
[17] 张立德. 纳米材料和纳米结构 [M]. 北京：科学出版社，2001.
[18] 唐晓鸣. 贮氢材料研究进展 [J]. 无机化学学报，2001 (2).